城市设计
—— 过程与产品的类型学
（原著第二版）

Urban Design：A Typology of Procedures and Products
（Second Edition）

[美]乔恩·朗（Jon Lang） 著

张云峰 张 萃 陈钰麒 范金龙 译

中国建筑工业出版社

著作权合同登记图字：01-2019-3592 号

图书在版编目（CIP）数据

城市设计：过程与产品的类型学：原著第二版 =
Urban Design：A Typology of Procedures and
Products（Second Edition）/（美）乔恩·朗
（Jon Lang）著；张云峰等译 . —北京：中国建筑工业
出版社，2022.11
　　书名原文：Urban Design
　　ISBN 978-7-112-28070-4

　　Ⅰ.①城…　Ⅱ.①乔…②张…　Ⅲ.①城市规划—建
筑设计　Ⅳ.① TU984

中国版本图书馆 CIP 数据核字（2022）第 200390 号

责任编辑：石枫华　张鹏伟　程素荣　易　娜
责任校对：张　颖

城市设计——过程与产品的类型学（原著第二版）

Urban Design：A Typology of Procedures and Products（Second Edition）

[美] 乔恩·朗（Jon Lang）　著

张云峰　张　萃　陈钰麒　范金龙　译
*
中国建筑工业出版社出版、发行（北京海淀三里河路 9 号）
各地新华书店、建筑书店经销
北京雅盈中佳图文设计公司制版
河北鹏润印刷有限公司印刷
*
开本：850 毫米 ×1168 毫米　1/16　印张：14³⁄₄　字数：337 千字
2022 年 12 月第一版　2022 年 12 月第一次印刷
定价：**68.00** 元
ISBN 978-7-112-28070-4
　　　（39882）

版权所有　翻印必究

如有印装质量问题，可寄本社图书出版中心退换
（邮政编码 100037）

城市设计

《城市设计——过程与产品的类型学》（原著第二版）全面易懂地介绍了城市设计，界定了城市设计的范畴、争议和目标。

这个新版本研究了 50 多个最新的国际案例，并采用一个三维模型对城市设计的过程和产品进行分类：产品类型、范式类型和过程类型。这些案例研究不仅阐释了城市设计的类型，它们提供的信息还能够为设计师今后的工作提供经验借鉴。本书独特之处在于，这些案例研究项目是根据所采用的设计范式和过程类型进行的分类，而不是按工具或土地使用功能分类。这些过程类型包括"整体城市设计""组合型城市设计""插入式城市设计"，以及"渐进式城市设计"。

这本书是写给专业人士和那些在日常生活中遇到城市设计相关问题的人士。考虑到城市设计领域未来的发展方向以及过去的经验教训，有必要对城市设计领域和城市设计实践进行介绍。

乔恩·朗（Jon Lang），康奈尔大学 MRP 博士，澳大利亚悉尼新南威尔士大学荣誉教授，他从 1990 年以来一直在此工作。在那之前，他曾在美国宾夕法尼亚大学任教 20 年。朗撰写了大量关于建筑理论、城市设计和印度建筑的著作。

"本书是乔恩·朗毕生城市设计教学和写作的结晶。他通过对50多个已实施设计案例的研究，全面而权威地介绍了现代城市设计实践。本书是图书馆必备的有关城市设计的著作。"

—— 乔纳森·巴奈特，FAIA，FAICP，城市与区域规划荣誉教授，

美国宾夕法尼亚大学

"朗的著作围绕一系列类型或分类，为描绘城市设计领域——城市设计的过程、产品和主要争议——做出了大师级的工作。朗的核心贡献是对城市设计过程的解析——整体设计、组合型城市设计、插入式城市设计和渐进式城市设计。新版图书中包含的50多个内容丰富的案例，反映了朗数十年的思考和研究。"

—— 安·福赛思，城市规划教授，

美国哈佛大学

献给卡洛琳·纽特

For Caroline Nute

好的城市不能依靠个人的、
独立和自私的选择。
恩里克·帕纳罗萨·朗多诺，
波哥大市长
（1998~2001，2016~2019）

金丝雀码头，伦敦

目 录

第二版序言

本书第二版的写作动机与第一版基本相同。通过对一系列项目案例的描述和分类，来阐释城市设计到底意味着什么。城市设计作为一种活动可以追溯到古代，但是"城市设计"这个术语在20世纪50年代中期才创造出来。此后二十多年，除了小范围关注城市地块四维开发的人以外，它在很大程度上仍未被广泛使用。如今，城市设计通常用于多种目的。

城市设计成为设计专业的焦点有两方面的原因。首先，城市及其郊区正在经历前所未有的快速变化。城市设计在提供开发机会、提高生活质量和创造一个干净的星球等方面的重要作用显而易见。第二，主流建筑师和城市规划师已经开始意识到：无论城市设计活动的政治色彩多么浓厚，要求多么苛刻，在学术和职业上远离城市设计活动是鲁莽的。这种疏远是对20世纪五六十年代建筑意识形态和由此产生的各种建筑方案所遭批评的回应。这些建筑方案继承了现代主义者关于环境质量设计的范式。幸运的是，一小部分群体——主要是分布在世界各地的建筑师，吸取了过去的教训，将新兴的城市设计领域推向了可以作为一门学科开展严肃讨论的阶段。为了将这门学科放在它应有的位置上进行讨论，首先需要明确城市设计的领域。

理解任何领域都需要知道它主要关注的是什么。本书第一版写作的初衷是为了满足设计领域专业人士和学生的需求：（1）提供一种过程和产品的类型学，当不同的人（和领域）提到城市设计时，他们能够意识到自己在谈论什么；（2）为他们提供一些案例研究，解读城市设计的范畴；（3）在特定情况下讨论如何开展城市设计行动时，提供一系列研究案例作为参考。城市设计活动，就像任何创造性活动一样，是一个充满争议的过程。美国最高法院在20世纪90年代规定，辩论需要基于证据，不能仅凭专业人士或者有国际声望的专家的个人观点或主张。案例研究构成了证据的一个来源。

城市一直在变化。有些城市在衰落，但大多数城市还处在开发和重建中。本书第一版中介绍的许多研究案例都发生了变化，第二版进行了更新。原书中的一些案例研究被替代了，主要是考虑到：（1）能够更好地说明城市设计的分类；（2）更好地表现城市设计范式的发展；（3）为了表达今天的城市设计所关心的问题。

致　谢

大致浏览本书，就能发现书中借鉴了大量其他人的工作。案例研究的大部分材料都来自二手资料。主要资料的来源已在文中注明。这些资料还来自对相关人员进行的采访——包括设计师、房地产开发商、赞助机构、居民和用户——以及我个人长期的观察。因此，本书是在许多人的参与下完成的。感谢所有人，如果没有他们的帮助，我想写这本书是不可能的，更不用说将其出版了。

为这种类型的书收集资料和插图是昂贵的。与这本书有关的研究多年来一直得到直接或间接的资金支持，无论他们是否知道，这些资助来自宾夕法尼亚大学的格罗斯家族基金、美国印第安人研究所、澳大利亚研究委员会、盖蒂基金会和新南威尔士大学建筑环境学院。

文　本

本书大部分文字在第一版的基础上进行了修改和更新。此外，法国马赛的埃斯蒂安·德奥维斯纪念广场和墨尔本联邦广场两个案例研究，已经写入由南希·马绍和我本人所著，2016年由路透出版社出版的《作为场所的城市广场，连接与展示的成功和失败之处》一书中。请原谅我使用了之前发表的作品，但是这两个案例的确能够很好地说明城市设计所关注的问题。

我要特别感谢在不同阶段阅读本书第一版以及第二版手稿的那些人。他们是亚历山大·卡斯伯特、阿尔扎·丘奇曼、斯科特·霍肯、布鲁斯·贾德、卡洛琳·纽特、乔治·罗尔夫、阿琳·西格尔、已故的艾哈迈德（塔塔）·索马尔迪、阿利克斯·沃吉和詹姆斯·韦利克。第二版匿名审稿人的评论极有帮助，使我重新组织了我的观点。特别要提到的是所有的设计师、评论家和作者。这些年来，我曾与他们讨论过本书所包含的案例，或者回顾那些他们了解的案例。这份名单包括安巴斯，艾伦·巴尔福，克里斯多夫·贝宁格，比森特·德尔里奥，柏克瑞斯·多西，大卫·高登，彼得·霍尔爵士，阿伦·贾因，刘太格，Ngo Liem公司，劳里·奥林，伯纳德·屈米，新加坡城市重建局以及沃金斯。他们帮助我丰富了这本书，让那些案例表达得更清楚。卡洛琳·纽特在本书的整个编辑准备期间作出了巨大贡献。在她的帮助下，本书的文字更加流畅，插图也能够说明问题。

追踪信息来源是一件既费力又耗时的事情。我在宾夕法尼亚大学、新南威尔士大学和CEPT大学（位于艾哈迈达巴德的环境规划与技术中心）的同事和学生一直在帮助我做这些工作。帮助过我的人几乎数不胜数，但是必须要特别提到的是，在新南威尔士大学硕士课程"城市开发与设计程序"进行案例研究时,许多学生准备了个人报告。他们直接或间接地向我提供了本书中许多案例研究可靠的信息来源。

插 图

这本书里有许多插图。除了个别的插图以外,这些照片、图表和草图都是我自己的作品,或者我拥有它们的版权。其他一些作品的版权已经失效,而另一些作品的版权则是公共的。出于对他人的礼貌,我对每一个版权不属于我的插图的来源都进行了注明。加布里埃尔·阿兰戈·维莱加斯,米克·艾尔沃德,阿登·巴尔·哈马,克里斯多夫·贝宁格,哈文,Duany Plater Zyberk 迈阿密和盖瑟斯堡的工作室,卡尔费休,詹斯勒,大卫·高登,格里姆肖,步金波,布鲁斯·贾德,KPF 事务所,新加坡城市重建局,摩西·萨夫迪,SOM 公司在伦敦的工作室,Pia Stenevall 公司,杨秀珍,伯纳德·屈米,Vastu Shilpa 基金会以及比勒费尔德大学都为我提供了图片。

奥马尔·谢里夫,穆尼尔·瓦汉瓦蒂,苏珊蒂·维迪亚斯图蒂,王超,莹莹,志贤,特别是 Thanong Pooneteerakul 公司,通过不同的渠道为我准备了图纸。他们提供给我的照片和绘画丰富了整个工作,我十分感激他们的慷慨相助。

本书中的一些资料很难找到出处。我收藏的许多照片是过去 30 年里同事和学生给我的,我已经没有它们的来源记录了。本文的一些绘图有多处来源,谁拥有原始版权尚不清楚。我们已尽一切努力与这些材料的所有者取得联系并作出版权说明。不过还是有一些找不到版权所有者。因此,我为可能无意中产生的任何侵犯版权的行为道歉。如果本书中没有特别标明版权或者版权标注错误的插图,请版权所有者与我联系,新南威尔士大学建筑环境学院,悉尼。

乔恩·朗

堪培拉

2016 年 4 月

图 0.1　李斯特广场，爱丁堡

序

争 议

"城市设计"（Urban Design）这个术语从最初使用到现在已经过去 60 多年，其得到广泛传播也已经过去了 40 年。但是现在要界定这个术语的内涵仍然十分困难，甚至是不可能的。1956 年，由何塞·路易斯·塞特领导，在哈佛大学召开了一次城市设计会议；1950 年代末，在巴黎高等艺术学院和利物浦大学的公共设计（Civic Design）等研究的基础上，哈佛大学开设了最早的城市设计教育课程。不过，城市设计作为一项活动，则可以追溯到人类最早定居点的建立。

关于城市设计的范畴有很多定义。回顾 60 年前这个术语的起源，克拉伦斯·斯坦因认为，城市设计"是一门关于彼此之间以及与服务当代生活的自然场景之间关系的结构艺术"（Stein，1951.1）。这个定义不仅解释了什么是城市设计，同时也阐明了城市设计所要达到的目标。将价值取向与城市设计的定义混在一起会造成很多混淆。但是对于一些观察人士来说，这种混淆也有一些好处。

乔治·奥威尔在 1946 年发表的《政治与英语》（Politics and the English Language）一文中指出：诸如民主、自由、爱国主义、现实主义、正义等这样的一些词语，每个都有多种含义，"这些含义间彼此不能共存"。以民主一词为例，"不仅没有一个达成一致的定义，连对其进行定义的意图也受到各方的抵制（Owell，1961，355）。"艺术界也有很多这种模棱两可的术语。

奥威尔指出，像"浪漫、弹性、价值、人类、死亡、情感、自然、活力"这些词汇都是毫无意义的。更重要的是，使用这些术语的人也不指望它们有什么意义。结果评论家们可以在不知道对方在谈论什么的情况下讨论一个主题，并能够达成一致的意见，或者如果他们愿意，也可以否定对方的观点。奥威尔的观点也同样适用于建筑界。人性尺度、有机、活力、动态以及文脉等术语的使用条件非常宽松，以至于可以认为它们是没有任何意义的。在政治、艺术和建筑这三个领域中使用这样的术语是有益处的，因为这些术语的含义模糊且有多种理解，所以基本上也没有什么意义。不过虽然这些概念并不是很清晰，但可以促使讨论顺利进行下去。

1

今天关于"城市设计"这一标题的使用也有许多类似的评论。大多数专业设计人员在提到城市设计时都尽量避免对城市设计进行定义。这样做的好处就是，他们每个人都可以声称自己拥有城市设计师的专业知识。并且如奥威尔所说，虽然对城市设计的本质缺乏共识，但是不妨碍讨论城市设计的具体内容。但是如果建筑师、景观设计师、城市规划师要致力于为城市和其他人类聚居地的发展作出积极贡献的话，那么这种混淆不清的状态是无益处的。

城市设计的两个定义

《城市设计纲要》（*Urban Design Compendium*）对城市设计作出了一个简明的定义。这个定义表达了城市设计的原始意图，并被广泛接受：

> 城市设计的目的是为一个地区创造一个愿景，并通过技术和资源来实现这一愿景。

卢埃林·戴维斯，2000，12

城市设计是在一定的财政和政治资源的基础上为一个城市，或城市中的一个片区，或片区中的某几个街区，设计一个四维的社会—物质愿景，并通过设计激励与控制等手段去实现这一愿景。这是本书中对于城市设计内涵的一种假定。可能会有相当多的学者认为这个定义太过于狭隘了。

亚历山大·卡斯伯特等人认为，城市设计是城市政治经济学（Cuthbert，2011）。所有的城市在任何特定时期都会发生设计演变。这些设计演变是个体和机构在整个社会政治与经济大环境下进行自觉或不自觉的决策，以及行动的结果。这些决策是在投资过程的"资本网络"（Crane，1960）和法律的"无形网络"中作出的（Lai，1988），正是这些网络决定了房地产市场的运行方式。任何一个城市在特定时间点上都是一幅零碎的拼贴画。

马修·卡莫纳抓住了持续塑造城市的参与者和动力的本质，如图 0.2 所示（Carmona，2014）。在任何时间点，城市空间的使用状态如图中左半部分所示。这种空间使用状态是在大量的管理过程中，在城市再开发中渐进式演变的。本书所关注的独立式城市设计项目，通常由个体或机构、公共或私人发起，其主要内容如图中右半部分所示。这些项目或是同时进行，或是循序展开，其尺度范围从整个片区到局部设计都可能会涉及。

拥有政治或经济权力的个人和群体是支配城市形态演变进程的核心力量。这些制定城市发展决策的权力精英们包括：政府机构、富有的房地产开发商、政治家和有品位的鉴赏家。

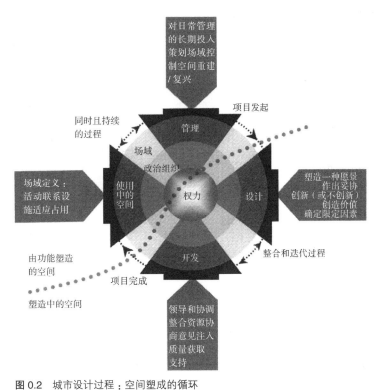

图 0.2 城市设计过程：空间塑成的循环
来源：Carmona（2014），courtesy of Matthew Carmona

尽管他们自己可能没有完全意识到，但是他们的权力推动了一个国家的主要政治、金融和通信机构的发展（Mills，1956）。这是作为项目设计的城市设计（urban design as project design）产生的背景。

自从 20 世纪 70 年代以来，景观设计师开始使用"场所营造"这一术语。但是直到近十年，这一术语才被其他设计师和房地产开发商普遍使用。最初，它是指城市和邻里中的街道、广场和其他开敞空间的营造。最近，这个术语被用来代替城市设计。"场所营造"这个术语跟"社区"很像，是一个有温度的词汇，非常适合用作营销策划，因此特别受房地产开发商的欢迎（Nichols，2016）。

虽然"城市设计"的焦点是城市公共领域的创造或者再创造，但是城市郊区、小城镇这样的术语远比场所营造更具有包容性。当然它们同时也属于没什么价值的术语。任何城市设计项目的目标都是多维度的，各个项目的关注点和所要解决的问题也都不同，正如本书中包含的研究案例一样。一个城市设计是否成功，其目标是否达成，不同人的意见会有相当大的差别。基于这些原因，城市设计这个术语将会贯穿本书始终。

作为项目设计的城市设计，涉及主动协调相关项目和政策，塑造新城或重塑老城 / 片区。

这是一个既富有争议又极具创造力、同时伴随着巨大压力的过程，它代表了从物质和社会两方面改变世界的意愿和行动。要做好一个城市设计项目，需要非常丰富的知识储备。这些知识储备可能会通过关于城市功能的抽象性描述和解释性理论进行表达，但是设计者一般不会从这些知识储备中寻求解决问题的方案，而是很大程度上依赖于对项目先前的工作进行调整以适应当前的需求（Sherwood，1978；Symes，1994）。他们喜欢借鉴知名的案例，或者直接采用当代的设计范式。我们当然能从过去的项目类型和建成的案例中学到很多东西，但前提是，要理解这些项目是如何在不同维度上运作的。

城市设计——过程与产品的类型学

为了使城市设计研究更有秩序，我们可以创建城市设计活动的初步类型学。建立类型学的目的是让建筑师、景观设计师以及城市规划师在城市设计方案的创作与实施中不断积累经验。通过案例分析与描述，对各种城市设计活动进行分类研究，可以帮助城市设计从业者以及公众了解城市设计的范畴。

本书第 5 章关于类型学的讨论主要由以下内容构成：（1）建筑学、景观设计学和规划学等学科的理论；（2）对一系列城市设计项目进行分析。接着根据它们在特定的文化和政治背景下表现出来的某些特点采用类型学的方法对这些研究案例进行分类。这些分类可能在某些完美主义者眼里并不十分精确，不过城市设计过程中的各种边界本来也是比较模糊的。既然这是城市设计的特点，我们为什么要自寻烦恼，确定精确的分类呢？我们只需要通过类型学让城市设计专业人士理解到不同的城市设计方法如何在不同的社会政治环境下发挥作用，然后又产生了相应的结果，这就够了。

人类在很多领域的探索中不断积累的历史，大都是通过案例研究（case study）的形式表现出来的。尽管对什么是"案例研究"还存在很多不同的见解，设计领域仍然在广泛使用案例研究。如果奥威尔能活到今天，在他列出来的一系列模糊性术语中，一定会加入城市设计以及案例研究这两个词。我们设计师一般所谓的案例研究，通常是指对某一个设计的几何特性进行描述和解释，但是对于设计方案是如何变成现实的（如果建成的话），项目背后的政治动因、项目成本、财政模式，甚至项目发挥的作用等因素则统统排除在案例研究之外。但如果案例研究进行得充分的话，是可以从那些已经实现特定目标的城市设计中获得设计过程和方法的经验的。

好的案例研究应该能够呈现出项目从初始到结束的复杂过程。不同的城市设计项目在主题和外延、与背景相关的核心问题、解决方案中的现实约束、最终的解决方案与方案的演变过程、达到最终产品所采用的策略和实施工具等方面均有着非常大的差异。通过案例研究，也可以站在不同的利益相关者角度看待城市设计项目的成功或失败之处（Yin，2013）。

城市设计中的大多数案例研究都是从创作者的角度来思考设计产品，通常都忽视了对设计/决策的动态过程的描述。这类案例研究关心的只是形态和建筑形体。但是案例研究的重点应该是参考那些决策过程之外的批判性观察，哪怕这些观察可能来自二手资料。设计师的声音要听取，但是应该放在项目的背景中去听。有一些城市设计的案例研究就做到了这一点。

马丁·米尔斯波写了一篇关于巴尔的摩查尔斯中心的研究论文（1964），伦纳德·鲁切尔曼研究了前纽约世贸中心建设背后所经历的政治和设计动态过程（1977），艾伦·贝尔福描写了洛克菲勒中心建设过程中的各种阴谋（1978），大卫·戈登描写了炮台公园开发的曲折历程（1997）。拉德芳斯、金丝雀码头，甚至是世界贸易中心原址建设也都有大量的论述。关于城市开发与设计的其他方面参考资料，散见于建筑学和规划学的各种文献中。本书毫无保留地吸收了关于这些项目案例已有的评论，但也做了很多功课，通过研究各种（通常甚至是相互矛盾的）数据来源、采访和实地调研，交叉验证了所有信息。

案例研究

本书中包含的案例研究都是围绕城市设计的不同方法，以及各种关注点的具体例子展开的。它们是从世界各地上千个不同案例中筛选出来的。在一个全球实践的时代，了解不同地点所开展的项目之间的相似性和区别极其重要。城市设计产品的形式在很大程度上是由当地的社会及意识所塑造出来的。研究这些城市设计产品的形式固然可以，但是如果我们不了解这种形式背后的价值观来源，那么我们将很难从中学到东西。

有意思的是，很多所谓的"案例研究"的项目从未建成，这些遍布世界各地的设计方案在重建机构或是建筑师事务所的报告文件/电脑文件里尘封已久。其他一些项目涉及重大议题——可持续性、文脉和尺度，但仅停留在设计阶段。另有很多赢得过城市设计大奖的方案依然停在纸面上。本书中所包含的案例都是已建成的作品或是马上要完工的。

本书中选择的案例主要出现在 20 世纪 50 年代以后，也就是从"城市设计"这个术语已经开始使用之后。一些 20 世纪早期的方案也囊括进来，这是为了展示过去一个世纪以来城市设计思想的延续和城市设计范式的发展历程。它们并不一定是最知名、最成功，或是最臭名昭著的作品。选择它们是因为它们可以帮助我们理解一些城市设计的特殊点。有些案例给出了比其他案例更详细（篇幅更长的）的分析介绍，其目的是能够更好地说明城市设计的动态过程。

鉴于城市设计一般从初始概念到建成会经历相当漫长的时间，所以其中有些最近完成的项目其实是始于 20 世纪 60 年代、70 年代或是 80 年代。而另外的一些项目虽然最近才开始，但实施进度极快。这些项目从开始到完成集中在 20 世纪末到 21 世纪初之间。书中也会顺带提到一些还在"图板"上的方案，这些项目能使我们的讨论与时俱进，对它们的观察则来日方长。

讨论的展开

本书分为四部分。第一部分，"城市设计的本质与城市设计"主要探讨城市设计作为一种专业活动如何被定义。本书的论点是，城市设计处理的是城市公共领域以及其他城市场所的质量问题。理解公共领域实质上由什么构成、公共与私人利益之间的冲突如何发挥着塑造公共领域的作用，是本书讲述内容的核心基础。

考察城市设计项目之间的相似性，最重要的不是看其产品——新城、城市更新、广场等的特性，也不是看其设计范式，而是看项目实施的方式。尤其值得一提的是，整体城市设计和组合型城市设计之间有着明显的区分：前者从概念到完成一直由一个组织主导控制；后者则是由多个单独项目协同构成，形成统一且富有变化的整体。整体城市设计更像是建筑设计，而组合型城市设计则是城市设计领域的核心类型。第三种类型，插入式城市设计是通过基础设施元素将城市片区缝合在一起，或是提供一种线性框架，通过不断地插入新建筑实现整体目标。第四种类型，渐进式城市设计则又不同，它与城市规划更接近，单体建筑的设计受限于常规的区划条例和其他控制激励因素。但是这些控制激励因素是为特定地区量身定制的，以满足特定的设计目标。本书中第一部分的类型学将基于上述的相似性与差异性进行讨论。

在本书的第二部分"设计行业，产品与城市设计"的论述中，传统设计领域倾向于从产品类型的角度看待城市设计。城市或者镇的规划倾向于认为城市设计就是与交通系统相协调，进行土地用途分配（尽管这种观点不适用于所有国家）。在有些地区，城市设计就是城市规划，而在有些人看来，城市规划就是城市设计的同义词。景观设计学倾向于把城市设计看成是对建筑之间的平面空间——街道、公园和广场等——进行设计。相反，建筑学则倾向于将城市设计理解为结合特定的文脉进行建筑或综合体的设计。而本书所提出的观点则是城市设计确实包含上述观点，但其实质却比上述内容更广泛。

城市设计工作的核心在本书的第三部分予以描述。标题也很直接："城市设计工作的核心：程序、范式和产品。"其中包含的四个章节，概括出了一系列的类型，它们是对本书总结的类型学的证明，或是示范。其目的不仅是展示这种类型学如何定义城市设计的边界，也是为未来的城市设计项目提供参考案例（或者不应用其作参考案例）。本书选取的一些案例中提到的项目已经对后来的城市设计方案起到了参考借鉴的作用。

最后的结语言简意赅：本书提出的这个类型学有多大用处？结语部分是对该类型学及用以证明（也是测验）该类型学所涉及的案例研究的反思。

图 1.0 古戎广场，里昂

第一部分　城市设计的本质与城市设计

第1章　城市的公共领域和城市设计

几乎所有关于城市设计定义的表述，都与城市公共领域以及定义公共领域的要素有关。其中，最清晰的一个定义是：

> 城市设计应该理解为不同建筑物之间的关系，建筑物与街道、广场、公园和河道以及构成公共领域的其他空间之间的关系……以及由此形成的人的行为和活动模式。
>
> DoE，1997年，第14段

城市设计由多个建筑项目组成。这些项目的规模各不相同，从综合体到城市周边地区，甚至包括整个城镇。城市设计有时包括建筑物本身的设计，但通常只涉及建筑物的体量、功能，特别是对界定公共领域的街道层和外立面进行控制。那么，到底什么是公共领域呢？

什么是私有的，什么是公共的，随着时间的推移，不同文化和不同文化中的情况会有所不同。对于环境设计领域的专业人士来说，公共领域由两部分构成。一部分是指承载人们活动的建成环境或者人工环境；另一部分是指政府按照国家法律规定，在市场环境中作出的公共决策。

建成环境中的公共领域

一个城市的建成公共领域未必是公共财产。如果一个社会的财产权不可侵犯，个人有权利和自由按照他们的意愿去建造，公共领域和公共开放空间——公众有权进入的空间——是相同的概念。法国《世界报》的一篇社论（2002年12月27日）中声明道：就摄影作品而言，任何可见的东西都应该是公共领域的一部分。

站在这种立场上看，公共领域便包含了那些任何人都可以进入的场所，尽管这种进入可能

（a）　　　　　　　　　　　　　　　　　　　　（b）

图 1.1　城市的公共空间。（a）伦敦，帕特诺斯特广场；（b）纽约，第 35 街列克星敦大道

会受到一定的控制。公共领域既包括室外空间也包括室内空间。室外空间包括街道、广场和公园；室内空间则包括门廊、火车站和公共建筑，以及公众通常可以进入的其他空间，例如购物中心的内部。不过这种对公共领域的表述存在一定的争议。

　　问题在于很多"公共"场所具有模糊性。尽管公众有相对自由进入的权利，但它们的产权依然属于私人。随着城市公共领域的逐渐私有化（或者更确切地说，随着私人利益团体提供越来越多的公共空间），这种模糊性将持续下去。伦敦的帕特诺斯特广场是私人的，纽约的列克星敦大道是公共的。两者都是全天候对大众开放，但前者的所有人有设置禁入的权利。

建成公共领域的元素

　　认定构成公共领域的元素与政治立场有关，同时这些元素也定义了政治立场。一种颇有效果的看法是将公共领域看作一系列行为的场景（behavior settings）——这一术语在 20 世纪 60 年代由生态心理学家创造（Barker，1968），但如今对设计师来说变得越来越重要。

　　持续的（或重复的）活动模式、环境（建成形态模式）和时间周期构成了行为场景。这个环境必须具备行为发生的可支持性，但有了可支持性并不意味着某种特定的行为就一定会发生。可承受性是指某一物件或环境，因其所具备的形式、结构质量和所使用的材质，而对特定的个体或物种具有某种潜在使用功能（Gibson，1979）。而实际发生的活动取决于参与者的倾向、动机、学识和能力。因此，同一种建成形态的模式可以支持不同人群，不同时间（日、周、年），不同活动模式。一些行为模式可能会经常发生，而另一些则可能只在特定的情况下才会发生（例如庆祝国庆节）。

环境由地面层、建筑物表面，以及其他物理元素组成。例如植物，既充当着围合环境的边界，同时也是环境结构的组成部分。组成环境的变量多种多样，在不同环境中变量的作用更是天差地别。在城市设计中，尤其值得关注的是穿越环境时的连续性体验，周边建筑的地面层有无活动，抑或是空间的围合元素。在图 1.1a 和 b 所示的城市场景中，公共领域的物质环境由人工环境要素构成。在之前的插图中，公共空间的元素包括了广场、柱廊、建筑立面、建筑地面层的功能，以及通往开放空间的入口。在一条典型的街道上，这些元素基本相同，但形式不同。如果从城市设计关注人类体验的完整性角度看，那么它必须要辨识活动的性质以及参与活动的人群。城市设计中关注的重点是环境如何为活动提供场景，并用美学的方式表现出来。

对公共空间的建筑立面进行限制与公共空间的平面布局同等重要。建筑立面是由什么材料建造的？具有怎样的开窗特征？面向开放空间的一面用于什么功能？沿街道或广场设置的入口密度有多大？人行道是什么类型的？围合开放空间的建筑高度怎样？空间如何照明？它们在夜间是什么样的？空间中的活动模式有哪些？有哪些人在使用空间？这些都是导致不同的城市、片区和邻里产生场所差异的变量。

建成公共领域的功能

设计师在他们的分析和设计中，几乎很少有意识考虑建成环境功能以外的其他潜在功能。因为这个世界太复杂，设计师不可能同时考虑建成形态的所有功能。同样的建成形式，不管是作为环境还是作为物体，都会对不同的人群提供不同的功能。建成环境构件的主要功能之一是作为金融投资。所有设计师都了解这一点，但是却很少在建筑设计理论中将其表述为建筑功能。建筑评论家也很少提到这方面的因素。

很多城市开发决策都是基于财政的考量作出的。对于项目的投资方，比如银行和其他贷款机构还有业主，建筑物代表着为了获取收益而进行的投资。在这种情况下，只有当地产商的投资决策受到影响时，公共空间才会变得重要。他们可能会出于自愿或是迫于公众压力而使用自有资金去改进影响项目的公共空间。公共机构使用税收来改善建筑物之间的公共空间，以提升地产价值并实现税收增益。这些收益再用于支持其他的政府活动。对于建筑师、景观设计师和艺术家来说，他们的专业工作不仅是一种赚钱的手段，同时也是对自己的品位和技能的宣传。他们希望通过展示自己的作品来提高身价。

除了财务方面的回报，社会环境还提供了三个基本功能：它可以承载活动、提供庇护，以及充当意义的交流展示平台。所以设计关注的范畴就包括"（1）最能表达意图的元素，（2）如何承载活动；（3）这些元素如何串联成系统；（4）它们最深层次的意义"（Rapoport，1997）。这些功能只有放在人类需求与动机模型中才能得到充分的理解。

人类的目的与建成公共领域的功能

关于人类需求有很多种不同的模型。其中最完美、最具有解释力，也是应用最广泛的模型是亚伯拉罕·马斯洛提出的人类需求模型（Maslow，1987）。马斯洛认为人类的需求从最基本（生存）到最抽象（美学）构成了一种层级关系。这些需求驱动人类形成不同的行为方式，鼓励人群（社区）去获取有价值的物品，以及将自己置身于带有某种特征的场景中。这些行为的动机在受到文化层面塑造的同时也定义了文化。

图1.2将马斯洛的人类需求层次与建成形态的功能结合起来。这个模型表明，必须在一定的社会秩序中去认识人类需求以及实现这些需求的机制。

如图所示，满足各种需求的建成形态模式实际上是相互关联的。根据马斯洛的观点，人类最基础的需求是生理需求。位于生理需求上一层次是生存的需求，这意味着环境必须首先能提供庇护。它一定要能保护我们免受生命威胁。地震等一些灾难属于自然灾害，但是也有一些灾害是由人类自己创造的。可能爆发灾难的潜意识很大程度上决定了我们对城市公共空间的需求。飓风桑迪的出现不管在政治层面还是在个人层面上，都影响到了我们对于纽约未来的思考。

基本的生理需求哪怕只是得到部分满足，人类就会开始谋求一种生理和心理上的安全感。前者与生存的需求密切相关。城市设计中反复出现的一个话题，就是如何更好地将人行与机动车分隔开。应对犯罪和恐怖主义也成为设计中要考虑的限制性因素。而心理上的安全感则涉及对隐私的掌握程度，以及人们在环境中对行为进行控制的程度。不管是作为个体还是作为群体，人们在参与任何行动时都希望隐私在一定程度上得到保护。

图1.2还表明支持实现自我价值的社会—生理机制与安全感有密切关系。建成环境在很大程度上表征着人们的社会地位。当前城市设计领域中的一项争议就是：城市设计活动是应该为特定的地域创造意向，还是应该适应全球化趋势，创造符合跨国公司需要的国际化形象（对比第10章中的炮台公园城和陆家嘴金融中心项目）。在一些文化中，遵循精神信仰形成的建成环境布局同时也能够满足各种基本需求。最重要的是需要认识到，不管是公共的还是私人的建成环境，都象征着我们是谁和我们想成为谁。

位于马斯洛需求等级最高层次的人类需求是自我实现——成为我们想要成为的人。通过设计能否满足这个层级的需求尚不清楚。不过设计可以满足认知和美学方面的需求很好理解。对这两个方面的追求一直贯穿于我们的生活。我们需要不断学习以适应生存的需要，还需要不断地在生活中进步，所以学习能力是获得所有需要的根本。对美学的需求不仅与环境对于身份和愿望的象征意义有关，而且是一些内行人理解设计师逻辑的途径。例如，对于专业人士而言，在对解构主义哲学理解的基础上，再看到这种理念被用于创造建筑和景观形态（如第7章中的

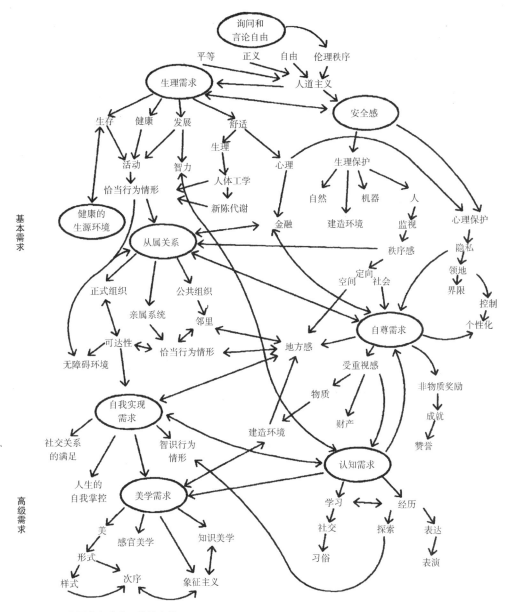

图 1.2 人类需求和建成环境的功能
来源：改编自 Lewis（1977），Lang（1994），和 Lang & Moleskine（2010）

拉维莱特公园），其所能感受到的意义就会更加丰富。当然对大多数人来说，眼前看到的形象比背后的逻辑更为重要。

　　不仅我们人类有需求，生物世界中的其他物种甚至非生命体也都存在需求。植物和动物对于一个健康的世界能起到很多作用，但是这个世界通常是由机器来制定规则。加拿大建筑师泉京都（Kyoto Izumi）区分了以满足人类动机为目的的场景和以满足机器需求为目的的场景（Izumi，1968）。一定要记住，机器是服务于人类的。本书主要探讨泉京都的术语体系中的宜人环境。

文化维度

"所有人都有着同样的需求"，勒·柯布西耶观察道（Le Corbusier，1960，82）。假设建成环境的设计模型可以简化为一个通用的范式，这在城市设计中被证明是一个代价惨重的错误。马斯洛所提出的人类需求等级排序可能具有普遍性，但我们满足这些需求的方式则表现出相当大的差异性。我们的行为模式，不管是日常生活还是最晦涩的仪式，都取决于我们所处的人生阶段、性别以及在特定文化环境中的社会角色。我们惯已为常的事情以及栖息的环境在很大程度上决定了我们未来要追求什么。我们习惯于自己的已知世界。脱离日常规范，尤其是脱离主流规范，会让人产生非常大的压力。但历史上不乏试图通过极端的建筑或城市介入去改变一个社会面貌的尝试。这些尝试有时候是成功的，不过大多数以失败告终。

在不同的文化背景下，不仅行为模式各有不同，而且对于隐私、公私之间的边界这样的概念认识，以及对待在公众场合展示个人身份和财富的态度等都有差异。环境的模式、材质、颜色，以及整体照明的方式等都表达了基于"后天习得"的关联意义，可能其中有一些是"先天性"的表达。在一些社会中，代表社会地位或等级的设计符号很明显，而在另一些社会中则较为隐秘。

城市设计中最重要的是对待个人主义以及合作的态度。那些让人无比倾慕的城市场所——如威尼斯的圣马可广场——是历经几个世纪一点一点建造完成的。每个新开发者和建筑师都有意识地去适应既有的建成环境。建筑历史学家皮特·科哈尼称之为"礼仪感"（Kohane & Hill，2001）。传统伊斯兰社会也表现出同样的态度。有一整套古兰经的习俗控制着空间环境中的个体元素设计，从而保证整体环境的统一性。尽管本书并没有选取类似的案例，但这种态度其实是始终存在的。正因为如今的设计师都追求作品的原创性，才出现了作为一种专业的城市设计，寻求在过程和程序中促进合作，提升特定城市区域的环境品质。

文化在不断演化，它不是静止的。在经济和信息全球化的时代，受到广告和国际媒体鼓吹的影响，各种公共空间的设计模式被官员们当作理想的象征。然而，追求城市公共空间设计普适性意向通常意味着很多本地的行为模式需求被所谓的国际化设计掩盖，最终提升的是那些决策影响力量的自我形象。

乘数效应及其"负作用"：城市设计项目的催化功能

乘数效应一般指某项投资决策以及某个建成环境所带来的积极影响，也包括对周边地区的负面影响。城市设计一般关心的是项目对未来发展所产生的催化作用。它是否能够刺激和引导投资？能否建立新的美学态度？从这个意义上讲，本书中的很多案例研究都证明，一些特殊的建筑（如毕尔巴鄂的古根海姆博物馆）和景观设计（如纽约的高线公园和首尔的清溪川修复）是成功的（见第 7 和 11 章）。

很多城市设计的首要作用就是通过改变投资模式来提升城市环境质量。但不幸的是，很多城市设计都不恰当地使用一些通用的概念，造成了意想不到的负面影响。举个例子，许多购物街被改造成只允许机动车穿行的道路，或者曾经的步行购物中心又被"去购物中心化"，恢复成机动车可以穿行的街道（见第 7 章的芝加哥政府街案例研究）。如今大多数公众关心的问题是建成环境对自然环境的影响。

建筑和其他硬质表面会改变环境中大风或微风的流动，这一过程会导致热能反射和吸收，形成热岛效应，改变局部气候模式。我们只是刚刚开始意识到城市设计中的这些问题。而且在很多地方，积极应对这一环境问题的政治意愿还没有出现。

公共领域的决策

社会成员相互间的义务构成了政府和个人的行为方式。什么是隐私、什么是公共，个人权利与社区（无论怎样定义这个术语）权利的边界是什么，这些争论是城市设计的核心问题。它们已经超越了个体业主按照自己的意愿建造的权利与邻里及社会施加的限制之间的矛盾，影响到更大范围的公共利益。

20 世纪见证了福利国家"潮起潮落"的更迭。20 世纪 80 年代后期开始了第二次资本主义革命。这次革命相比 20 世纪早期更加注重个体和个体权利，其核心理念是个人行动自由能够惠及所有人。这个理念转换到实践中在很多方面都获得了成功，尤其是在全球金融市场上。然而这个演进的过程对许多人来讲都是一段痛苦的经历，城市发展中的自由放任主义也使城市丧失掉很多机会。

公共部门决策应该在多大程度上影响地产开发的过程？能否为了公共健康和安全而控制发展？或者是否应该积极推进公共设施？换句话说：为了创造更好的人居环境，公共部门是否应该对地产开发项目采用胡萝卜或大棒策略，或二者兼用的方法？公共部门能够在多大程度上通过立法与补贴，支持那些以盈利为目的，但是同时又被认为可能会造福大众的私人投资？在美国，法庭判例（例如，西南伊利诺伊发展局与国家城市环境署的判例，2002 年）限制了政府的土地征用权——即强制购买土地用于公共目的的权力。即便由私人开发的项目能够带来巨大的公共利益，政府也没有权力要求土地所有者将土地出售给私人开发商。

本书包含的案例研究显示了政府在房地产开发过程中的多种角色。在一些案例中，城市开发本身就是国家人口再分配政策的组成部分。这类政策是通过购买土地，制定开发计划，雇用设计师或设计团队以及施工等一系列过程完成的。在另一些案例中，整个开发过程全部由私人投资，只需满足标准区划要求即可。许多城市开发项目会形成公共与私人伙伴关系，继而制定计划，组织开发与投资，并将之付诸实施。

政府可以采取很多方式干预城市开发。市政当局制定土地使用政策，决定在哪以何种方式提供满足开发需求的基础设施，确保建设项目是健康且安全的。他们还会通过干预街道的氛围性质以及围合公共空间的建筑外观来决定环境的美学质量。至少在美国，城市政府通过行使这样一些权力，能够建立起基于公共利益的目标，并且行使权力的机制也是遵照宪法，有据可循的。

美国最高法院在一个案件（City of Los Angeles versus Alameda Book，2002）中的审判结果证实了一个老生常谈的结论——市政当局"是无法从粗制滥造的数据或逻辑中逃脱的"（Stamps，1994，145）。这些法律上的决议并非普遍适用，但它要暗示的是，设计师必须能够找到证据来证明设计决策的结果。充分了解既有的城市设计成果是获得支持性证据的重要来源。精心研究的案例可以揭示某种设计决策会带来什么样的结果。

房地产开发商的半公共身份

大型房地产开发项目公司在城市发展中承担了半公共的角色。这个结论尤其适用于 21 世纪初。如今城市公共机构严重依赖私人部门投资来促进城市公共领域的发展。从建设新建筑、大型综合体以及公共空间的角度看，私人部门经常比公共部门更能够捕捉到开发的时机。这些企业以及支持其运营的机构希望项目获得商业收益。而为了获得商业收益就必须创造出有公众需求的产品。同时，开发商也会受到一些财政刺激来开发符合大众利益、但可能商业回报没有那么高的项目（见第 12 章纽约剧场区的案例研究）。

房地产开发商对待城市公共领域的态度千差万别。有些地产商极其热衷于公共利益，而有些则不。但他们都需要有投资回报。只要政府的发展要求合乎情理，而且不会随意干扰他们的工作，他们一般不会拒绝政府的管控。长久以来，只要城市设计导则带来的进步能够确保他们投资的成功，开发商一般都愿意采取支持的态度。不过，大多数开发商如同建筑师一样，会表现出强烈的权力欲，喜欢按照自己习惯的方式做事。

城市设计的目标

不同的人对设计和创造未来的城市场所关注的重点都不一样。每一个城市设计范式都会有一系列目标蕴含其中。有时候这些目标会通过宣言或者详细计划的方式表达出来。但一般是通过指导详细设计导则来表达。各类城市设计著作则讨论了一些更广泛的目标。建成环境应该能够有效地应对图 1.2 中所示的各种变化需求。对建成环境的设计应该能够鼓励经济增长，能够营造一种历史连续感，提升居民的自我认知。它应该有助于维持道德和社会秩序，建成环境应该对所有人都是公平的。公平的秩序是物质环境设计中必须要考虑的（Harvey，2003）。

本书要讨论的是，城市设计的总体目标是为城市（或者某个片区）的所有居民和游客提供各种可达性机遇，包括行为活动和美学感受。但是城市设计会提供什么样的机遇？怎样处理这种可达性？由谁来决策？市场吗？公共政策层面的问题是：公共部门应该对市场干预到什么程度？为何种人群提供机遇？另外：可达性如何成为机会？为谁创造可达性？

其次，如果我们接受马斯洛模型，那么就会认同，人们在社会可接受范围内参与自己喜欢的活动会感到舒适。舒适既有生理学的维度也有心理学的维度。它与城市微气候和人们日常生活中的安全感有关。安全感既关系到一个人对自己隐私的掌控程度，也关系到他人对自己行为的知情程度。在公共监控之下，我们准备在多大程度上放弃隐私才能换取安全感？安全感还与人车分流、周边环境的建设质量等有关系。

城市设计中另一个关注的问题是提升环境氛围的联系——如街道、门廊和人行道，场所、广场与公园等要素间的联系。氛围创造涉及一个场所的美学品质、布局与照明，场所的活动内容以及参与活动的人群。

人工世界并非存在于真空之中。它是由一个场所的气候、生态、动植物群系等塑造的陆地生境。因此城市设计的目标之一是确保这种生境不受破坏。城市设计面临的问题是我们应该如何提升这样的生境，使之成为一个能够更好地进行自我维系的系统，从而反过来再丰富人类的体验。

争议

任何一个城市设计项目在创建过程中所出现的争议都深藏在一系列问题中：好的城市由什么构成？应该由谁来决策？一旦制定了决策，应该由谁来负责执行？好的城市是一系列由个人不加协调地决策所生成的产品，还是个体决策经过协调后产生的？选择一种方式而淘汰另一种方式所造成的机会成本是多少？本书中的每个案例研究中或多或少地回应了上述问题。

其次，权威机构（公共或私人）应该在多大程度上去定义（某项目）目的与手段的具体细节？对于私人开发商及其雇用的建筑师建什么、在哪建、怎么建？需要制定怎样的限制条件（如果有的话）？公共利益的内涵是什么？实际上，公共利益是出了名地难以定义。我们不能肯定设计的目标能满足所有人的需要，但是至少城市设计产品在表达特定群体利益的同时不应损害其他人的利益。

第三个问题是资金投资的回报（尽管在财政实用主义时代有人会争论这才是最优先的问题）。在资本主义社会，房地产开发商（私人或公共的）可能会主动或被动地采取渐进式的城市开发方式。城市设计的根本目标之一是确保财务可持续。另一个目标是通过胡萝卜加大棒的奖励和惩罚手段，引导特定的城市开发方式，在不同区域内创造出不同的设施。

第四：开发项目如何分期？从哪一步开始？第一期入驻的使用者在项目后续建设中会受到多大干扰？由谁来保障他们的生活所受到的干扰降至最低？本书案例研究展示了建筑师、景观设计师以及城市规划师是如何在不同的社会—政治环境下，在不同的城市设计项目中应对这些问题的。

评论

城市设计包含了设计这一项活动。城市设计需要协同工作，处理规划、景观设计和建筑问题，以及在政治环境不稳定中处理各种类型的工程，这使得决策变得困难，而且往往压力很大。

许多观察人士（如 Schurch，1999）认为城市设计是建筑、景观设计和城市规划等三个涉及环境布局的专业领域的交集，我认为应该增加一个市政工程专业，如图 1.3a 所示。这只是本书的观点。所有的设计专业都声称城市设计属于自己的领域。城市设计是上述几个学科的重叠部分，但同时也发展出属于自己的专业领域。目前它与传统设计专业之间的关系看起来更接近于图 1.3b 所示。

城市设计作为一个专业，吸收了三个传统设计领域的专业知识，但与之不同的是它已经变得更加面向开发、面向社会，更谨慎地对待其所处的政治经济环境，以及决策的不稳定性。对城市设计充满兴趣的专业人士（因为没有其他人能做到）正慢慢发展出他们自己的经验知识基础、专业组织以及刊物。这本书关注的是他们在专业方面的努力，并试图勾勒出（就目前而言）城市设计作为一种改善城市生活的工具所涵盖的范畴。

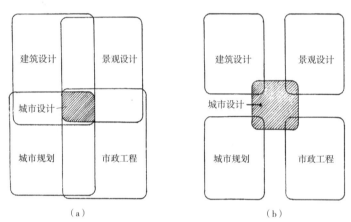

图 1.3 城市设计与传统设计领域的关系。（a）传统上对于城市设计的看法；（b）今天的城市设计？

第2章 城市设计产品的类型

设计专业通常会从产品类型的角度思考城市设计，并且从字面上去定义城市设计的领域。对城市设计项目的分类已经有很多种方式。设计一个详尽的分类系统看起来也不可能。本书采用的分类方式很简单。城市设计的产品类型可以分为：（1）新城镇；（2）各种类型的城市片区；（3）基础设施元素；以及可能会有的（4）给城市增添光彩的单体标志物，如：钟塔、纪念碑、艺术作品，以及各种奇怪有趣的物体。本书主要关注前三种类型。

新城镇

"新城镇"是一种有意识建立起来的聚居区，以提供各种生活必需的便利设施，包括就业机会。许多所谓的新城镇只是部分满足这个定义。自二战以来就没有对新建的城镇进行过统计，但是这个数字肯定是巨大的。新城镇的规模和重要性各有不同，涵盖范围从公司城镇到国家首都。

欧洲和亚洲的一些国家已经把新城镇的建设作为其政治议程的组成部分。在 1950~1990 年

图 2.1　新城镇设计：埃及新首都规划，2014 年
来源：SOM 事务所

之间，苏联政府采用新建定居点的方式来扩大中央对加盟共和国的控制。其他新城镇建设也各有经济和社会方面的原因。20世纪后半叶，英国建造了20多个新城镇，以使伦敦的人口保持在一个可控的范围，并鼓励把工业设置在国家东南角以外的地区。英国到现在还在持续地建造新城镇。

在北美，私人公司已经建立起真正的新城镇和大型郊区。马里兰州的哥伦比亚（见第6章）和弗吉尼亚的莱斯顿可能是最著名的例子。在美国这样的新城镇很少，因为征收土地和基础设施建设成本很高，并且开发共同体在获得资本回报之前必须有足够的投资。不过，乡村地区却在持续建造新城镇。始建于19世纪90年代的佛罗里达州欢庆城就是一个例子（见第10章）。

世界各地都在建造新城镇，还有更多的新城镇在规划中。许多国家都在寻求建设新首都，比如埃及。许多新城镇都是国家为了应对人口增长而制定的去中心化政策的产物。以色列正在建造的莫迪亚就是这样的新城镇（见第10章）。亚洲正在建造许多新城镇，尤其是中国。中国南方的松山湖是一个不同寻常的例子，它继承了田园城市的理念。

公司城镇（company towns）一般都依托采矿业或者其他资源，也有一些是依托制造业或者军事基地。一些非军事基地的例子是政府政策的产物；但也有一些是由私人工业组织建造的，以满足他们自己的目的。这些城镇的大小和寿命都有很大的不同。有些城镇小到只有500人，有些却拥有超过10万居民。印度的GSFC城镇就是一个小型工业新城的例子（见第9章），它也可能是巴罗达的一个郊区。

片区（precincts）

大部分城市设计项目都不是完整的新城镇，而是城市中新开发的片区，主要是居住区和郊区。它们可以是白地，也可以是城市更新项目。一部分城市新区也被称为新城镇。这一术语的使用可能会造成一些歧义。新加坡作为一个城市国家，它的新城镇包含了许多城市服务设施，同时也是城市就业中心，但是几乎没有工业。新加坡的新城镇实质上是城市国家的混合功能片区。

在20世纪70年代，"城镇中的新城镇"这一术语用来形容在城市棕地上进行的大型功能复合城市设计项目。例如，纽约的罗斯福岛（图2.2a）和炮台公园城（见第9章）都被这样形容过。罗斯福岛的前身是福利岛，是许多年代久远的医院和其他过时机构的所在地，现已经被改造成了居住片区，各类机构也逐渐增多。罗斯福岛的四周被水环绕着，是一个边界清晰的新区域。炮台公园城也是如此，其西边是哈得孙河，东边是西线高速公路。

位于城市中的城市设计项目大多是由小且功能相似的地块组成。北京的CBD是一个商业片区（图2.2b）。纽约的林肯中心是一个文化综合体的例子。这些设施是应该聚集在一个独立的片区中？还是应该在城市中分散布置？这是一个很有争议的问题。2000年，成功举办的悉尼

（a）

（b）

图 2.2　精密设计。（a）纽约罗斯福岛；（b）2004 年北京 CBD 规划模型

奥运会将众多的设施集中布置在一个区域内也引起过类似的争议。许多开放空间原先都是为了集散奥运会的人群，现在却变成了居住区和商业开发区，从而改变了片区的性质。也许世界上最常见的片区设计就是居住区设计。

在全世界范围内，城市的扩张主要发生在城市外围地区。城市郊区建造了大片的房屋和配套的商业零售业设施。在印度这样的国家，这种城市设计项目的主要开发商是中央或州政府的公共事业部门。在美国，几乎所有的开发都是由私人开发商负责的。不过，其中的很多项目因为有了联邦政府资助的公路系统和其他政府补贴才变得具有可行性。

校园是一种非常特殊的片区——通常是一系列风格统一的建筑坐落在花园式的环境中。典型的如大学校园。有一些大学融入了周边的城市中，更多的大学，特别是近年新建的大学都具有独立的校园。同样的理念也出现在商务和商业公园的城市设计布局中。位丁城市边缘的丹佛技术中心明显属于这一类型，在许多方面，它都成为城市传统商业的竞争对手（见第10章）。

城市更新（Urban Renewal）

城市更新，正如这个名字所反映的，指的是重建城市中那些已经被遗弃，或是已经处于大

（a）

（b）

图 2.3　一个废弃的造船厂被改造成多混合用途，主要是住宅区。（a）海湾造船厂；（b）海湾城市更新提案

规模废弃状态区域的过程（图 2.3）。除非城市已经完全经济停滞，否则城市更新项目会一直进行下去。有时候城市更新项目还包含清除贫民窟并对环境进行全面重建。经历二战罹难后的欧洲大部分城市都进行了重建。其中有一些重建项目选择了复制过去的建筑（如华沙），但是更多的城市更新则属于现代主义风格。在欧洲和北美洲的城市，大部分贫民窟清除运动和新住宅项目出现在 20 世纪 50 年代到 80 年代之间。这些项目的结果好坏参半，因为重建过程中被毁掉的物质环境通常是充满社会活力的。由于新产品无法提供再造这种社会稳定性的环境，所以很多建筑又被拆除和重建。现在城市更新通常采取选择性拆除和通过设计使新旧建筑有机融合（如爱丁堡的卡尔特米尔项目）。不过也有很多城市更新项目采取对建筑进行逐个更新的放任自流态度，而不是制定整体协调的设计方案。

在 20 世纪最后的 20 年出现了一种新的城市更新类型。随着城市郊区人口特征的变化，对购物中心的设施开始有了新需求，出现了具备传统市中心特征的新郊区商业中心（Garreau，1991）。高层商业和住宅综合开发取代了两三层楼的片区。这个过程和结果通常都是无序的，但也有很多项目通过城市设计实现了整体协调。较早的郊区中心案例是在悉尼郊外一片空地上建设的罗斯山城镇中心。

基础设施设计

城市中的基础设施一眼就能够分辨出来，就像一眼就能从人群中识别出建筑物一样。街道以及其他交通设施，学校、图书馆和博物馆等公共机构都是城市基础设施的组成部分（注：原文为 infrastructure，与中国的基础设施概念有所不同）。基础设施设计需要考虑其公共性，不仅要满足功能使用的要求，还要考虑到它们对城市空间发展所起到的催化作用。

很多与基础设施设计有关的问题已经超出了城市设计的领域，属于城市规划和市政工程的范畴。规划决策对片区的设计会产生巨大影响。例如，公路建设催生了边缘城市。在很多城市，铁路和新火车站的出现会带动周边地区的开发。伦敦地铁系统中的朱比利线就是这样一个例子。有时候，土地开发和车站选址是在开工前就协同有序进行的，比如在新加坡（见第 11 章的案例分析，伦敦朱比利线和新加坡的捷运系统）。

城市设计的一个关注点是将行人和机动车分开，从而为人们创造一种更加宜人且安全的环境。人行道设计在很多城市设计项目中都是重点考虑的内容。另一种人车分流方式是将机动交通限制在地面层，而将步行广场和人行通道放在二层以上（如巴黎的拉德芳斯，见第 10 章），如新建的那不勒斯 CBD，芝加哥的伊利诺伊大学圆形校区；另一种方法是用连续的人行天桥连接建筑物的室内和半公共空间（如明尼苏达州明尼阿波利斯市，见第 11 章）。还有很多城市有着健全的地下通道系统，方便行人不受干扰地穿行于各个街区。这些都是城市生活中很重要的组成部分。

混杂性：城市空间中的单体构筑物

除了建筑物以外，还有两种物质类型是城市设计需要考虑的。第一类是艺术作品，通常是雕塑和壁画，被用在一些乏味的空间中以吸引注意力，或者让一面空荡荡的墙变得生动，有时也作为激发市民协作的元素。第二类由城市中一些独立的元素构成，比如纪念碑、喷泉、钟塔以及街道家具等。尽管我可能会在讨论大型开发计划时会顺便提及这些元素的设计，但是它们总体上不在本书讨论范畴之内（图2.4）。

纪念碑尤为重要。它们保存了集体记忆，代表着一种认同感，也象征着一个国家或一群人的自我价值（Johnson，1995），具有特殊的意义。纪念碑有时候也充当着一个群体集体生活的焦点。很多城市设计方案中使用钟塔、方尖碑和喷泉作为视觉焦点，尤其是那些隐含着城市美化主义或者巴洛克情调的设计。纪念碑是一种地标，可以强化城市生活的节点和人们的自我认同感。

评论

城市设计产品的性质从20世纪90年代初开始发生变化。不仅由于技术的变革，而且还源于资本市场的变化。投资开始变得国际化。美国有相当多的开发项目投资来自英国和加拿大。大量来自亚洲机构的投资进入澳大利亚、加拿大和美国。尤其是中国，在其他亚洲国家、拉丁美洲、非洲以及欧洲都有大量投资。尽管对当地资源的依赖仍然存在，但是融资方更希望国际化的投资，以及全球招聘建筑设计师。很少有建筑师和投资方表现出对地方感的兴趣。这种态度解释了为什么当今很多项目出于财务方面考虑，将建筑设计得很国际化（如上海陆家嘴，见第10章）。

（a）

（b）

（c）

图 2.4　城市雕塑。（a）华盛顿纪念拱门，纽约；（b）少年雕塑，乔治街，悉尼；（c）云门，芝加哥

第3章 城市设计范式

设计领域比较流行的方法是从形式、模式和产生它们的意识形态方面对项目进行分类。关于好的城市如何构成的观点有很多，这些观点可以被归纳为一组范式。这些范式代表了当代优秀城市设计实践的模型。城市设计起始于 20 世纪的城市美化运动，这一时期的主导范式是采用巴洛克风格创造几何式的城市（Wilson，1989）。同时期，现代运动的分支——经验主义（现实主义或消极的乌托邦）和理性主义（理想主义或积极的乌托邦）正在发展起来。作为一种范式的田园城市属于前者，而托尼·戈涅的工业城市和勒·柯布西耶的通用性城市设计模型则属于后者。今天，我们有被称为超现代主义的商业实用主义的城市设计（Franker，2007），还有与之相反的，新传统主义或新城市主义的城市设计（Tallen，2013），并且我们还在探索激进的几何主义。

经验主义者在思考设计时趋向于将对现实（起作用或不起作用）的观察作为基础。因为有很多历史可以回顾和参考，所以经验主义者对未来的看法会有很多方向。小乡镇是一种可参考的历史，中世纪的城市又是另一个。同样，理性主义者对未来的思考也有分歧。理性主义者同历史做了切割（或者至少他们声称要这么做）。他们的模型建立在各种关于人们应该怎么生活的假设基础上。

所有设计师在开始一个项目的时候，头脑中都有一些可能方案的模糊意向。随着项目推进、设计不断进展，以及获得新的信息，设计在各种相近的选择中逐渐形成。本书中包含的大多数案例（如果说不是全部的话）的研究都是有先例的，或者说是有多种先例的。设计师们在很大程度上都依赖于先例及其遵从的范式。

城市美化运动

可以说城市美化运动始于 1893 年的芝加哥世界博览会，以及丹尼尔·伯纳姆和爱德华·H. 班纳特对芝加哥进行的设计（1906 年），尽管城市美化运动是巴洛克风格的。在 20 世纪期间，有两座令人印象深刻的首都城市体现了城市美化运动的精神，即使没有完全执行其理念。它们是众所周知的澳大利亚的堪培拉（1913 年）和一年后的印度首都新德里。此外，在城市美化运动中，陆陆续续建设了许多市民中心大楼和大学校园（图 3.1a）。它们都具有明显的几何式方案：轴线组织、对称结构，几条轴线交汇在一点。小规模的设计案例如后现代主义建筑风格的密西沙加（安大略省，加拿大）市政厅地块，在布局上大胆的采用了对称方案。在第 10 章中描述的金丝雀码头主轴线是当代的一个例子。豪斯曼的巴黎改造则是一个被广泛学习的大尺度设计案例。

现代主义运动

20 世纪早期建筑学和城市设计的现代主义运动及其演化，仍然为 21 世纪初的大多数城市设计思想提供了知识基础。现代主义者被灌输了启蒙主义精神，他们认为城市可以被建得更适宜居住。城市居民的社会福利可以通过设计得到提高。

现代主义，不论是理性主义还是经验主义，都会关注社会模式的发展，就像 19 世纪的城市设计运动以社会和博爱的方式进行城市和建筑设计一样（Darley，1978）。现代主义设计建立在人类需求模型的基础上，这也是本书暗含的主张。然而大多数现代主义设计的缺点在于它的意识形态建立在对人类需求和生活方式过分简单化的模型之上，以及相信建成环境的形态特征的变化可以对人类行为产生积极的作用。

许多理性主义方案的概念基础是创建有益健康的环境，例如光辉城市（Radiant City），更具体的案例如位于加拉加斯的 23 de Enero 住宅区（图 3.1）—— 一个能够提供公共空间、日照和通风的设计。这个设计的关注点仅仅集中在提供住房以及交通和建筑设计的效率上。几乎没有考虑潜在用户的需求。如果从广义而非狭义去定义"功能"，那么理性主义者的口号"形式追随功能"是合理的。

现代主义创造了一系列建筑师可以遵循的通用设计。包括经验主义者创建的田园城市（Garden City）和邻里单元理论（图 8.5），以及理性主义者创造的光辉城市和联合住宅形式（图 8.6）。这些都是对 19 世纪欧洲和北美工业城镇出现的污染和社会堕落等问题的回应。两者的关注点不同。理性主义者致力于消除工业城市的问题，但是没有能够回答是什么给人类带来了益处。经验主义者倾向于带着怀旧的眼光去看待他们主观意识中认为运作良好的场所。他们都未能应对不断变化着的技术世界，也没能意识到各自理论中的文化偏见。当现代主义的通用解决方案被建筑师应用到特定情况时，最初的设计想法通常（如果不总是）会被削弱，从而失去了方案的初始意图。

如今理性主义设计方案在东亚有着前所未有的数量。它们带有明显的柏拉图式几何结构和建筑形体。那些已经建成的作品在很大程度上体现了早期现代主义城市设计的思想，例如密斯·凡·德罗设计的伊利诺伊理工大学，以及包豪斯派建筑师和勒·柯布西耶的概念方案。建筑被当作空间中的一个物体、一个单独的艺术作品，而不是空间形态的塑造者。在商业区，那些华丽的建筑就是现代主义城市设计的放大版。

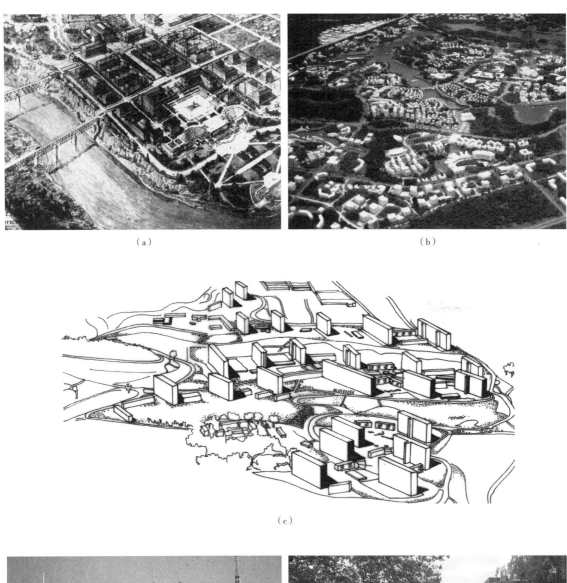

图 3.1 20 世纪和 21 世纪早期的城市设计范例。（a）城市美化运动：明尼苏达大学提案（1910）；（b）田园城市：广州松山湖（2004）；（c）光辉城市：加拉加斯住宅区（1952-1958）；（d）超现代主义城市：陆家嘴（1990）；（e）可持续城市环境：沃班·弗赖堡

城市设计作为一种艺术形式和解构

一些城市设计注重表现美学的理念。城市设计被视为对永恒的艺术世界的责任，而不是对人类的责任，毕竟人类的寿命很短暂。他们认为建成形态是创造者根据经验发现、社会需求或者功利目的而表达其思想的产物。

在解构主义设计中，至少从表面上看，是将知识美学观念凌驾于其他考虑之上。这就要求建筑专家能够欣赏到几何式设计方案背后的美学理念之美。从 20 世纪 80 年代到今天，扎哈·哈迪德、丹尼尔·李伯斯金以及伯纳德·屈米的作品都与解构主义密切相关，但是他们的作品几乎全部都是独立建筑。屈米设计的拉维莱特公园是一个例外（见第 7 章）。它不仅有很强的智力美学理念作为基础，同时还具有很强的公众吸引力。

这些设计作品背后的观察是，我们生活在碎片化的社会中，不同的城市系统有着自己的需求和几何布局要求。那么城市设计就是先将这些城市系统视为各自独立，来为它们进行设计，然后将结果综合在一起。只有设计达到了可行的程度时，冲突才能消除。

谨慎的建筑和超现代主义

谨慎的建筑被执行得很好，但并不需要被过分关注。人们的态度是，建筑和城市设计应该成为它们所在城市或区域的一部分。解决城市设计与地域、文化和建筑背景相关的问题时，人们关注的是场地的细节。这一点在新传统主义的作品中表现得最明显。

纽约炮台公园城等项目在财务上是务实的，但也表现出对场所的关注，从而将它们与城市融为一体，而不是鹤立鸡群般的存在。炮台公园城既是一个有边界的开发项目，也整合了曼哈顿下城的一部分（见第 10 章）。超现代主义的建筑和城市设计的做法则与之截然相反。

当前，许多城市设计的态度似乎反映了对低收入群体的蔑视，对财政和建筑精英的敬仰，以及对启蒙精神的拒绝。城市设计被视为消费品（Schurch，1991）。实施一项提案所需要的财政资源经常成为城市设计中的问题。然而，当财政上的权宜已经成为决定项目成败的关键时，城市设计也就失去了对公共领域质量的关注。结果就形成了哈里森·弗雷克所说的那种城市设计——作为空间中的物体的超现代主义建筑（Fracker，2007）。这些建筑本身的差别很大，但都是标准通用设计的衍生品，只是呈现出来的外观有所不同。超现代主义城市设计用景观来整合项目，并创造出高贵的空间氛围。极端形式的超现代主义城市设计的例子并不多见，但是当前许多东亚的作品都被灌输了这种自由放任的精神。

评论

20世纪下半叶，一些城市设计范式或多或少地占据了主导地位。这些理念在今天的新理性主义和新经验主义作品中都有体现。理解这些范式非常重要，因为它们反映了许多城市设计师过去的思考，这些思考就是他们对当时的社会问题的回答。

如今，对于城市设计师应该解决的具体问题以及如何解决这些问题，有太多的倡导者。其中有三个较有竞争力的范式占据主导地位：一个是经济自由主义，或是超现代主义，它们根植于现代主义城市设计和后现代主义建筑设计；一个是新传统主义（Tallen，2013）；还有至少在学术意义上所说的景观都市主义，其思想根植于伊恩·麦克哈格设计结合自然的倡议。

有的设计师是参考以前的作品并以新的形式进行重复性设计，有的设计师则想要创造未来，主要的争论便产生在这两者之间。正如普利兹克奖得主托马斯·梅恩所说："街区、乡镇或是社区——这种想法已经过时了。孩子们不再在街上玩棍球（stick ball）了。我们需要的是彻底的多元主义异质性。"新城市主义者如伊丽莎白·普拉特·齐伯克则辩称：超现代主义的未来愿景与许多人的生活质量是对立的，他们与梅恩不同，并不是全球化的居民（Green，2016）。对城市进行近距离观察可以发现，街区和邻里关系即使不像以前那么密切，但依旧是充满活力的。

第4章 城市设计的类型与过程

许多城市设计方案都是源自某个人头脑中的灵光一闪，最终得到完整实现。但还有成千上万的计划没有得到实施。有一些设计只是为了对一些可能性进行探索，有些是针对具体项目的详尽计划。有些项目在设计之初就制定了实施程序，但是事后证明并不可行。有些设计则成为政治幻想的牺牲品。还有一些设计由于没有考虑到土地所有者的权益或者设想的资金来源并不可靠等原因而失败。

许多建筑师和景观设计师认为，城市设计方案的财务可行性不是他们应该考虑的事情。这种态度很令人惊讶，因为预算是决定建筑与景观设计方案的核心要素。不过，通常的情景是，只有在城市设计方案制定出来以后，人们才会开始关心财务问题以及如何找到开发商按照方案的设想进行投资建设。在绝大多数城市设计案例中可能都存在因为财务的限制而进行改动的情况。

最常规的城市设计过程模型是一个理性渐进的过程，从识别问题开始一直到实施完成和最后评价。不过，城市设计并不是简单地按照这样的顺序发生的。城市设计是一个相当富有争议的揣测过程——提出想法并去验证它们——不断地重复再重复。

在任何城市设计过程中，参与者都会对城市设计应该包括什么内容，什么是好的城市设计进行讨论。每个人都根据自己对设计行动结果的预测，使用自己的逻辑去验证设计方案。尽管很容易猜到谁会赢得辩论（就是那些拿着钱袋子的人），但是从经验知识中获得有用的信息仍然是设计师用来说服甲方的有力工具。理解城市设计的实施过程对于认识城市设计的性质至关重要。

过程类型

一般情况下，根据城市设计师或城市设计团队从项目设计到实施过程中的控制程度，城市设计可以分为四种类型。包括：（1）整体城市设计——城市设计师作为开发小组的成员，负责从设计到实施的全部计划；（2）组合型城市设计——由一个团队单独编制项目总体规划并制定各种规划参数，由不同的开发商完成项目的不同部分；（3）插入式城市设计——首先设计基础设施元素，依托基础设施进行渐次开发，开发项目如同"插入"到基础设施中间；或者反过来，将新设计的基础设施元素"插入"到既有的城市肌理中，以提升一个地区的宜居性；（4）渐进式城市设计——通过制定整体城市设计政策和程序来引导开发片区的整体设计方向。这四种城市设计类型的边界并不十分清晰，关于插入式城市设计的一些争论也不在本书讨论范围之内。

整体城市设计（Total Urban Design）

在整体城市设计中，一个综合体的基础设施、建筑物、景观由一个设计团队进行整体设计，只对一个业主负责。对城市设计的结果和方法的讨论发生在设计团队内部。整体城市设计的尺度跨越很大，包括新城、城市片区，也包括广场以及其他开敞空间的设计。这个类型中最著名的城市设计可能就是第9章中巴西利亚的飞机型规划。苏联在1950~1980年建设的大部分新城，全球数不清的商业小镇也属于整体城市设计（见第9章 GSFC 小镇案例研究）。商业小镇总体上是由单一机构管理的社区，尽管可能会涉及部分住宅的管理——这部分控制权一般在居民手中。

大部分整体城市设计的对象是城市中的一个片区而非全部城市。在过去50年里，非常多的片区城市设计是由单一组织主导的，但是开发尺度一般很少超过三四个传统意义上的街区。爱丁堡内城的卡尔特米尔就是一个典型（见第9章）。与此相反，全球范围内有很多开发商主导的大型郊区开发也属于整体城市设计（图4.1）。

即使在单一投资者控制之下，也需要谨慎思考整体城市设计是否真的"整体"。在市场经济环境下，开发团队几乎不可能完全按照他们的意愿行事。所有的城市设计项目都需要扎根所在地区，都会受到当地居民的制约——无论是通过他们选举的利益代表，还是通过社区的直接行动。

图 4.1　整体城市设计：首都综合体建筑，巴西

组合型城市设计（All-of-a-piece Urban Design）

许多城市再开发或者郊区开发项目的规模和资金需求庞大，开发商很难独立完成。也有些案例中，由于土地所有模式过于破碎，单一的开发商从法律上和管理上难以协调所有基地的开发和设计。在这种情况下，首先要由一个咨询团队为整个开发项目制定三维概念性规划。然后将项目地块分别出售给不同的开发商，由其负责资金筹措以及组织设计团队完成地块设计。如图 4.2 所示方案，开发项目中潜在次级开发商多达 30 多个。对如此众多的项目和资金进行协调意味着建设周期可能持续数十年。这个项目于 1989 年设计，到 2010 年只有 D 街区建设完成。在这类项目中，基础设施由主要开发者——可以是公共机构或私人机构——整体建设，或者由次级开发商结合本地块建设，也可以采用分摊成本的方式建设基础设施。

图 4.3 大致表达了组合型城市设计的流程。由公共机构或私人机构的主要开发商，通过收购土地启动项目。然后根据当地市场需求或者基于公共利益假设来决定开发内容（或者不开发什么）。有一些私人开发商可能会为了公共利益而放弃盈利。但是总体上公共机构决定了项目的公共利益议程。公共或私人地产开发商雇佣城市设计团队来进行概念性设计，制定设计程序。这样的过程有利于通过公私之间的竞争获得更好的效果。

为了确保总体规划的最初意图得以贯彻，次级开发商必须遵守一整套设计导则。有时候这些导则对整体开发项目通用，有时候则是每一个开发地块都有各自的导则。制定导则必须要有依据，符合项目目标的要求，而且要禁得起法律推敲（Stamps，1994）。

对于整个开发项目，必须通盘考虑开发建设管理和设计审查程序，还要考虑项目建成后的

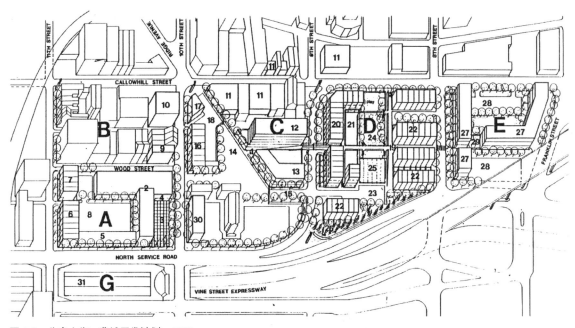

图 4.2　北唐人街，费城开发计划，1989
来源：费城，ERG 馈赠

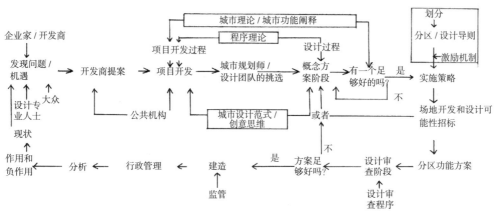

图4.3　组合型城市设计的主要步骤

运营管理。有时候在一个城市中会设置独立的设计审查委员会，负责对所有开发项目进行设计管理，但是通常设计审查的过程是碎片化的。筹措资金是城市设计实施中的难点，此外还要满足审查团对项目目标的评估要求。这两个因素经常会导致总体规划重新设计。最终结果可能与最初的设想大相径庭（见第10章纽约炮台公园案例研究）。

插入式城市设计（Plug-in Urban Design）

插入式城市设计，是指为了获得一些公共利益而对基础设施项目进行设计与建设实施。这种类型的城市设计包括两种形式。一种是在城市或郊区的一片开发区域中首先建设基础设施，再将片区划分为若干地块出售给独立的开发商。每一块基地上独立建设的建筑最终"插入"到既有的基础设施网络上。有些地方对于基础设施的建设过程以及城市或郊区的肌理控制的非常严格。比如新加坡，对于建筑的使用性质有详细规定，每一个开发商都要遵循设计导则（见第6章和第11章）。在新加坡的案例中，插入式城市设计与组合型城市设计的程序完全不一样。在其他的案例中，地产商会根据市场的需求将自己的项目插入到既有的基础设施网络中，基本不受什么限制。

第二种插入式城市设计的类型指的是在城市建成环境中插入基础设施元素，以期带动新的开发或者提供一些公共环境。这些元素可能会连接或创造一些有特殊功能的广场、建筑等场所，从而对周边的地产开发起到触媒作用（Attoe & Logan，1989）。明尼阿波利斯的空中连廊系统起初建设时属于这种方式。但是，如第11章所述，到后来连廊系统已经成为城市中心几乎所有开发项目的必备元素了。

渐进式城市设计（Piece-by-piece/Incremental Urban Design）

渐进式城市设计以片区为基础，但是并非设计其中某些地块。其过程是首先确定片区的开发目标，然后根据目标制定相应的政策。通常情况下，会由一个倡导组织或者公共机构来推动这个过程。目标的形成基于对特定公共利益的认知，这是一个高度政治化的过程。一旦这些目标被合法接受，下一步就是设计实现这些目标的激励和控制措施。

渐进式城市设计最著名的案例是 1960~1970 年代纽约和俄勒冈州波特兰的一些项目（见第 12 章）。开发商在特定的区域建造特定的设施会得到奖励。纽约剧院区在当时的目标是围绕百老汇新增一些剧院。如果没有奖励措施，开发商可能会建造其他更有利可图的建筑类型。很多城市都有一种特别类型区——商业促进区（BID）。

融资

所有的城市设计都会受到资金的限制。项目的融资中有两点会影响城市设计：（1）项目的资金成本；（2）项目建成后运行和管理的成本。后者往往在建筑或者公共空间匆忙建造的过程中被人遗忘。基础的问题是：钱从哪里来？谁来买哪部分的单？资金向来都是问题。利率也会影响很多设计决策。

任何方案的可行性都取决于资金的可靠性。资金有两种来源——公共部门通过税收所得和私人部门通过借贷还利。参与项目的组织各自预计所能筹集到的资金和获得的财政保障是协商的基础。

尽管很多市政府都面临着财政困境，但是对于它们来说筹集资金相对容易，因为它们有长期税收作为信用基础。而私人开发商必须逐个项目筹集资金，并寻求最低利率的贷款和最少的股权计税，从他们的角度来看，理想的情况是政府补贴。政府补助可以是多种形式：减免基础设施建设费，提供抵押担保，承租部分项目，或是构建一揽子商业计划。同样，私企也可以反过来通过承担公共基础设施建设来投资政府项目。

一般大型的城市设计项目所需要的资金是巨大的，并且是在未有任何收益的情况下就需要大量的投资。这些提前支出包括购买土地、设计方案、筹划基础设施、划定开发分区，制定建筑设计导则、协商土地买卖、审查每一个地块的开发计划等。鉴于此，项目的分期计划就变得极其重要，因为任何不成熟的基础设施建设都耗资巨大。另一方面，如果一个项目因为基础设施建设不到位而导致延期，那么开发商将面临巨大的亏损，社区也会损失潜在的税收。本书中的一些项目中就是因为资金困难而处于停滞状态。这些项目只有等到经济回暖或是公共资金介入，抑或是商业方案调整、设计控制放宽等情况出现时，才可能得以继续推进下去。

如今，很多资本主义国家的公共财政资源已经趋于干涸，私人部门被要求补贴公共领域的开发项目，以换取其建造自己想要开发的项目。与停滞或衰退的经济体相比，发展中经济体更多采用鼓励私人部门承担这种角色的做法。不过全球也有一些城市设计项目因为错误判断市场走向而在很大程度上成为空城（Shepard，2015）。

塑造城市设计：管控和奖励

建成环境是由城市规划中的一些法律机制塑造的（Tallen，2013）。区划条例（或者土地使用规则）就是一个主要的例子，税收政策是另一个。在很多国家，区划条例对使用活动的限定是建立在包括公共健康和其他影响宜居性因素在内的公共利益的基础上（Hirt，2014）。如今这些条例很多都被加以修订，以鼓励互益性的使用整合。区划也被用于限制建筑的高度和面积、建筑的功能和停车规范、街道两边的退线（或无退线），有时候也涉及建筑材料等。

区划作为一种设计工具，在处理行为环境与美学表现方面的作用有限。而且区划主要是根据城市中的道路划分区块，形成所谓的"规划师"的街区。它们并不是生活街区。城市设计师则同时关注街道两侧的情况。街道是对城市生活的缝合。不过，通过在区划中划定特殊区和鼓励整合性的区划，可以在一定程度上实现这个目标。

为了改变区划作为一种控制性工具的局限性，基于形态的区划得到了推广。这类规定早在20世纪80年代佛罗里达滨海城项目的设计中就得到了应用（Lang，2005，210–14）。该区划于2014年进行了修订（图4.4，滨海城2014年基于形态的区划规定，佛罗里达）。与仅仅规范土地使用和建筑容积等变量不同，基于形态的区划专注于整体的建筑布局，以及公共领域的一些细节。

针对开发商的奖励或惩罚机制被广泛用于城市建设过程中，往往也是渐进式城市设计"套餐"中的组成部分，以实现城市片区某些特定的目标（见第12章）。奖励机制，即"胡萝卜"，一般指以不同形式给予的资金补助。"大棒"手段主要是直接或间接的经济性惩罚。很多城市设计的"控制包"中同时包含惩罚机制和奖励机制，以便使不同地块的设计方案符合项目的概念性设计目标（Lasar，1989；Litchfield，2015）。

胡萝卜

很多"胡萝卜"政策会鼓励开发商去做一些根据区划规定他们不会主动去做的事情。这些奖励政策是为了让开发商能够基于公共利益的需求提供一些特定的设施，因为这些设施可能不会像其他建筑那样赚钱。

有几种奖励机制对于塑造和支持特定的城市设计目标是可行的。政府补贴在前面已经提到过。建筑面积奖励允许开发商超出区划条例允许，建造更高或者体量更大的建筑，条件是开发商在开发项目中要发展一些非营利或者微利性质的宜居功能，如纽约剧院区的设计奖励政策。建筑面积奖励是希望在提供的设施与地面上行人和植物可以获得的天空暴露面之间寻求一种平衡。

将开发权从一个场地转移到另一个场地也是一种常用的方法，它应用于开发商已经拥有合法的开发权的情况下，保护一些值得维持其现有特征的特定建筑或街区。这一鼓励机制使开发商放弃原位置的开发权，从而在另外一个地方获得高于标准的开发权。

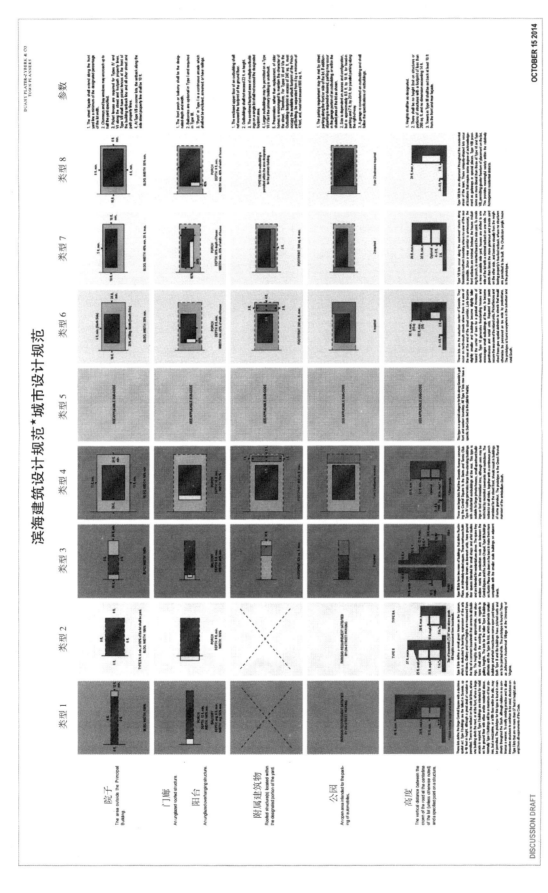

图 4.4　滨海城 2014 年基于形态的区域规定，佛罗里达

所有抛出的"胡萝卜"都是以各种形式的财政方式支持开发商。减免税收也是一种方法。还有一种实现城市设计目标的机制是通过税收增额融资。这在很多国家并不是一种合法的技术。但在美国，有好几个州是允许这种操作的。当开发商参与一个市辖片区中由市民支持的规划项目时，修正案允许开发商直接从这个项目所带来的地产税的增额中获利。这是因为，由于开发商的参与本地区环境得以改善，但是增加的税收仅限于本片区的公共投资使用。

大棒

使用惩罚机制来影响开发经常会出问题，除非有证据能够说服法庭或是行政审议该惩罚的合法性。最主要的惩罚工具就是增加项目实施过程中的财务成本，减少预期收益。这类"大棒"的形式可能包括：增税，以项目不符合设计导则为由放慢审核速度，或者是直接收费。

很多城市中心都有交通拥堵的现象。标准的反应是建造更宽的公路、设立更多的单行道和停车设施，以及／或者改进公共交通系统。还可以有一种替代的方案，不涉及任何物质设计，就是新加坡采用的收拥堵费的方式。这种方式最近也出现在伦敦，对驶入伦敦市区 CBD 的机动车进行收费。在伦敦，车流量的平均速度只有 16km/h。2003 年初的时候开始征收 5 英镑的拥堵费，以引导公众采用公交和地铁系统出行。这项政策的目标是将市区内通勤时间缩减 20%~30%。这个政策至少取得了部分成功。

另一项是西雅图附近的贝尔维尤市所采用的鼓励市中心上班族使用公交系统出行的策略。贝尔维尤市将本地新建项目中每千平方英尺所要求的停车位数量减少，从而增加停车成本。同时大力提升公交系统。公交车使用率因此显著提高。由于停车费上涨，一些组织机构选择离开贝尔维尤。即便如此，当地居民和政府官员还是觉得这种取舍是值得的（Lang，2005，309-14）。

延期偿付以使项目暂停一段时间的方法可以用来：（1）形成空窗期以便制定相应的规划；（2）当项目可能会产生负面后果时叫停开发；（3）将增长从一个区域引导到另一个区域。延期偿付对城市设计有着直接的影响，尤其是针对建筑计划和项目的实施。在马里兰州的贝塞斯达市，就是在华盛顿大都市地铁在市中心设站之后，通过这一方法将潜在的郊区项目转移到了市中心。这种措施的法律基础是建立在一种预估和测评中的：那就是郊区的散漫式开发会增加道路系统压力，以致最终超出其承载能力。延期偿付措施进一步鼓励了中心区的发展，围绕地铁站形成了一个强有力的中心区核心。

实施延期偿付需要足够充分的证据来证明开发可能存在潜在的负面效果（Lucero & Soule，2002）。纽约的纳苏郡成功地实施了延期偿付的手段，直到地下水盐化的问题得到解决为止。而加利福尼亚州核桃溪市以交通拥堵尚未缓解为理由，对一个规模达上万平方英尺的商业开发项目使用延期偿还则被法庭驳回，因为开发项目符合总体规划。从 2002 年开始延期偿付的方法在美国的使用率飙升，这是因为当年美国最高法院通过了一项决议——实施延期偿付之后无需为项目延期赔偿（Lucero & Soule，2002）。

顺序	项目名称	A 住宅 住房条件	B 入门道 1 连接到地铁	B 入门道 2 私地上的通道	B 入门道 3 公共活动	B 入门道 4 街景效应	B 入门道 5 高密度住房	B 入门道 6 鼓励骑车为出行	B 入门道 7 其他住宅点	C 有效性 1 连接点的客内	C 有效性 2 高效集约的室内	C 有效性 3 方向感	C 有效性 4 其他有效性	C 有效性 5 其他地域质量	D 管理 纳的条件	合计	差异	
1.	Chevy Chase 花园广场	8	7	1	1	2	6	2	4	1	2	2	1	2	3	42	12	
2.	主要组织的总部建筑	9	7	7	4	1	4	4	6	2	1	1	2	1	5	54	4	
3.	7475 威斯康星大道	9	1	2	5	6	1	1	5	4	4	4	5	5	6	58	10	
4.	门户大楼	9	8	7	3	3	2	3	8	3	3	3	4	8	4	68	11	
5.	4600 东西向高速路	9	2	7	7	7	3	6	9	5	5	8	7	3	1	79	4	
6.	社区机动车辆	6	5	5	7	4	6	7	9	6	7	5	3	6	7	83	3	
7.	Franklin C. Salisbury 大楼	9	4	3	2	5	8	5	7	7	6	6	6	3	7	86	14	
8.	有上空使用权的酒店	5	3	6	6	8	5	7	9	8	9	9	9	9	7	100	4	
9.	Woodmont 上空使用权	9	6	4	6	8	7	7	9	9	8	7	8	9	7	104		
	合计	73	43	42	41	44	42	42	68	45	45	45	45	52	47	674		

图 4.5　潜在项目评估积分表，马里兰州贝塞斯达
来源：马里兰州国家资本公园及规划委员会，公园及规划部门

设计审查

对一些观察者来说，设计过程中真正的创造性活动既不在于程序的设计，也不在于建筑或综合体的设计，而是对各种备选方案的评价——发现一个非常规方案的优点。对设计的评价包括：（1）预测未来的环境背景及其与设计方案功能的协调性；（2）预测方案在未来是否会运作良好；（3）与其他备选方案进行绩效对比。未来是不可知的，但是根据充分可靠的信息可以合理预测社会趋势。不过，我们是应该"稳扎稳打"还是"孤注一掷"呢？

当对一块场地进行竞争性的开发提案时，问题便来了：该如何评价每种可能性呢？一些变量是可以被合理评价的。比如就税收而言，城市财政回报可以相对准确地预估出来。但是设计的其他维度，例如"与环境相适应"或是"都市化的特征"就不容易评估。不过它们可以通过一系列的设计导则进行操作化定义。无论你是否同意设计导则中的定义，审查团都会根据导则的要求对建筑设计进行客观评价。当标准不是那么明确时，设计审查专家会使用计分卡来表达自己的想法。例如，马里兰州贝塞斯达市麦德龙中心车站综合体部分设计项目的审查就使用了计分卡（图 4.5）。审查过程可以是高度透明的，但是由于对设计的各维度评价都是主观性的，设计审查制度受到了相当多的批评。

设计审查委员会在执行设计导则和其他设计控制方面拥有的权力各不相同。一个极端是他们有绝对的否决权，另一个极端是他们只能提出建议。在开发需求强烈的情况下，设计审查委员会潜在的强制性权力可能比那种开发需求不迫切的地方更大。在资本主义社会，当开发商是

私人公司，并且有其他外包房地产开发商参与时，公司审查小组可能拥有绝对的权力，比如丹佛技术中心开发之初（见第 10 章）。

评论

　　一个项目从制定城市设计方案到实施，是一个非常具有挑战性和高度政治性的任务。从实证经验中获取可靠的知识储备是必要的，这样可以使城市设计方案得到很好的实施，并且能够经受住法律的考验。这些决策的经验基础通过理论和案例研究得到抽象的描述和解释。很少有设计师会像图表 1.2 中所示的那样对自己领域中理论发展保持持续的激情，但是他们会随时了解项目类型和具体项目的发展情况。第 5 章介绍的城市设计项目类型就是为了帮助他们。

第5章 城市设计项目类型的演变

"类型学"（typology）是一个比较模糊的词语。本书中"类型"是指将内部要素彼此相似的一些样本归类到一个群组中（Jacob，2004）。"我们通过归类来思考、设计和表达场所，同时通过归类来创造、使用和规范场所（Schneekloth & Frank，1994，5）。"一种类型代表着一种共性，表明这一系列产品或者过程有着与其他系列显著的差异性特征。根据使用类型对项目进行归类具有悠久的历史（Pevsmer，1976）。

在所有的设计领域中，对于类型的理解都是解决问题的基础。对建筑学而言，它就是建筑的类型。对景观设计而言，它就是开敞空间的类型（例如广场，Lang & Marshall，2016）；对规划而言，它就是聚居地的类型（例如"全球城市"，Simmonds & Hack，2000）。露西·布利温特（2012）根据环境类型对城市设计进行了分类（例如城市中心和滨水邻里，灾后重建等）。每一种类型都有其优势，同时也会对其使用者施加潜在的限制作用。

建筑师也创造出一些通用类型用来解决问题。勒·柯布西耶设计的马赛公寓就是为了创造一种可以在全世界复制的类型（Lang，2005，130-3）；超级建筑的初衷是为了解决城市蔓延问题（Banham，1976）。20世纪90年代出现的步行街区是一种在居住区设计中解决交通与生活质量问题的方式（Calthorpe et al.，1989）。如今，新城市主义范式作为一种设计方法被广泛模仿（Tallen，2013）。在组合型城市设计中，单体建筑必须在功能、体量和美学特征方面满足总体规划的要求。

本书对50多个案例进行了分类。但是由于这些项目复杂多样，类型多有交叉和重叠，对每一个具体项目进行归类并不容易。例如，投资建设一座公园会形成一件风景园林作品，但是从这个公园所发挥的触媒作用来看，这是一个城市设计事件。如本书中圣安东尼奥的里约公园，以及纽约的高线公园等案例所示。像马赛公寓（垂直邻里）这样的建筑到底属于城市设计还是建筑设计？或者二者兼而有之？马赛公寓是面向未来城市的广义规划的组成部分（Le Corbusier，1953）。建筑作为城市开发触媒的思想在本书的两章中会出现：建筑产品与城市设计的性质（见第8章），插入式城市设计（见第11章）。在各种分类之间还存在许多令人恼火的模糊地带。毫无疑问，随着城市设计领域的不断扩展，对城市设计项目进行类型划分的精确性将始终存疑。

类型学研究关注案例之间的相似性而不是差异性，这会为实践应用带来潜在的问题。设计师面对实际状况，很容易根据表面特征来对应一种城市设计类型，继而采用这种类型的程序和方法去解决实际问题（Schneekloth & Frank，1994；Camphbell，2003）。本书提供了一

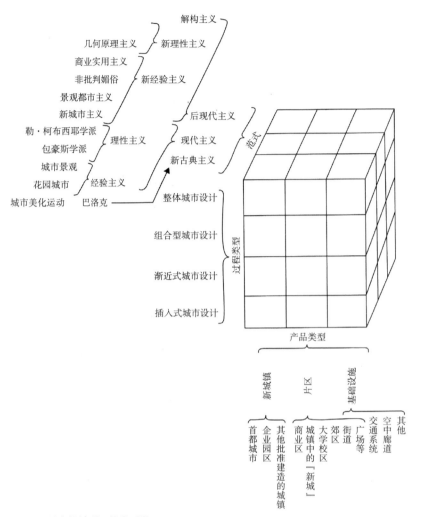

图 5.1　城市设计项目的类型学

些不顾项目的背景情况，采用不适当的城市设计范式的案例。只要设计师将注意力集中在项目的本质而不是表面，这种问题是可以避免的。

如第 2 章和第 4 章所述，我们可以明确区分城市设计的四大程序类型：（1）在总体城市设计中，始终由一个团队把控整个项目；（2）在组合型城市设计中，由一个团队负责制定总体规划或者概念规划，为各个地块设计和编写开发导则。这些地块则由不同的业主开发，由不同的建筑师设计；（3）在插入式城市设计中，基础设施元素被作为促进开发的触媒；（4）在渐进式城市设计中，从总体规划到具体实施行动是由区划条例、奖励与惩罚机制来控制的。这四类过程的特征具有一定的普遍性，尽管不同的社会中具体的地方控制机制会有所差异。

设计师更愿意从产品类型而不是过程的角度去思考其设计成果。本书中列举的产品类型包括（1）新城新镇；（2）包含有很多子类型的城市片区；（3）基础设施元素；还有可能包括（4）能够为城市带来亮点的独立项目：钟楼、纪念碑、艺术品以及一些奇奇怪怪的建筑物等。这里面的每一类产品又包含很多子类。

第三种对城市设计计划进行分类的方法，是看其所应用的思想史理论范式基础。许多建筑史的工作就是识别历史上的设计师们为解决当时的问题所采取的模式。对于城市设计而言，众所周知，20 世纪开始的城市美化运动在当时是一种主导范式。而同时代的现代主义运动中的两个分支——经验主义和理性主义——则对城市美化运动构成了挑战。这些思想路线的争论贯穿20 世纪始终，到今天依然存在（Tallen，2005）。如今，商业实用主义、超现代性以及现代主义等城市设计思想又受到新传统主义、新城市主义等方法的挑战，景观城市主义或多或少也得算是一种挑战。

图 5.1 用三维模型的方式综合表达了这三种对城市设计项目类型的分类方法。所有的城市设计项目都可以在模型中找到对应的类型。本书中的案例则能够更贴切地符合模型中的分类。不过，模型所能表达的一定是项目最显著的特性。

评论

在讨论城市设计的本质时，我们更多集中在产品类型和设计范式，较少笔墨关注城市设计的程序类型。许多关于新城新镇和新建城市场所的著作，只关注场所的建筑设计，而忽视了保障这些设计得以实施的程序，也缺少这些项目为什么成功或者失败的因果分析。本书对城市设计项目的分类首先是从过程类型的角度，然后才是从产品的角度。书中也尝试指出这些城市设计案例所遵从的思想范式。

本书所展示的城市设计类型学只是城市设计类型学的肇始，但却是非常有意义的开端。这个分类是否有效，取决于城市设计师是否使用它们。本书对城市设计的基本分类还是比较准确的，尽管类型的名称听上去可能有点奇怪。毫无疑问，类型学将随着城市设计领域以及每个类型条目下的项目范围的发展而发展。本书的目标是确定城市设计的范围。

图 6.0 墨尔本联邦广场，澳大利亚

第二部分 设计行业，产品与城市设计

第6章 城市规划的产品与城市设计的本质

在许多城市规划师和建筑设计师看来，本书第三部分所描述的城市设计的核心内容都应该属于城市规划的范畴。对于其他观察者而言，城市规划就是土地利用规划；也有些人认为城市规划与制定城市经济和社会政策有关。在欧洲大陆，规划与建筑设计通常紧密结合在一个领域，都聚焦于城市建成环境设计。所以，在德国等国家，城市规划往往等同于城市设计。

在20世纪60~70年代，领导费城规划委员会的埃德蒙·培根（Edmund Bacon），以及在达拉斯担任过类似职位的刘伟明（WI MING LIU）等一些规划界领袖非常关注城市设计（Bacon，1974）。不过那个时期美国的城市正处于不确定的状态，人们对经济复苏的关心远远大于城市设计。这样谬误的认识，已经从那些长久保持对建成环境质量关注的城市中得到了修正。相比那些选择不惜任何代价促进发展的城市，这些城市往往表现得更好。如今，几乎所有的城市在努力提高其在世界上的经济和社会地位的同时，都关注着自身的公共环境质量。结果是，现在相当多国家的城市规划行业都在努力挽回其曾在20世纪60年代备受瞩目的职业地位。

传统城市规划产品类型：综合规划

城市综合规划是在总体上制定城市规划政策。综合规划必须由立法机构批准——通常是城市议会——如果规划要付诸任何实施的话。一旦规划被批准，更具体的实施计划会交由专门机构去执行，同时建立相应的财政预算。许多国家的规划都是通过二维的土地利用图来指定不同的地块能够承载的活动类型（工业、商业、居住等）。街道在综合规划中被当作机动车交通的通道以及不同地块之间的边界，而不是对社区生活的缝合。

综合规划的实施依靠区划。区划条例对街区的功能性质、地块覆盖面积以及容积率——美国叫 FAR（地块上的总建筑面积与地块面积之比），其他国家叫 FSR（Floor Space Ratio）。区划条例还可以规定建筑物的允许高度以及每个建筑物所需的停车位数量。制定区划的目的是避免城市中相邻地块上的活动发生冲突。而表 1.2 中的绝大部分内容则被忽略掉了。

许多城市制定土地利用和区划法规，本意是为了获得更加安全和健康的人居环境，但是也会在不经意间产生不良的后果。21 世纪早期一份对得克萨斯州休斯敦的土地利用条例的评估报告表明，它在很多方面都无意中给城市的场所质量造成负面影响（Lewyn，2003）。区划条例对单一家庭住宅的地块规模、停车位数量（公寓住宅每间卧室需要 1.33 个停车位）、街道宽度以及街区尺度（道路交叉口之间距离 185m）等规定使得步行生活非常不便，从而间接鼓励人们开车出行，哪怕只是为了满足基本的生活需求出行。区划条例确定的开发强度，使得所有类型的住宅开发和公共交通系统发展从经济上都很难实施。与此同时，区划也没有像最初宣称的那样缓解交通拥堵。在逐条制定区划的规划和建筑规定时，一定要充分理解它们所描绘的三维空间形态及其可操作性。

世界各地现行的区划条例使得开发地块几乎不可能拥有像过去城市中那种令人愉悦的特点。它们不可能促成像今天的巴黎、伦敦、波士顿和圣地亚哥等城市的设计。这些法规的目的是避免令人讨厌的设施出现在居民区，比如烟雾弥漫的工厂，仅此而已。世界已经发生了变化，许多惯例需要重新思考。

综合规划的设计维度

综合规划试图同时处理经济、社会、物质性开发和设计政策。有时候，建成环境的质量是一个核心问题。但是更多时候，特别是在经济增长缓慢的时期或地区，建成环境的质量就被放在了一边。只要项目能带来就业机会或者为资金短缺的市政当局增加税基，那就要不惜任何代价进行开发。在这种情况下，即使是最基本的环境问题——污染、交通问题和自然界的退化——也会以发展的名义被搁置。设计质量没有被当作一个很重要的问题，它只是被当作城市的装饰，而无关生活——无关行为场景。

城市规划中包含城市设计的管控要求，反映了公共政策倾向于通过规划来干预市场。经常有人呼吁对于建什么、怎么建应该施加更多控制，而另一些人则呼吁减少控制，为私人行动提供更大的自由。经济保守派将设计控制视为对经济增长的一种威慑，而一部分政客则将设计质量视为精英主义者应该关心的问题。有趣的是，许多房地产开发商发现，高质量的公共空间和建筑设计能够带来更好的经济效益。购房者在做选择时也越来越挑剔。开发商有时候会为自己的项目设定规则，通过控制子项目的建设确保公共空间的质量。他们承担了第 1 章所述的城市开发中的准公共角色。

城市规划中的公共领域政策往往与城市设计工作密切相关。大多数这样的政策并不直接涉及建成环境的几何形体质量，但是它们会直接影响到城市的形态、宜居性或安静的环境，以及场所的总体氛围和城市内部的联系。它们的作用是诸如消除反社会行为，以及为居民和公共空间使用者提供高水平的设施环境。这些总体层面的政策可以是城市尺度上的，也可以是针对特定的城市片区的。

在英国，传统上公共领域的政策只涉及可达性、服务性建筑以及交通的处理方式，仅此而已。随着公众对犯罪恐慌的增加，基于奥斯卡·纽曼对自然监视、边界控制以及公共空间照明等方面的研究工作，公共政策在制定设计原则方面更加具有针对性。现在这些设计原则已经转变为"通过环境设计预防犯罪"指南（Atlas，2008）。这些关注点与表 1.2 中列举的人们出行的可达性以及安全需求有关，并且一直是大部分城市设计的核心内容。在城市规划中，"更广泛地考虑公共街道和公共空间网络、街区的渗透性……公共空间的质量问题在很大程度上被忽视了"。

城市设计中很大一部分内容是对道路进行设计。由两侧建筑物限定的街道空间是城市中最重要的公共开敞空间。作为行为的场景，街道空间的质量是城市设计中首要关心的问题。城市规划中对于街道设计的关注重点是公共安全和可达性。然而，安全的定义往往只取决于救援设备的尺寸——救护车和消防车——这些设备必须能够通过街道。可达性通常被狭义地定义为车流的速度。街道还有其他的功能，如果只将机动车交通作为设计的出发点，行人的舒适性水平很可能会丧失掉。

埃德蒙·培根将特别区规划，尤其是项目规划视为城市设计，因为它们表达了城市地块的三维特征（Bacon，1969）。这些特别地区规划的问题在于，它们无法脱离区划条例单独开展实施。他们没有考虑过规划实施后所形成的最终状态。而在新加坡，规划和城市设计是紧密联系在一起的。

案例研究

新加坡的规划和设计（1971、1991、2001、2014）

一个城市国家——综合规划和城市设计密切配合

新加坡国家规划的目标是使这个城市国家成为一个"全球卓越的热带城市"。新加坡的法定综合规划建立在一个二维的概念规划基础上（最初于 1971 年制定，但在 1991 年、2004 年和 2014 年更新；见图 6.1）。该规划设想通过大规模公共交通和高速公路串联一系列新城镇，将新加坡连接成为一个整体。规划将新加坡划分为 50 个片区，每个片区都有一套自己的设计目标。每个片区都设有片区中心并进一步细分地块。每一个细分地块都规定了建筑用途、建筑体量和设计导则，明确出入口的位置以及总体建筑特征。

新加坡的规划体系与其他许多城市的不同之处在于，片区或新城镇发展规划的每一个

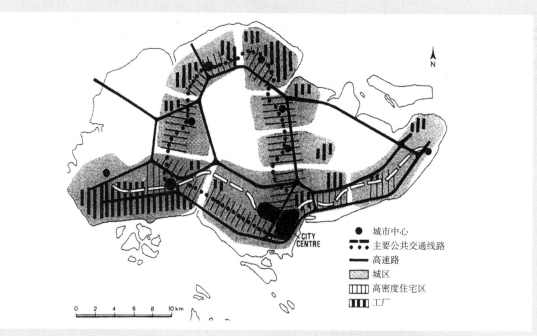

图 6.1　1971 年的环形规划概念图
来源：Perry 等（1997，196）

阶段都是规划与城市设计并行的。新加坡实施概念规划的机构是成立于 1961 年的住房发展局（HDB）。这是一个法定机构，其主要职能是这个城市国家的新城镇设计和建设。新加坡独立以来建造了大量住房，这使得 HDB 在交通和工业项目的选址决策中发挥了主导作用。住房发展局在确定哪些土地可以用于建设道路、何处建设地铁站（MRT）、何处建设高速公路，以及整个基础设施网络——给水、排水、电力和电讯——应如何发展等方面发挥了主要作用。

直到最近，所有的规划和设计决策都出自重建局（致力于新加坡中心）或住房发展局（致力于新城镇）。市场如今被允许发挥更大的作用。在新加坡，城市设计是在一个整体的城市规划框架内进行的，或者说城市规划是在城市设计框架内进行可能更准确。新加坡的建成环境是在当代国际城市设计范式的主导下逐渐形成的。

最早的新城镇——皇后镇（20 世纪 50 年代及以后）——开始是以三层的公寓楼为主，后来出现了一排排更高的现代板式建筑。此后大部分住房进行了升级。后来的新城镇如淡滨尼（1978~1989）以新传统主义风格为主。正在建设的榜鹅（Pungol）是一个生态城市，由轻轨系统连接到新加坡城市地铁（图 6.2）。主要的商业和文化地块开发位于东码头区和南码头区的填海新造土地上，在设计上更具超现代感。与许多城市一样，新加坡当局认为这样的设计有助于提高新加坡在国际舞台上的竞争力。

尽管在新加坡独立时，规划机构的想法是

（a）

（b）

图6.2　新加坡规划中城市设计与建筑设计范式的转换。（a）皇后镇：前景是 1950 年代的公寓，背后是 1960 年代的升级的住宅；（b）榜鹅：4.2km 长的滨水住宅区

来源：摄影 Su-Jan Yeo

除了保留一些具有历史意义的单体建筑外，拆除其余的一切，但是规划委员会后来还是创设了一些历史保护区，如唐人街（沿着19世纪中国移民的家庭聚居地边界构建，与热带地区移民分开）、小印度（见第12章）以及克拉克码头区等。

新加坡受过高等教育的政治家，尤其是该国的领导人，始终关注物质环境质量。包括环境的效率和美学。该国的领导人已经认识到，一个积极且具有现代形象的工作和生活环境所带来的经济利益是巨大的。他们也逐渐认识到，通过城市物质肌理来保护和修复城市历史，对新加坡人来说具有重要的经济（就旅游而言）和社会效益（就认同感／归属感而言）。许多局外人认为，为实现国家的目标而实施的控制措施非常严厉，但是确实没有哪个城市能够在如此短的时间内实现大规模升级的同时还获得民众的支持。

新城镇规划与城市设计

在新城镇的设计中，综合规划的目标通过概念图示和总体布局的形式表达。通常，总体规划布局根据构想中的城市交通网络将特定区域的土地按照用途进行分配。还有一些不太常见的情况是对一个城市的未来状态进行三维表达。在如今的中国和韩国等国家，新城镇都是些大规模、超现代主义的整体城市设计方案，但在世界上其他大部分地区，它们更接近于插入式城市设计。这些城市设计方案经常遵循花园城市的理念。不过在最近二十年中，尤其是在美国，新城市主义已经成为新的主导理念。

佛罗里达州的滨海城为美国的新城市主义项目奠定了基调，这是一个典型的组合型城市设计的例子（Lang，2005）。其他许多类似的房地产开发项目也遵循了相同的模式。欢庆城，也在佛罗里达州，将在本书后面进行描述。庞德伯里是英国的一个案例。本书中对马里兰州哥伦比亚的案例研究被许多城市规划师认为是城市设计，因为它将一部分关注点放在了场所的物质环境布局方面，而不仅仅是制定引导土地使用的政策。

哥伦比亚代表了20世纪中期世界上许多基于田园城市（Garden City）原则设计的一种新城模式。其他美国的例子包括乔纳森，其现在只是明尼苏达州查斯卡市的一个街区。还有加利福尼亚州的尔湾、弗吉尼亚州的莱斯顿和得克萨斯州伍德兰兹等（Forsyht，2005）。第二次世界大战后英国兴建的第一代新城——甚至在20世纪早期建设的澳大利亚首都堪培拉等城市——都遵循着相同的总体组织模式。20世纪下半叶，从瑞典到南非，各个国家的新城普遍采用田园城市这种标准模型，直到今天，田园城市的理念仍然被广泛借鉴。如图6.3a和图6.3b所示，这些场所采用的田园城市通用设计概念具有非常直观的吸引力。

案例研究
美国马里兰州霍华德郡哥伦比亚（1962~2014+）
一个由私人开发的田园城市型新城

哥伦比亚于 1962 年开始建造，但仍在继续扩建和局部再开发。房地产开发商詹姆斯·W.罗斯（James W. Rouse）是以开发购物中心为主业的建筑商。他想创造一个能让人联想到他在马里兰州埃斯顿的童年家园的城市。罗斯通过一系列空壳企业从 140 名业主手中将位于巴尔的摩和华盛顿之间沿 29 号公路的 57.38km² 的农田收编到了一起。这样做的目的是让土地收购保持在合适的价位。收购资金来自康涅狄格普通人寿保险公司。在经过多次的地方层面政治操纵后，新城街区区划条例颁布，保证了新城开发得以进行。哥伦比亚的规划由莫顿·霍彭菲尔德设计，并且得到了一个名为"工作组"的社会科学家小组的支持（Tannenbaum，1996）。

该规划包括一个城市中心，周边环绕着被细分为不同邻里的街区（Hester，1975）。每个街区和邻里的中心都有一套完整的服务设施。如今这样的规划理念已经被喜欢更高密度的当代英国规划师们抛弃。"工作组"也认为在机动化时代社区几乎不再有存在的意义。但是罗斯支持独立社区的想法，因为他相信这会为居民培养社区感。

哥伦比亚中心原本是一个由停车场环绕的购物中心，后来建设了越来越多的商业建筑，但是这些商业建筑仍然是由停车场所环绕。2010年哥伦比亚市中心规划提出，到 2040 年，市中心将建成一个混合用途的中心，拥有更高密度，更多的低收入住房、更多的娱乐和商业空间，

以及一家五星级酒店。中心附近是占地 11 万 m²的基塔马昆迪人工湖，它是哥伦比亚的四个人工湖之一。在 2010 年进行疏浚时，它被重新改造。它吸引着来自周边各地的游客。但游客们并不总是举止得体，尤其是青少年。一条环湖小径直到 2014 年才建成。

哥伦比亚共有 10 个村庄，每个村庄都有超市、商店、汽车服务站和娱乐设施，最初还有青少年中心。每个村庄都包含一定数量的社区。哥伦比亚的第一个村庄王尔德湖村的历史可以追溯到 1967 年，而在撰写本文时，最新的一个村庄川山村建成于 1990 年。村庄中心自建成以来经历了一些戏剧性的变化。例如，橡树磨坊村中心在 20 世纪 90 年代末被拆除。起初，它由位于中央走廊外的商店组成，但现在它更像是一条购物带。村庄中心欣欣向荣，社区中心在苦苦经营但也能够生存。人们出行不怎么选择步行而是开车，而一旦开车出行就很容易直接以村庄中心为目的而绕过社区中心。社区的规划遵循克拉伦斯·佩里的邻里单元模式，每个社区都有一所小学和位于中心的地方商店（图 6.3 b）。

罗斯对于哥伦比亚的开发是有其社会—政治构想的（Mitchell & Stebenne，2008）。他的目标是创建一个多元化的社区。2010 年哥伦比亚的人口约为 10 万人，其中 55% 为白人，25% 为非洲裔美国人，11% 为亚洲人。根据人口普查，它是美国第二富裕的地区。这个数字可能具有

误导性，因为哥伦比亚不是一个组合城市，而是较大的霍华德郡的一部分。罗斯的其他社会目标并没有成功实现。例如，青少年中心经常成为白人和非裔美国人争抢的场所，所以最终被分割使用。不过总体上哥伦比亚代表了同步创建高质量建成环境和实现社会目标的努力。

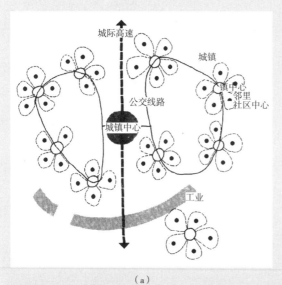

（a）

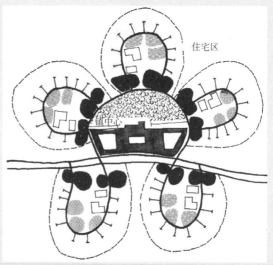

（b）

（c）

图 6.3 马里兰哥伦比亚。（a）城市规划概念图；（b）村庄规划概念图；（c）市中心：哥伦比亚购物商场周边开发 2015
来源：（a）和（b）Hester（1975，8-9）

评论：城市规划就是城市设计吗？城市设计就是城市规划吗？

城市规划和城市设计主体部分的重叠显然是巨大的，尤其是对片区的规划和设计（在本书后面关于插入式和渐进式城市设计的讨论中将会看到这一点）。一般人很容易将城市开发看作是一个单向的过程。在这个单向的过程中，城市规划决策转化为城市设计决策，然后再转化为建筑和景观设计决策。但是这样的看法是有误导性的，决策流程也可能导向其他的方向。

微观层面的重要决策对大尺度决策有影响。因此，城市规划的整个过程也可以看作是一个从片区层面到城市层面，再到区域层面的反复过程。由于在每个尺度上决策及其影响都是相互交织的，因此可以将城市设计视为城市规划的一个分支：在这个分支中将城市规划与建筑学和景观设计学结合起来。另一方面，也可以将城市设计视为位于城市规划和建筑学中间的学科。城市设计既不是城市规划也不是建筑学，尽管它包含着二者的内容。甚至可以说城市规划是城市设计的分支！

新加坡的整个发展过程可以看作一系列的组合型城市设计。像哥伦比亚这样的新城设计是一种插入式城市设计——首先建好决定地方特色的基础设施，然后再将建筑物插入其中。

第7章 景观设计的产品与城市设计的本质

在城市中，景观设计与城市设计之间的界限常常模糊不清。开放空间的质量对于体验城市和树立城市品牌至关重要。我们很难想象没有林荫大道的巴黎，或者没有第五大道的纽约，又或是没有花园式广场、街道和公园的伦敦。不过，所有这些场所的特征不仅取决于景观质量，还取决于面向开放空间的建筑物以及它们引发的活动。城市设计的实质就是构建一组相互关联和嵌套的行为场景，让人们经历时空来体验这个世界。反之，很多城市中的景观设计只关注建筑物之间的空间：水平的表面。其实不应该这样。

城市景观设计的产品：街道、步行街购物商场、广场和公园

景观设计师经常将城市的公共和半公共开放空间设计当作城市设计，仅仅因为它们位于城市中。实际上，许多这样的空间是由建筑师而非景观设计师设计的，其原因可能是这些空间强调"硬"而非"绿"的特性。某些项目是由建筑师与景观设计师协作完成的，例如丹佛的第16号街购物中心和洛杉矶的潘兴广场。

城市管理者越来越认识到塑造高质量街道景观和广场对于树立城市积极形象的重要意义。私人开发商也认识到了这种需求的必然性。伦敦金丝雀码头项目就很好地体现了这种认识（第10章）。俄勒冈州波特兰市中心区在设计方面尤为成功，广场多种多样，且注重街道景观的设计。我们从那些人们所钟爱和使用良好的项目中学到了很多优秀设计所应具备的品质，也从那些令我们失望的项目中吸取很多的教训。

根植于大多数建筑和景观设计范式中的观念认为，创造城市开放空间始终是一件好事，多多益善。在英美世界中，许多人坚信树木等绿植天然是城市景观的理想元素。不过20世纪后期的教训之一便是得对这种信念稍加"驯化"。通常它们确实是理想的选择，但世界上还有非常多受到喜爱的广场并没有树木，例如威尼斯的圣马可广场和伦敦的摄政街。在干旱的气候中，树木可能并不是有利的元素。重要的是，正如景观都市主义者所倡导的那样，设计应尊重基地的生态环境。

街道景观

正如简·雅各布斯所强调的，街道就是"当你想到城市时马上会联想到的东西"。街道的

特征来自其物质特色、沿着街道发生的活动以及沿街建筑物的属性。许多城市都有举世闻名的街道：如纽约的第五大道、巴黎的香榭丽舍大街和伦敦的牛津街等。一条街道包括：（1）机动车行车道；（2）人行道；（3）毗邻的建筑物及其与人行道的衔接方式；（4）建筑物内部尤其是在地面层的活动类型；（5）地面层的开口和可渗透性。

机动车交通和沿街的人群流动是形成街道特点的主要因素。如果机动车交通量非常大、速度非常快，将会对街道两侧造成分割。街道就会成为边缘，其两侧的人行道成为各自独立的区域。如果机动车交通量小、车速低、街道狭窄，那么街道将成为一条拉链将两侧区域联结成一个整体。街道上的机动车道用于汽车通行，尽管偶尔也充当公共展示的场所，例如游行和其他表演。但是几乎没有街道专门为这些附加功能进行设计。

近年来，全球许多城市核心区的街道都在建筑师和景观设计师的主持下进行了重新设计，目的是使它们更具行人友好性和美学上的吸引力。丹佛第 16 街是一条交通性道路，在过去的30 年里一直很成功。在其他案例中，街道同时也在发生着许多变化，寻求成为伟大城市所应具备的"充满活力的场所"。芝加哥的政府街和悉尼的乔治街都经历了设计和再设计以实现这样的目标。本章所包含的三个关于街道设计 / 再设计的案例研究，强调了在任何城市设计项目中街道质量都十分重要。

案例研究
美国科罗拉多州丹佛，第 16 街购物中心（1982，2001，2013~2014）
成功兼顾步行和机动车交通的街道；哑铃式设计

尽管在 20 世纪下半叶创建的许多步行购物街都被恢复为机动车道路，但仍有一些幸存下来并继续蓬勃发展的案例。丹佛第 16 购物街就是其中之一（图 7.1）。该购物街由贝聿铭及其合伙人事务所设计，景观设计师为汉娜 / 奥林（Hanna / Olin）。购物街于 1982 年开业。

该购物街最初是从市场街到百老汇街，在2001 年延长至联合车站，2002 年与中央山谷轻轨支线相交。现在它从联合车站一直贯穿至百老汇交叉路口的市政中心站，总长度约 2km，尽头是科罗拉多州议会大厦。购物街横穿了许多个片区，每个区段都能够满足一部分人的需求。例如，中央区的外卖加工就迎合了低端市场的

需求。

1982 年的设计方案确定了七个目标：刺激增长；增加第 16 街及相邻区域的活动；营造市民归属感；改进通向 CBD 的交通系统；减少汽车污染；激发丹佛居民和游客的公民自豪感。这些目标大部分都已经实现了。16 街的设计非常重视铺装图案、街道家具和绿化种植。这些元素对 16 街能够塑造成为一条热闹的人行通道起了重要的作用，同样重要的因素还包括其所处的周边环境。

购物中心采用哑铃式设计：两端都有吸引点。其东端是丹佛亭（零售，餐饮和娱乐中心），西边是作家广场 / 拉里默广场 / 伦敦（下城）和

图 7.1　2015 年的丹佛第 16 街购物广场

联合车站节点。购物中心提供免费的摆渡巴士服务。目前，这里的公交车是第二代的右侧驾驶（以便驾驶员能看到乘客上车，同时留意闲逛的路人）。三轮车和马车提供了多样化的交通选择。这里汇聚超过 300 家商店和 50 家餐厅，使购物中心自然而然地成为人们的目的地。人群吸引了更多的人群，街头艺人也发现购物中心是"炫技"的好地方，反过来也使购物中心焕发了活力。

但是到了 2008 年时，购物中心已经变得年久失修。丹佛冬天的冻融循环导致铺装砖破裂，灯具显示出磨损的迹象。购物中心每年的专项维护会让丹佛市中心商业改善区纳税人耗费 100 万美元。一项由城市土地研究所开展的研究也暴露了一些值得关注的问题和机遇。

根据《第 16 街购物中心技术评估和修复研究》（2009）以及《第 16 街城市设计规范》

（2010），升级跨越 16 个街区的购物中心的费用估计为 6500 万美元。2012 年 7 月，区域交通区（RTD）收到了 1000 万美元的赠款（800 万美元来自联邦资金，200 万美元来自地方配套资金。这笔钱分配给 RTD、丹佛市和丹佛郡以及 DDP/BID）。在 2013~2014 年期间，用这笔资金升级了商场沿线衰退最严重的三个半街区。购物中心同时还就提升到达购物中心尽端的体验以及增强购物中心与邻近片区和社区的联系做了一定的努力。

丹佛市中心改善区由丹佛市中心合伙人组织管理，他们正在为穿越或者衔接购物商业街的 16 条街巷制定规划。其中一条小巷的试点工作正在开展：举行巷道精酿节，在这之前是尝试在墙上创作了 4 幅壁画。同时，私营企业也在努力改善街道交叉口的氛围。在这方面墨尔本的街巷计划很值得借鉴（见第 12 章）。

案例研究

美国伊利诺伊州芝加哥政府街（1979，1993~1996，2008）

从街道到商业步行街，再回到街道；现代主义到复兴主义的转变

芝加哥政府街（State Street）是一条南北向的道路，位于芝加哥环路以内。芝加哥环路是城市的中心区，聚集了城市的商业、零售、教育和娱乐等设施。政府街经历了两次重大的更新，每次都试图使其成为"充满活力和对步行者友好的"购物街。案例研究表明，单纯凭直觉的设计想法并不总是正确的。1979 年，政府街从车流量密集且两边遍布停车场的街道，转变为一个既没有汽车也没有自行车的商业步行街。停车位被转换为宽阔的人行道，如图 7.2a 和图 7.2b 所示。设计的目标是给这条因白人中产阶级搬到郊区而被遗弃的主街重新注入生机。

1979 年的设计提案是美国 200 多个市中心常用的典型方案，其先例来源于维克多·格伦 1959 年设计的卡拉马祖购物中心。在市长简·伯恩的领导下，耗费了 1700 万美元对政府街进行了改建（1959 年卡拉马祖购物中心建设的费用是 6 万美元）。改造后的政府街拥有了宽阔的人行道，设置了便于人们上下公交车的"缓冲区"，并且建设了公共汽车站候车亭。新街道鼓励食品摊贩，同时在一些重要的节点布置了抽象公共艺术品。可悲的是，该购物中心的现代主义设计很快就显得过时且"俗气"。频繁进站的公共汽车所冒出的柴油味儿令人难受。加宽的人行道使它更显得空旷，一点儿也没有体现出繁华闹市区的氛围（Malooley，2014）。

在政府街禁止机动车进入的同时，北密歇根大道成了芝加哥高档商店的集聚地。政府街失去了原有的 Goldblatt's，Montgomery Ward，Wieboldt's，Bonds 和 Baskins 等富有个性的品牌商店。取而代之的是折扣店、成人书店和脱衣舞俱乐部。而且这些新开的商店杂乱排布，彻底改变了中产阶级们对它的看法。

1993 年，市长理查德·M. 戴利发起了"政府街发展规划和城市设计导则"项目。其目标是通过政府街及其周边地区的服务和产品多样化来捕获市中心日益增长的工人和居民的购买力。规划目标是创建一个由三部分功能组成的综合走廊：北部的娱乐区、南部的教育文化区以及位于两者之间的有强大吸引力的零售区。

1985~2008 年间设置了中央环路税收增额融资区（TIF），使得新开发项目能够通过预计未来物业税的增长而得到补贴。得到改进的街区包括政府街 / 罗斯福地铁站、芝加哥剧院，位于政府街、伦道夫街、迪尔伯恩街和华盛顿街之间的 37 街区，以及迪尔伯恩中心。2014 年在 37 街区（一个失败的购物中心项目）又增加了一个居住区的规划。

由 SOM 建筑师事务所的阿德里安·史密斯、彼得·范·维克滕设计的政府街拆除了步行街商场，将其重新开放给机动车，并且更新了街道家具。人行道和地铁入口被变窄，现有的路灯、交通信号灯和标牌都被替换。人行道缩窄意味着行人可以更加靠近店面，从而创造出一种熙熙攘攘、活力充沛的街道氛围。历史复兴主义取代了现代主义设计。由钢和铸铁制成的路灯柱复制了丹尼尔·班纳姆追随者在 1920 年的设计——它们象征着芝加哥河两条支流的汇合。地铁的入口采用了新装饰和现代风混搭的风格，

（a）

（b）

（c）

图7.2 芝加哥政府街。（a）1979年的步行街渲染图；（b）一张1993年的照片显示了开阔的人行道；（c）2015年的政府街
来源：（a）作者收集

并与树格和通风孔之类的物件一起赋予了街道统一的形象特征（图7.2c）。该设计于1998年获得了城市设计国家荣誉奖。

设计本身没有任何前卫的思想，但是它与周围环境非常协调。其影响也是巨大的（Berner，2008）。梅西百货、西尔斯百货、老海军和盖普等品牌商店的回归重新恢复了零售业的繁荣。1991年对华盛顿图书馆的整修起到了很好的催化剂作用。周边街区于1993年入驻了德保罗大学，1997年入驻了罗伯特·莫里斯学院，2004年入驻了哥伦比亚学院，2012年入驻了约翰·马歇尔法学院（van der Wheele，2008）。

案例研究
澳大利亚新南威尔士州悉尼乔治街（1997~1999，2010~2017）
一条城市主街致力于成为伟大街道的设计演变；一条轻轨走廊

乔治街南北向穿过悉尼中央商务区，总长度为 2.6km（图 7.3）。街道从岩石旅游区和当代艺术博物馆所在地向南延伸，首先经过温亚德，这里是商业办公楼、高级酒店和零售店的聚集处。马丁商场——一个带有纪念碑的步行购物商场的入口也在这里。乔治街的中间部分是市政厅和圣安德鲁大教堂。紧接着往南是包含电影院、电子游戏室和快餐店的娱乐区。

（a）

（b）

图 7.3　悉尼乔治街。（a）如今的乔治街；（b）未来乔治街的意向
来源：（b）由代表 ALTRAC 轻轨的格雷姆肖馈赠

再经过唐人街，最后到达铁路广场（Railway Square）——这是一个能够连接到城市中央火车站的公交枢纽。

乔治街的更新规划和管理主要由悉尼市政府负责，但是新南威尔士州政府拥有对城市规划决策的否决权。乔治街在1997~1999年之间进行了升级，但随着人们对这条街的愿景不断攀升，它如今还在进行重新设计。

乔治街与悉尼这个精英都市完全不匹配。一份关于乔治街城市设计和交通研究的环境影响声明（1993年）指出，这条街道便利性差，缺乏统一的美学品质。在20世纪90年代中期，相关当局决定对乔治街进行升级。城市议会是业主，但是设计由公共工作部（PWD）负责。公共工作部的玛格丽特·佩特里科夫斯基组建了一个由多位著名建筑师组成的团队，其中景观设计师团队来自特拉克特咨询顾问公司。市政工程和工料测量承包给私人公司。该项目的预算为7500万澳元（按2000年汇率为5000万美元）。

道路的中间条带被移除，人行道用青石铺装，配之以花岗石排水沟。街道上安装了一套设计和谐的景观家具，沿街还种植了能够抵抗污染的梧桐树。尽管树木种得不是特别好，但它们确实给街道带来视觉上的统一。改造分为几个阶段进行。等到施工时，人们对这种改造又提出了很多反对意见，表示车辆和行人的交通都受到了阻碍。项目不得不进行一些更改，

但是项目始终得到政治支持。所有这些努力通过铺装材料和街道家具促成了一条更加整齐统一的街道。

伟大的街道各有特色。参考扬·盖尔及其同事对悉尼中央商务区的研究，人们对乔治街的更新也提出了许多建议（McNeill，2011）。这些修改提案都有着不同的参考先例：比如学习纽约让街道更时尚和更加行人友好；学习俄勒冈州波特兰市通过轻轨促进CBD的发展等。

沿乔治街从布里奇街到利物浦街设置轻轨，在轻轨沿线创建一些城市广场是一个很有价值的建议（McKenny，2013）。如果按照这个建议实施的话，市政厅对面的广场有可能成为城市的心脏。州政府为整个项目安排了16亿澳元的预算，其中悉尼市议会出资2.2亿澳元。如果说乔治街的整修在20世纪90年代曾经引起过麻烦，那么这次再整修中将大部分路段改造为步行林荫大道引起的抱怨可能直到2019年竣工时才能平息。按照预想，那时乔治街将成为一个热闹的目的地：经过统一设计的铺装、宽阔的人行道、更多的树木和公共座位以及户外用餐区等元素。

早期更新计划的催化效果是非常明显的，尤其是在铁路广场地区。目前的规划比较适当，为沿街开发大型项目创造了进一步的机会。乔治街的项目结合了一定的开发管控规划，属于插入式城市设计。

广场

广场的形式千差万别。它们的特点取决于围合广场的建筑物——建筑物的高度、地面层发生的活动——跟广场的设计同样重要。当广场设计的目的是对周围邻里产生各种效应时，可以认为是插件式城市设计。本章的两个案例：马赛的埃斯蒂安·德奥维斯纪念广场和洛杉矶的潘

兴广场被许多景观设计师当作城市设计项目。不过，这两个项目的设计边界是给定的，而且是
独立委托的设计项目。马赛的广场对其周围环境产生了重大影响。后者至少到现在为止还没有
发挥作用。

　　城市停车在任何地方都是难以解决的问题。只要能找到一处空间，无论是地面还是室内、
地上还是地下，都会被建成停车场。许多城市的广场已经变成了地面停车场。尽管这种做法满
足了停车需求，但通常也导致周围地区的逐渐衰败。许多这样的停车场现在已经改回公共空间
和步行场所。而马赛的埃斯蒂安·德奥维斯纪念广场与众不同之处在于，它以前曾经是一个立
体停车场，现在则变成了一个地面广场。

案例研究
法国罗讷河口省马赛市的埃斯蒂安·德奥维斯纪念广场（1980~1985）
一例由社区团体发起的旨在提高邻里质量的重建项目

　　埃斯蒂安·德奥维斯纪念广场（图7.4）的
命名是为了纪念第二次世界大战的法国海军英
雄和抵抗运动烈士亨利·埃斯蒂安·德奥维斯，
广场的前身是与马赛老港口相连的军火库运河。

在18世纪后期，军火库变得多余了，与老港口
的联通口成了海关运河。20世纪20年代，当
老港口不再承担商业港口功能之后，这个地方
就被填平了，一度成为一片相当荒凉的空地。

（a）　　　　　　　　　　　　　　　　　　（b）

图7.4　马赛的埃斯蒂安·德奥维斯纪念广场。(a) 20 世纪 80 年代末期的立体停车场；(b) 晚春的一天从广场朝东看
来源：(a) 作者收集

1965 年，市政府在该基址上建立了一个三层的停车场。朗和马歇尔（Lang & Marshall，2016b）早先发表的文章已经对该广场有过描述。这个案例很好地反映了景观设计如何发挥城市设计的作用，所以选为本书的研究案例。

20 世纪 80 年代，一个名叫始祖鸟（Les Arcenauix）的居民协会试图提升社区环境。支持该协会的市长罗伯特·维戈鲁强烈主张拆除停车场，将其建成一个 12300m² 的广场。马赛市政府后来拆除了停车场，将其替换为可容纳 650 辆车的地下停车场。2674500 欧元（以 1985 年价格计算）的开发费用被视为合乎情理，因为广场能够成为促进周围片区再生的催化剂（Aspuche ca，2012）。

广场的高宽比具有很好的围合感，给人一种室外房间的感觉。马赛位于北纬 43°，从图 7.4b 能够看到，广场的东西向布局使得广场的北侧可以笼罩在充足的阳光中，而南侧则处在阴影中。春秋季节北侧比较受到人们的偏爱，但到了炎热的日子，人们就希望去阴凉处。地下停车场 1.5m 厚的天花板使相关设施、喷泉承重等成为可能，而且如果乐意的话，上面也可以种植物。

广场是一个简单的长方形围合状。它的设计初衷就是举办各种活动，例如集市和音乐会，因此其表面很大程度上是平坦的铺装区域。广场上的旧建筑进行了翻新，仅保留了其中一个原始的军械库建筑物，而新建筑则遵循特定的设计原则，从而保持广场的历史特色。相邻建筑物的底层直接与广场连通，在许多情况下，无需登阶就直接到达。因此，外面的路人可以直接透过广场四周的商店、美术馆和餐馆的橱窗看到内部。

广场周边的环境对其成功至关重要。这个广场位于工人和居民的日常流动线上，是地下停车场与周围区域之间的连接纽带。停车场使得广场成为开车族的目的地。从停车场出来的人通过位于广场内部的楼梯或电梯就能到达广场。不管是从城市中心还是老港口旅游区，抑或是周围的居民区，都很容易到达广场。广场地形平坦，几乎不需要穿过街道。附近的街道也不宽。

广场周围建筑物的首层与广场直接相连，建筑物与广场之间没有任何汽车穿行。周围建筑朝向广场一侧的窗户起到了自然监视的作用，当然也不用担心有什么不良后果。广场上的众多餐馆、书店和画廊等都是吸引元素。经常光顾广场上餐厅的客人包括各个年龄段，但显然都是中产阶级或者富人。孩子们则喜欢在广场的硬地上奔跑嬉戏。

案例研究
美国加州洛杉矶的潘兴广场（1994~1999，2014+）
仍在寻找定位和塑造场所感的城市广场

潘兴广场（Pershing Square）是洛杉矶市中心的主要公共开放空间。它建于 1866 年，起初名为 Abaja 广场，在第一次世界大战后改名为潘兴广场，以纪念美国远征军总司令潘兴（Pershing）将军。多年来，该广场已经过多次重新设计。例如，1984 年为该市举行奥运会而进行的更新。最新一次改造于 1994 年由里卡多·莱戈雷塔和劳里·奥林设计，耗资 1450 万美元。设计师接手的广场位于地下车库上方，广场内布满草坪、树木和呈对角线的小径，小径在一个中心点汇聚，并形成两个倒影水池。水池由匈牙利移民凯利·罗斯捐赠，以纪念他的妻子。

该广场占据了洛杉矶城的一个完整的街区，占地 2.2hm² （图 7.5）。广场四周都是通行车辆的街道。项目将地面抬高（约 31m），从而保留 1952 年建造的地下停车场。广场的出入口与机动车流平行，在一定程度上阻碍了行人进入广场。

1994 年举行了一次设计竞赛，目标之一是提高广场活力，并能象征拉丁裔和盎格鲁人的文化。莱戈雷塔和奥林的获奖方案虽然从未得到彻底的实施，但如今还可以看到方案的主要组成部分。莱戈雷塔努力创造出一种 Zócolo 的感觉。在墨西哥，城市中心广场就叫做 Zócolo。广场的中心是一片橘子林，它让人想起橘子种植在洛杉矶县历史上的重要性。广场的南端是一个带有喷泉的庭院，由芭芭拉·麦卡伦设计的锯齿状线性元素贯穿整个庭院，象征着横亘洛杉矶的断层线。步行路铺装点缀着星星图案，代表了冬季在城市上空可见的恒星星座。广场上还有一个 10 层的紫色钟楼、一个"玛雅风格"圆形剧场、印有洛杉矶元素的长椅、周边带有座椅的绿植花盆、能够唤起过去回忆的艺术品和纪念品。钟楼，渡槽和橙色的圆球代表了从内华达山脉到洛杉矶东部再到橘林的流域。

潘兴广场虽不再具有过去的败名，但还是一个没有多大吸引力的地方。在广场流连的吸毒者已被警察移走，但长椅继续为一些无家可归的人提供庇护。定期开展的集会、节庆和面向儿童的表演活动可以成功地吸引人们来广场活动，暂时激发一些活力。溜冰场在冬季很受欢迎。但是在平常日子的午间，只有屈指可数的来自周围楼房里的工人在广场上吃午餐。而广场上乞讨者的身影也令中产阶级们感到不适。

广场缺乏活力的原因不在于广场本身，而在于其周围的环境。除了将这里当成庇护所的无家可归者以外，几乎再没有其他的潜在使用者人群。作为无家可归者的盘踞点，广场的某些地方常常充斥着尿骚味。相邻广场的街道上汽车和卡车川流不息，对广场的声环境质量产生了一定的影响。这种影响虽然不是压倒性的，但还是阻止了中产阶级享用广场。如果广场能吸引家长们逗留的话，有很多适合攀爬的元素是可以让广场成为一个不错的儿童游乐场的。1994 年的重新设计表明，设计的改变并不一定能改变广场的公共用途，不过通过设计确实可以促进正式的聚集活动（Hinkle，1999）。

公益团体"潘兴广场之友"认为应该对广场进行一些改动：（1）拆除围墙，使人们可以看到广场内部；（2）通往地下车库的长坡道改为入口直接开向街道；（3）加宽广场周围的人行道；（4）沿人行道设置一些街道家具，如镶嵌棋盘的桌子或其他类似的休憩设施；（5）广场应干净规整，采用最便捷的对角流线；（6）广场应增加咖啡厅或餐厅。该团体认为，潘兴广场应该更像纽约的布莱恩特公园（也由潘兴广场的景观设计师劳里·奥林设计）或者旧金山的联合广场（Yen，2013）。与此同时，由当地商业利益集团所投资 70 万美元的更新项目正在进行。这是另一次使潘兴广场成为有意义场所的努力。

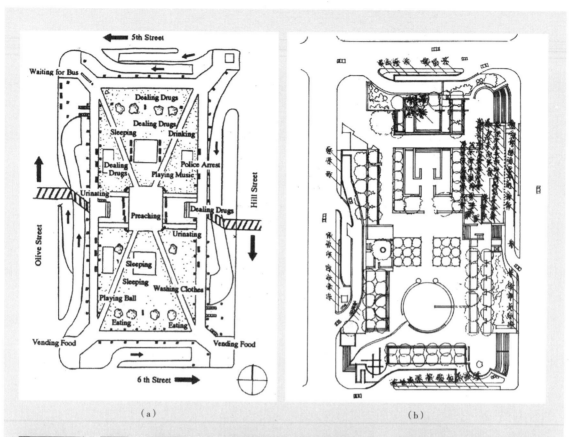

（a）	（b）

（c）

图 7.5　洛杉矶潘兴广场。（a）翻建以前；（b）莱戈雷塔和奥林的设计方案；（c）2014 年的广场

来源：（a）Loukaitou-Sideris & Banerjee（1988）；（b）奥林事务所提供；（c）摄影师 Bruce Judd

洛杉矶市中心的性质也在发生变化。当很多人和家庭发现中心区生活的优点之后，人们又回到中心区居住了。2014 年下半年，一项耗资 200 万美元的广场改造提案宣布施行。提案中包括了两个儿童游乐场，各自适应特定的年龄组（Evans，2014）。这个广场是否能实现 90 年代设定的初始目标，我们拭目以待。它还需要更多的正式活动来激发活力。

公园

公园设计是景观设计师工作的一种部分，但是通常也融入城市设计中。公园会随着当代文化范式的变化而不断被设计以及重新设计。有些公园遵循古典设计原则，其他的则追随英国景观传统。为了追求绿色环保和城市声誉，城市会在土地资源允许的情况下尽可能多建公园。利用废弃的采石场、砖瓦厂等工业场地修建的公园由于具有潜在的触媒作用，可以认为是一种插入式城市设计，但它们仍然属于景观设计学的产品。巴黎的拉维莱特公园（Parc de la Villette）和纽约的高线公园（High Line Park）都是在废弃场地上建起来的公园。

作为城市设计，公园需要与建筑进行整体设计。伯纳德·屈米在拉维莱特公园项目的设计中就实现了这个目标，尽管公园与周围环境的融合并没有达到完美。高线公园是一个线性空间项目，它对周围环境产生了重大的催化作用，但公园的设计和周围空间的设计基本上是各自独立进行的。这两个案例的共同点在于它们都是在棕地上开发的项目；同时也代表了最前沿的设计范式。

案例研究

法国巴黎拉维莱特公园（1979~1987，2010，2015）

混合用途的解构主义景观与建筑设计。一个整体城市设计项目？

拉维莱特公园的开发过程比较复杂。早在 1979 年，拉维莱特公园项目就宣布开始。基地位于巴黎东北角，是一处占地 55hm² 的半废弃工业用地：包括一个大型屠宰场和一个养牛场 / 贩卖场。现已废弃的工业运河乌尔克河流经此地，将场地一分为二；另一条运河则沿西侧大部分场地的边缘流过。建设拉维莱特公园是为了让巴黎再次成为世界的艺术中心。该提案的具体目标是：（1）项目要具有国际影响力；（2）建设一座国家科学技术博物馆；（3）一处能够反映"城市文化"的公园。

1982 年举行了一次国际设计竞赛。竞赛的设计内容反映了法国政府的意愿（很大程度上是受到季斯卡·德斯坦总统的影响）。项目内容包括一个大型科学和工业博物馆，一个音乐城，包括兼有展览功能的主厅、摇滚音乐厅以及公园。设计要求基地内原有的两座建筑必须重新利用。公园必须能够反映"城市主义、娱乐和实验精神"，建筑和景观要和谐（Souza，2011）。还有一项给定条件是从 27 名建筑师中选择阿德里安·凡西贝尔（Adrein Fainsilber）来设计科学博物馆。

设计竞赛吸引了来自 41 个国家的 470 多件作品。最终由伯纳德·屈米和科林·福尼尔领导的团队获得优胜。屈米随后被任命为项目团队的负责人，将获奖的设计方案转化为实施计划。公园项目于 1985 年开工，1997 年完成，但是局部仍有不断的调整改进。图 7.6a 显示了项目 2005 年的状态。

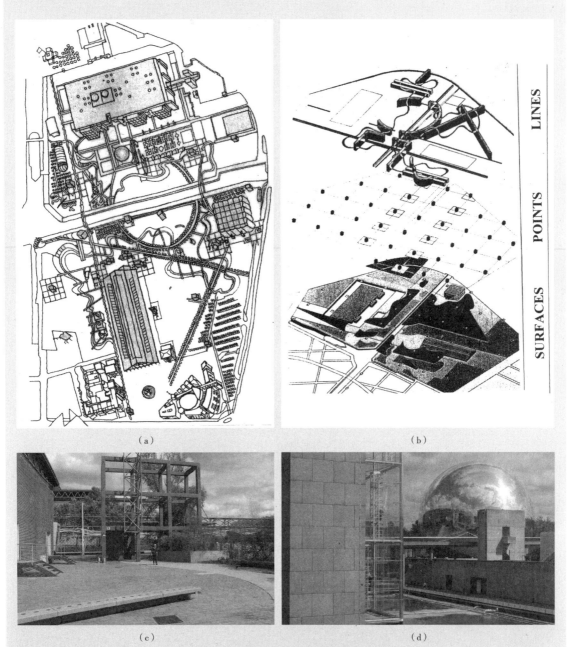

（a）

（b）

（c）

（d）

图 7.6 巴黎拉维莱特公园。（a）公园设计；（b）设计图解；（c）向乌尔克运河看去的景象；（d）从科学城看球体
来源：（a）Yin Yin 所绘制的图纸；（b）伯纳德·屈米事务所

公园的设计理念来自对雅克·德里达解构主义思想的文本分析（Benjamin，1988），因而持续受到人们的关注。设计包含三种模式，由三个相互独立但又在空间上重叠在一起的系统组成（图 7.6b）。第一个是由 120m 为间隔的方格网形成的"点"矩阵，南北向有 8 个方格，东西向有 5 个方格。在方格的交叉点布置一系列的"疯狂物"（follies）：由大红色亮漆钢板覆盖的结构性装置。第二层次系统由一组"线"构成。它们是两组行人流线，组织在两个互相交织的地图中。一组是交叉垂直的带顶廊道，另一组是能为行人提供一连串视觉体验的蜿蜒"电影视野"长廊。第三层次的系统由"面"组成。此外，林荫巷连接了公园的主要活动场所。地表材料如草皮和铺装等的选择以能最好地配合预期活动为前提。

疯狂物由 10.78m 的立方体构成，它们被"从空间上拆分为 12 英尺的立体'盒子'"。这些盒子"可以分解成碎片……或者与其他附加元素组合"（Tschumi，1987：48）。它们都是屈米设计的。但电影长廊上的 10 个主题花园中的一些花园是由其他建筑师在屈米已有的框架内设计的（Tschumi，1987；Souza，2011）。

公园如今已经建设了许多设施。科学城是其中最主要的建筑。它高 40m，占地 3hm^2。凡西贝尔（连同皮特·莱斯和马丁·佛兰西斯）在设计时主要考虑了三个问题：水体应环绕建筑体；植物应该与温室相互渗透；光线应穿透圆屋顶。公园内还包括一个带 IMAX 影院的球体建筑、一个由历史上的铸铁牛棚改造的展览馆、一个交响音乐厅（巴黎爱乐乐团驻场，让·努维尔设计，可容纳 2400 人，2015 年 1 月开放）。展览馆外展出的是一个艘 20 世纪 50 年代的潜水艇"淘金者号"。公园内还有一个 4200m^2 的永久性马戏团帐篷，供本地和外地的巡演公司表演使用。还有一个聚酯帐篷建成的能够容纳 6300 名观众的天顶剧院，用于举办一些较小规模的流行音乐会。

每年有超过 1000 万的人参观拉维莱特公园。公园以其高度理性的美学设计理念而在国际上备享盛誉，并被业内人士视为 21 世纪的设计。它已经被建筑学家所接受，为他们的建筑思想提供养分。而参观者只是单纯置身其中，享受自我。拉维莱特公园从很多方面来看都属于一个整体城市设计项目。它由一个团队创作，并将景观和建筑元素融合为一个整体。

案例研究

美国纽约高线公园（1999~2015+）

一个具有很强触媒作用但并非协调的景观设计项目

废弃的铁路能有什么用？在英国，数千英里的铁路线已经变成了自行车道、远足道或者骑马专用道。这样的铁路大部分在农村地区。

巴黎的绿植步道是一个长 4.7km，部分高架的线性公园（图 7.7a）。鹿特丹在建的 1.9km 长的霍夫波亨公园与巴黎的类似，但是在资金运作上大受挫败。明尼阿波利斯有个市中心绿道，主要用作自行车道。所有线性公园中，纽约的高线公园是最引人关注的项目。

高线铁路在 1934 年建成，是纽约西区改造项目的组成部分。高线是重载货运铁路，铁路高架是为了减少地面的危险性。高线由 CSX 铁路运输集团拥有，铁路的大部分路段比街道高出 9m。如今，高线铁路贯穿纽约三个片区，从南部的甘斯沃尔特肉类包装区向北延伸 2.3km，穿过西切尔西，再到哈得孙园区——城市更新区。铁路最南端介于银行和克拉克森街之间的部分已经在 1960~1980 年间被拆毁。剩余的轨道在 1980 年通过了最后一辆火车，之后高线及周围地区便日渐颓废。后来艺术家们开始从苏荷（SOHO）街搬到 20 街和 29 街之间废弃的 LOFT 公寓中，这种由艺术家们聚集所塑造出来的地区风格如今依然存在。

没有人对破败的高线感到满意。拥有铁路下方土地的切尔西业主们开始游说，想把高线拆除。在获得朱利安尼市长的支持后，开始了颁布拆除令的过程（LaFarge，2014）。1999 年，乔尔·斯特恩·费尔德在《纽约客》(New Yorker) 杂志上发表了一篇摄影文章，作品描绘了高线自我生长的"野生景观"之美（Gopnik，2001；Sternfeld，2012）。这让人们注意到了将高线铁路建成一个公园的可能性。同年，约书亚·戴维和罗伯特·哈蒙德成立了非营利组织"高线之友"（FHL），其目标是将高线铁路变成像巴黎绿植步道一样的公园。在这种情况下，提出合适的先例对于项目辩护具有重要的作用。要让那些业主清楚地看到自己社区内的高线所具备的魅力，以及实现这一魅力的技术和经济可行性。大约在同一时间，CSX 铁路运输集团委托区域规划协会研究铁路的再利用问题，这一课题属于联邦政府下"铁路转道路"计划的一部分。最终 CSX 将高线铁路捐赠给了纽约市政府（LaFarge，2014）。

2002 年，高线之友与非营利组织"公共空间设计基金"（安德里亚·伍德纳于 1995 年成立）共同发表了一项可行性研究：《发现高线》。这份报告对纽约市公园和娱乐管理局产生了重要影响，他们决定将废弃的铁路线改造为公共活动场所。报告介绍了高线铁路的历史、结构状况、当地方土地使用情况和区划条例、社区需求等。当迈克尔·布隆伯格就任纽约市市长后，他任命高线之友成员阿曼达·伯登担任该市规划委员会主席。她促成了西切尔西区的区划修编，这让切尔西的业主们意识到，如果将高线铁路改造成公园将会增加他们土地的价值。最终他们改变了将其拆除的想法（David & Hammond，2011）。

2003 年举办了一次设计创意竞赛。来自 36 个国家的 720 个作品参加了比赛。一年后，"高线之友"和纽约市经济发展公司选择了 James Corner Field Operations，Diller Scofidio + Renfro 和 Piet Oudolf 作为高线公园的设计团队。次年四月，初步设计方案在现代艺术博物馆展出。地面交通委员会还因此签发了高线的临时道路使用许可。铁路改造项目于 2006 年破土动工，项目最南端开始施工。它于 2009 年年中向公众开放，两年后公园第二期正式开放，北部第三期中的一部分在 2014 年开放。与哈得孙园区相连的最后一部分在 2018 年开放。

公园的设计属于"景观都市主义"范式。设计团队采用"农业都市化"的方法，将各种绿植和硬质材料整合在一起，以适应坐、卧、走和慢

图 7.7　巴黎和纽约由废弃铁路线改造而成的线性公园。(a) 巴黎的绿植步道，1980~1993；(b) 纽约的高线铁路和高线公园，2003+

跑等需求。沿着高线公园漫步，下面的街道、哈得孙河及纽约市都成了被高线串联起来的体验序列的组成部分。行人在途中会经过各种各样的景观，包括坑、平地、桥梁、土墩、坡道和摩天观景轮，每种景观都有特定的硬软材质比率和绿植种类。景观家具都是根据使用需求、时尚、与铁路周边环境的协调性以及可持续性等理念进行设计。设计安排了很多座椅，以鼓励社交行为。为了加强步道的可见性，照明设计布置在人的视线以下。临时艺术装置增加了高线公园的吸引力。

与公园设计同样重要的是公园开放时有多种方式可进入公园。在有阶梯的地方一般都是硬质景观节点。有些节点中，行人可以通过自动扶梯从人行道上到公园。11 个入口的间距很适合步行距离，并与街道层的交通系统衔接。第 34 街的入口是坡道，坐轮椅的人可以使用坡道或者电梯上到公园。

纽约属于严酷的大陆性气候，夏季酷热，冬天寒冷。因此，高线公园的植被选择主要参考多年废弃时期沿线自然生长的植物种类。多年生植物和草类的选择是考虑到它们的耐寒性和可持续性，颜色也是重要的参考因素，大多数植物都是当地物种。

高线公园的建造预算是 6500 万美元。第一期和第二期实际耗费 1.523 亿美元，其中 1.322 亿美元来自纽约市财政，2030 万美元来自联邦政府，40 万美元来自纽约州。所有三期的总设计和建造成本预计约为 2.74 亿美元。到 2014 年底，"高线之友"及其他私人和企业为项目贡献了 4400 万美元。Caledonia 开发商还支付了 690 万美元，以换取在其正在建造的相邻豪华公寓楼上增加额外楼层的权利。在收益方面，据估计纽约市将在 20 年内额外获得 2.5 亿美元的房产税收入，但这个数字看起来有点保守。

高线公园可以视为插入式城市设计。这是一项重要的公共福利，也是一种能够促进城市开发的设施（Gopnik，2015）。它对相邻地产价值的触媒作用甚是显著。新创建的切尔西特别区的区划修编允许区内进行开发权转让，进一步发挥了高线公园的触媒作用。从负面影响看，该地区的绅士化以及大量的公园游客导致了许多为本地居民服务的生意难以维系。即便如此，高线公园周边的居民似乎已经适应了游客的涌入。2012 年公园的游客量达到 440 万人。高线公园的成功全球闻名。悉尼在 2015 年开放的货运线公园，还有新加坡拟建的长 24km 的电动火车项目都借鉴了高线公园的成功之处。

评论：这些景观设计项目是否属于插入式城市设计？

我们可以将本章描述的所有案例——或其中的任一个——视为城市设计吗？可以肯定的是，芝加哥政府街在 1996 年的设计属于"插入式城市设计"，因为它有城市设计导则指引，由于其有意寻求触媒作用。因此，实现这一效果是该项目的目标之一。

只要进行景观设计，不论是街道、广场还是公园，都会包括对开放空间的围合元素进行设计，因此它们都属于城市设计。如果不是这样，那它们就应该归类为景观设计作品。但是景观设计职业群体会认为这种区分简直是无稽之谈。在他们看来，任何在城市中实施的景观设计都应该叫作城市设计。当然这种区别通常是十分模糊的。例如，本章中包含的芝加哥政府街就是插件式城市设计，但本书中的圣安东尼奥滨河步行廊道就不是（第 11 章）。后者设计所处理的仅仅是建筑之间的空间，所以最多是一项很出色的景观设计设计项目。不过这个项目的目标之一是改变圣安东尼奥市中心的性质，这个目标也达到了。高线公园改变了它所经过的片区，但是这个结果并没有在它的设计目标中。相比之下，鹿特丹的霍夫博根则是一项协作式城市更新的关键元素。

关于景观设计对城市设计的贡献，有些重要话题在本章中未被提及。其中一个主题是干旱气候下城市公共领域的设计。在提高城市的生物源质量上，"绿化城市"是一个既诱惑又不幸的口号。在亚利桑那州的凤凰城或德黑兰等干旱地区的绿化城市，或澳大利亚内陆的半沙漠小城镇，或印度塔尔沙漠的斋沙默尔（Jaisalmer），需要非常认真地考虑。这样的城市既需要"变棕"（开发），也需要"变绿"。我们可以从不同气候区的传统定居模式中学习绿化种植，学习如何用有限的资源建造城镇和村庄。

第8章 建筑设计产品与城市设计的本质

建筑师身兼多种身份。他们的工作主要是城市设计，有时也参与城市规划。一些建筑师关注建筑设计的方案和细部，另一些建筑师致力于将设计转化为工作图纸或者忙于公关。然而作为建筑师，他们最关心的还是单体建筑的设计。他们都称自己为城市设计师。

建筑设计产品：建筑物

当一栋建筑被视为高级艺术作品时，它就显得与城市无关了。作为艺术品的建筑聚焦于抽象知性的美学理论表达，而不是它所承载的生活本身。全球商业市场上正在出现一种建筑学和城市设计的新规范。它基于使用昂贵的材料制作与几何规范不同的建筑形式。尽管许多亚洲新建筑被称为"缺乏价值标准的庸俗作品"，但是现在还不是立即将其贬低为"浮华"或"媚俗"的时候。可能用超现代主义这个术语来概括更有包容性。

近期有很多建筑大师对自己的建筑设计中正在创造的"公共空间"缺乏应有的关注，也很少注意设计如何助力创造更好的街道。他们设计的建筑物与周围环境毫无关系。这些建筑被当作前景，背景环境只是作为幕布。有许多（即使不是全部）建筑评论家认为建筑和开敞空间是艺术作品。还有许多年轻建筑师希望在建成环境中表达一些新的东西。

《建筑实录》（*Architectural Record*）认为市政设计不是像利物浦大学市政设计课程中所教的那样，而是一种独立的公共建筑设计。尽管很多市政建筑可能设计得不错，但是它们都不屑于提供舒适的公共空间,而只是把背面露给城市。这些空间不鼓励人们闲逛和参与城市生活。古根海姆博物馆对面的广场就不是一个好客的空间，虽然这个广场很适合观看或者拍摄博物馆。博物馆建筑本身也令人振奋。但这就是领军建筑师和他们的客户所理解的新城市设计吗？

《进步建筑》杂志的城市设计奖，从20世纪70年代初创刊到90年代中期停刊，往往都是颁给单个建筑。没有任何已经实施的城市设计方案获得过奖项。在以下四种情况下，单体建筑或建筑综合体似乎能够被主流建筑师和建筑评论家视为城市设计。第一种情况是当建筑表达出某种对建成文脉的尊重时。第二种情况是建筑充当了城市开发的触媒。第三种情况是传统意义上的邻里或城市设施被整合进一个多功能单体建筑。第四种情况是由许多建筑组成复杂的大型综合项目。

文脉设计

澳大利亚皇家建筑师学会（Royal Australian Institute of Architects）也会授予单体建筑城市设计奖。有时它会颁给符合城市设计导则的建筑。在一个建筑师必须要通过与众不同才能为自己博得市场中一席之地的领域，他们还能够愿意关注公共领域确实值得奖励。

单体建筑如何增加或创造自己的文脉是城市设计关心的基本问题。如果建筑是处在既有的文脉中，那么，必须要对"文脉"作精确的定义。在不同环境中，城市设计关注的变量是不同的，包括建筑物与街道衔接的方式、建筑高度（尤其是在街道、立面上）、地面层的用途、入口的分布、材料和开窗、檐口线和屋顶样式。他们所承载的活动也很重要。延续文脉的设计可以是高度创新的，但它确实需要仔细思考（Stamps，1994）。

波特兰的先锋广场可以看作是一个建筑作品的典范，也是一个小型的整体城市设计。经过几次设计变动，最终的作品既突出了个性，又适应了波特兰市中心的空间品质。设计方案与波特兰中心区小尺度步行街区很好地结合起来。这是一个跨越三个街区的建筑综合体，尽管内部有一个购物中心，但是从外部依然能看出产权的界限，其平台的体量也与周围建筑的尺度相匹配。

作为城市开发触媒的建筑：属于插入式城市设计？

将建筑视为城市设计的一个考量因素在于它们对周边地区的催化作用。这种考量无疑是约翰·D.洛克菲勒为纽约电信城所做规划背后的一个激励因素。20世纪50年代，纽约城市规划委员会主任罗伯特·摩西在推动兴建林肯中心的提案时也是出于这种考虑。他的目标是消除哥伦布圆环北部的贫民窟，建立一个"熠熠生辉的新文化中心"，以改变整个城市西部的风格。他确实做到了，但同时这个项目造成7000人流离失所（Caro，1974）。20世纪80年代，法国总统弗朗索瓦·密特朗的"格兰德·特拉沃"项目，以及2000~2003年洛杉矶的华特·迪士尼音乐厅开发也有类似的野心。人们期待由弗兰克·盖里设计的音乐厅能够如同他之前设计的毕尔巴鄂古根海姆博物馆对城市发展所起的催化作用一样，推动格兰大道的发展。

不论是否经过规划，所有的新建筑都会影响周围的环境。建筑影响了人和风的流动，为街道景观增色或者降低街道品质。它们构成了天际线的组成部分。它们可以促进城市景观改善，更有利于未来的发展。博物馆、图书馆和位置良好的新建商业空间都能够促进城市发展。金丝雀码头计划是伦敦道克兰持续开发的先导项目（第10章）。洛杉矶郊区格伦代尔的车库建筑是为了带动当地的开发（Lang，2005a）。这种平平无奇的投资与毕尔巴鄂古根海姆博物馆的用意是一样的。

案例研究

西班牙，毕尔巴鄂，古根海姆博物馆（1987~1997）和阿班迪奥巴拉地区

作为城市更新和发展催化剂的"标志性"建筑

　　毕尔巴鄂位于西班牙北部的巴斯克地区，是一座逐渐衰落、粗粝的港口城市，过去在世界上也没有什么知名度。但是现在的毕尔巴鄂早已不同往日。巴斯克政府开发了许多重大项目来促进城市更新和现代化——包括地铁、会议中心、音乐厅、有轨电车、阿巴港、机场等，这其中最重要的，真正使毕尔巴鄂变得世界瞩目的项目是古根海姆博物馆。根据前市长伊拉奇·阿祖纳的说法，这些项目提升了城市的自尊，使城市有信心参与全球化时代的世界经济竞争。

　　1983 年 8 月的洪水给毕尔巴鄂带来经济和物质上的双重灾难。之后在 1987 年发布了大都市战略规划。规划提出要加强毕尔巴鄂与外部世界的联系，提高城市内部的机动性，改善城市环境和品质，投资人力资源与技术，建设一系列文化设施。其文化成就的一部分是创造了国际知名的现代艺术博物馆。与此同时，所罗门古根海姆基金会正在欧洲物色第二个博物馆选址（在威尼斯的佩奇古根海姆博物馆之后），用于陈列部分藏品。巴斯克政府博物馆最终成为下一个建设地，最终的协议包括给古根海姆基金会捐赠 2000 万美元，支付 1 亿美元用于建设博物馆并补贴每年的运营费用。基金会将管理博物馆并永久提供展品和举办临时展览。

　　最初的讨论是将城内一座既有建筑进行改造用于博物馆。后来决定在纳文河畔新建一座博物馆，并举办一次限定条件的设计竞赛以确定最终方案。毕尔巴鄂早就举办过类似的设计竞赛。毕尔巴鄂地铁的设计竞赛就是由诺曼·福

斯特获得（其他参赛者包括 Santiago Calatrava、Architektengruppe U-bahn 和 Gregotti Associates）。参加这次博物馆设计竞赛的包括矶崎新（代表亚洲）、蓝天组（欧洲）和弗兰克·盖里（美国）。盖里的设计最终被选中。因为他的作品符合作为"标志性建筑"的特点，能够帮助巴斯克人民向世界传达清晰的现代化形象。这个广受赞誉的博物馆是一座由曲线塑造的雕塑，主体由石头和玻璃构成，表面覆盖钛合金。建筑一侧紧靠河岸，另一侧则是一个大型广场，使得建筑如同空间的雕塑。

　　博物馆对这个拥有 35.4 万人口的城市所发挥的触媒作用远超预期，极大地促进了毗邻的阿班迪奥巴拉地区的发展。2011 年，博物馆吸引了 962358 名游客（其中 62% 来自国外）。大量游客的住宿和餐饮消费促进了城市商业和经济的繁荣。据估计，博物馆为城市创造了 6.6 亿欧元的国内生产总值和每年 1.17 亿欧元的税收。博物馆创造了 4000 个新的就业岗位（Vidarte，2002）。这个项目还带动了新当代艺术中心建设——Artium 和 BilbaoArte（为年轻艺术家提供了工作室）和其他当代艺术展馆的发展。最重要的是古根海姆博物馆改变了毕尔巴鄂在世界眼中的城市形象。这个成就不只归因于一个古根海姆博物馆，而是由于许多大型公共投资共同作用的结果。

　　由西萨·佩里联合事务所制定的阿班迪奥巴拉（Abandoibarra）规划将古根海姆博物馆、艺术品博物馆和尤斯卡尔杜那宫联结在一起。

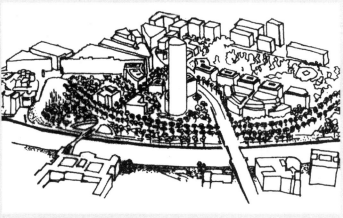

（a）　　　　　　　　　　　　　　　（b）

图 8.1　毕尔巴鄂阿班迪奥巴拉地区的发展。（a）古根海姆博物馆；（b）阿班迪奥巴拉大街、巴斯克广场以及位于中央的伊贝德拉塔规划。

来源：（b）图片来自 Munir Vahanvati，由西萨·佩里事务所校对

佩里因其在炮台公园的相关经验被选中来制定总体规划，虽然他并不是炮台公园方案的总规划师（第 10 章）。佩里的阿班迪奥巴拉总体规划展示出一个碎片式的现代主义设计图景——街道成为城市生活的分隔而非缝合。巴斯克广场是一个例外，规划中广场由四周的建筑围合而成。巴斯克广场的最前方是佩里设计的 165m，40 层高的伊贝德拉塔楼，位于现在毕尔巴鄂中心商务区 Elcano 街与 San Jose 广场相交的轴线上。巴斯克广场由戴安娜·贝尔莫设计。

巴斯克政府的投资扭转了毕尔巴鄂经济消退的局面（Lee，2007）。城市从一个衰败的工业与港口城市转型成为负有国际盛名的艺术中心。尽管包括古根海姆在内的新建筑都在设计上力求与城市结构无缝衔接，但是城市的关注点主要还是在建筑本身，而非公共空间的质量。这些空间缺乏富有吸引力的细节或者活动。古根海姆博物馆前面由杰夫·昆斯设计的巨型宠物犬雕塑缩小了广场的视觉尺度。我们确实拥有一个"走在前沿"的建筑，很多评论家认为它引导了 21 世纪建筑的走向。作为城市的催化剂，它非常成功，其他城市如今都在寻求创造"毕尔巴鄂效应"。

巨构建筑属于整体城市设计吗？

随着城市逐渐向农村扩张，人们上下班所花费的精力和时间都在增加。针对这个问题，解决办法之一是将城市压缩成简单的三维形式，以减少汽车在郊区占用的空间。这些建筑被认为是城市设计，因为它们融合了构成城市的各种元素。一些高层单体建筑内部包含酒店、公寓、商店和宗教设施等元素。它们被看作是垂直的地块。如果这些建筑足够大，它们就会被称为"巨构建筑"。

20 世纪六七十年代期间建造了许多容纳多种设施的巨构建筑。规划而未建的数量则更要多（见 1972 年的达林登）。保罗·索勒里的 Arcosanti 项目正在亚利桑那州苦心经营。如今，这种大型独立式建筑形式往往用于郊区购物中心，周围被停车场环绕。许多这样的建筑已经破产。

20 世纪 20 年代，休·费里斯提出的"未来之城"是巨构建筑的先驱；勒·柯布西耶为阿尔及尔设计的方案是另一种模式。他们在城市开发与设计中的离经叛道引起了相当大的关注。类似的设计包括巴克敏斯特·富勒的一系列探索，以及 20 世纪 20 年代和 30 年代现代主义者早期的规划，其中部分来自表现主义者桑特·埃利亚的一些想法。1969 年炮台公园城的城市 / 州规划（图 10.14b）采用的正是这种模式。比勒费尔德大学建于巨构建筑非常流行的时期，学校的设计将整个片区全部容纳在一栋建筑里。正如雷纳·班纳姆（Rayner Banham）30 年前提出的那样，巨构建筑是过时的设计理念。尽管如此，垂直城市设计仍然吸引了很多关注。它们是否应该被看作是城市设计还有待商榷。

案例研究
德国，比勒费尔德，比勒费尔德大学（1969~1976，2012~2025）
一栋建筑容纳一个大学校区，整体城市设计？

有许多大型、多院系的大学都可以归为巨构建筑——这些大学被装在一幢建筑中。比勒费尔德大学就是其中之一。1962 年初，人们提出在德国北部的威斯特法伦新建一所大学的想法，同年晚些时候，这个计划开始实施。1966 年 6 月，该大学宣布将选址比勒费尔德。学校教学楼建筑由多名建筑师设计，不过校园设计由一个团队负责。

这所位于城市边缘的大学采用了设计竞赛中的获胜方案，设计团队由克劳斯·科普、彼得·库尔卡、沃尔夫·西普曼和凯特·托普以及迈克尔·冯·塔迪等设计师构成。这个设计团队与大学官员和 Quickborner 团队合作，为大学设计了完整的空间规划布局。学校于 1971 年 4 月破土动工，容纳 1.4 万学生的建筑主体于 1976 年完工，耗资 6.23 亿马克（德国货币单位）

（Trott，1985）。

校园建筑长 380m，宽 230m，房屋整体面积 14 万 m² （图 8.2）。这是一所通勤大学，周围有地面停车场，就像郊区的购物中心一样。它有一个玻璃顶覆盖的线性中庭，两端各有一个吸引点，一端是游泳池，另一端是主礼堂。沿着中庭两侧布置小商店和咖啡馆，各院系位于与中庭轴线垂直的矩形街区中。这种布局据说是为了促进学科之间的紧密联系，另一种期望是将教学和研究联系到一起。

线性中庭被描绘为充满活力的学生聚会场所。由于比勒费尔德气候多雨，也许这个设计最大的优点是人们从一个地方走到另一个地方时不会被淋湿。大学管理部门在宣传材料中指出，习惯了传统大学的人会欣赏比勒费尔德从食堂到教室再到图书馆"同一屋檐下的效率"。

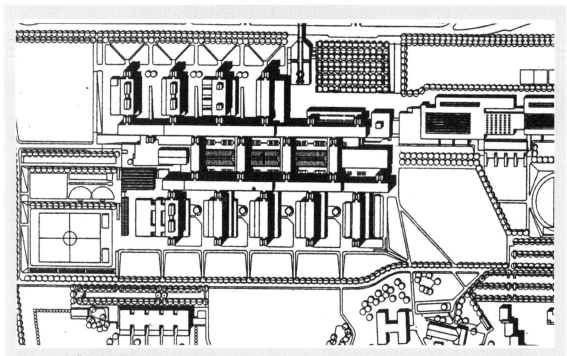

图 8.2 比勒费尔德大学
来源：比勒费尔德大学提供

只有一小部分学生宿舍位于校园的外围。

大学很少会保持不变。比勒费尔德大学正在进行一项重大的改造，但其基本结构将保持不变：整个改造将耗资 10 亿欧元，用于建设东北部和东南部的新建筑和北部的一个全新综合体。原建筑将经历六个阶段的现代化进程，预计将于 2025 年完工。

比勒费尔德大学的建设由公共资金支持。这是一栋单体建筑，但它是在由规划师、设计师和大学官员组成的团队指导下逐步建设完成的。把校园设计当作城市设计还是当作位于开放空间中的独立建筑，取决于对巨构建筑的态度。当然，在当代大学城 Louvain-la-Neuve 的设计中所表现出的态度是非常不同的。

案例研究

美国，亚利桑那州，斯科茨代尔，阿科桑蒂（Arcosanti）（1970~2030）

建筑设计还是一座新城的总体城市设计？

亚利桑那州凤凰城北部斯科茨代尔附近的阿科桑蒂，完全是保罗·索勒里一个人的创意。它是索勒里众多通过单一结构"城市"实现能源和资源高效利用的实验探索结果之一。该项目已签订协议，将以每公顷 530~1000 人的密度容纳约5000 人。这座"城市"位于一个半干旱山谷的边

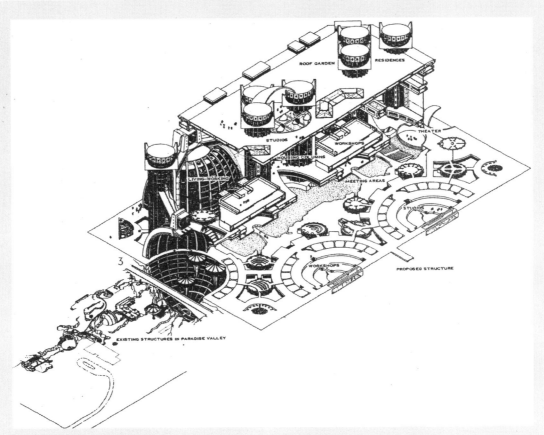

图 8.3　阿科桑蒂城规划原稿
来源：Tomaki Tamura 手稿（科桑蒂基金会提供）

缘，由许多未竣工的半成品建筑组成：公寓、企业、生产单位、教育设施，附近就是农田。阿科桑蒂城的规模比较适中，相比之下，索勒里设计的许多方案都是纽约帝国大厦的两倍高，可容纳 50 万人。

索勒里的生态建筑学（建筑学 + 生态学）概念由三个基础原则构成。首先是复杂性（Complexity）。索勒里认为构成日常生活的行为环境应该聚集在一起。第二个原则微缩化（Miniaturization），是指通过减少空间的规模和在空间中穿行的时间来有效地整合资源。第三个原则他称之为持续性（Duration）。持续性与生命活动所消耗的时间以及"时间之外的生活目标"有关——更新自己和周围环境的能力（Soleri，1969）。

阿科桑蒂项目起始于 1956 年，当时索勒里和他的妻子科利购买了 1690hm² 土地作为由他们创立的科桑蒂基金会（一个非营利组织）的基地。创立科桑蒂基金会的目的一方面是开展持续研究，另一方面筹集建造阿科桑蒂城的资金。1959 年，索勒里在这里成立了自己的第一个办公室，并为建筑师和学生开发了一个实习课程。1970 年阿科桑蒂城开始建造，球形的拱顶成为设计的一大亮点。房屋框架于 1973 年开始建造，此后阿科桑蒂城项目由一座又一座拱顶、一个又一个房间、一年又一年缓慢地推进。

到 2015 年，这个项目仅建成 10%。全部项目预计到 2030 年才能完工。索勒里本人于 2011 年退休，2013 年去世。这个项目现在由乔尔·斯坦接任领导，他希望将这些已经零零碎碎建成的建筑变成一个有活力的城镇。

项目推进缓慢和强调获取资金意味着，那些已经建造的元素更多是为了吸引资源而不是满足居住社区的需求（Tortello，2008）。虽然目前阿科桑蒂城的居民很少，但每年的访客却有 5 万人之多。有趣的是，索勒里十分担忧"精明增长"拥护者的兴起。他们所提倡的设计模式与索勒里的理念有非常大的差异。阿科桑蒂城模式的可行性、可持续性对于当今城市形态而言还有待证明。无论阿科桑蒂城的设计是否明智，它都是建筑与城市设计结合的产品。这是一个镶嵌在单一建筑中的新城，这种类型在一些垂直城市设计方案中表现得更为突出。

垂直城市：整体城市设计还是简单的功能混合建筑？

1956 年，弗兰克·劳埃德·赖特提议建造一座 548 层高，可容纳 10 万人的英里塔——伊利诺伊大厦。如今，这个概念正在被许多建筑师推广。他们有一个相同的目标：为农业发展和保持自然界的生物多样性预留足够的空地。他们的论点是，建造高层混合使用的城镇，可以消除城市蔓延，同时减少地面和水平城市所需的道路数量，从而创造一个更高效、社区成长和可持续发展的世界。写这篇文章的时候，东京湾正在规划建设一座英里塔。

每个垂直城市将拥有一个城镇所能提供的所有设施。包括核心区、商店、工作和娱乐的场所，以及花园和草坪。中国 21 世纪初建造的一些建筑在概念上接近巨构建筑的概念。它们的目标是尽量成为一个垂直的城市片区，例如上海中心大厦。

案例研究
中华人民共和国，上海，上海中心大厦（2012~2015）
超高层，多功能建筑还是总体城市设计？

上海中心大厦共 121 层，高 632m。坐落于上海陆家嘴，总建筑面积 38 万 m²。它是 1993 年陆家嘴总体规划中规划的三座高层建筑中最高和最后建设的一座。大厦的开发商和所有者是上海中心大厦建设发展有限公司。这是一家国有企业。上海中心大厦由金斯勒公司设计，最终由同济大学建筑设计研究院完成设计。大厦整个的建造费用高达 24 亿美元。

由于地下水位比较高，上海中心大厦采用了高桩筏式基础。大厦的顶部有一个调谐质量阻尼器来限制其摇摆。建筑由 9 个圆柱形结构体堆叠而成。圆柱体被独立的结构层隔开。每个圆柱体都是一个"邻里"，拥有绿植的多层中庭或空中大厅，旨在唤起人们对上海历史建

（a）   （b）

图 8.4

筑庭院的记忆。楼层由内部和外部玻璃幕墙包围；玻璃幕墙随着层数上升每层的角度都有扭曲。立面也逐渐向建筑顶部缩减汇聚。建筑的锥形结构和不对称性有助于减少风荷载，使建筑能够抵御台风（Pearson，2015）。建筑的护墙可以收集雨水，用于供暖和空调，风力涡轮机形成场内电源。这些设计都能够满足美国绿色建筑委员会（能源和环境设计领域的领军者）LEED 金奖的要求（Waldmeir，2013）。

这座大厦可容纳 16000 人。一楼的零售商店、会议空间和多个入口将建筑与其周围环境连接起来。九个室内景观中庭为人们提供放松和聚会的场所，植被有助于改善空气质量。84 层到 110 层是一家酒店，拥有 258 间客房。大厦内还将容纳一个博物馆，下层配套有 1800 个车位的停车场。尽管大厦有多种用途，被人称为迷你城市，但它本身并不属于城市设计方案，而是一个高技术的建筑作品。

单体建筑构成的居住邻里

住宅邻里规划是城市规划师的主要任务。社会学家克拉伦斯·佩里提出，除了就业以外，日常生活的所有设施都应位于家庭组团的步行距离之内。单元核心由小学、购物设施和社区中心构成（图 8.5a）。马里兰州哥伦比亚市的布局采用过这种模式（图 6.3），也是当今新城市主

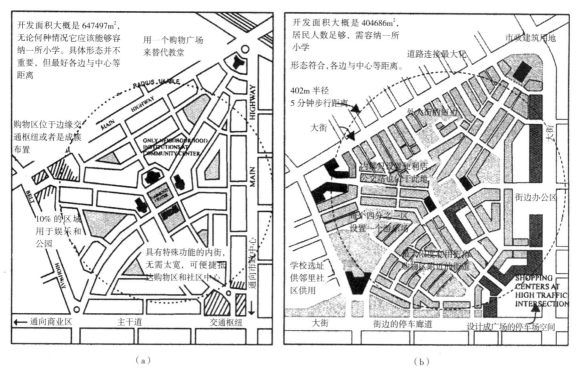

图 8.5 邻里单元总平面图。（a）克拉伦斯·佩里的邻里单元；（b）杜安伊和普拉特—齐贝克的邻里单元
来源：（a）佩里（1929）；（b）奥马尔·谢里夫改编自各种来源的图

义思想的核心（图 8.5b）。尽管由边界围合的邻里的作用在今天广受质疑，但是仍有很多人坚持这个想法。

20 世纪 20 年代和 30 年代，勒·柯布西耶提出了一系列城市和公寓楼的概念设计。其中一个是关于垂直邻里的——联合公寓（图 8.6a）。公寓的设计思想来源于他关于人应该如何生活的加尔文主义观点。第一个建造的联合公寓位于远离市中心的马赛。随后又依次在其他城市建造：南特—雷泽（1952~1953）、柏林（1956~1958）、布里·恩·福雷（1956~1958）、莫（1956~1958）和菲尔米尼（1961~1968）。这些公寓的设计都来源于马赛公寓的基本模型，只是在某些方面有些变化。

联合公寓并不是传统意义上的巨构建筑，而是一个类似由邻里单元组成的城市中的一个社区。如果说上海中心大厦的"邻里"是在垂直方向叠加起来的，那么勒·柯布西耶（Le Corbusier）的联合公寓就是由一些邻里构成一座城市，或者至少由三、四个这样的大楼构成一个可识别的簇群，并坐落在类似公园的环境中。不过，所有的联合公寓都是独立的单体建筑。

联合公寓的占地面积为 110m×20m。建筑由柱状结构支撑（保证建筑底层开敞）。它由 337 个住宅单元组成，可容纳 1000~1200 人，一个小旅馆、零售店和公共设施。购物区域位于中心层，幼儿园、慢跑跑道（早在慢跑风靡之前）和其他设施位于屋顶。公寓楼每两层就有一个阳台，用于提供新鲜空气和阳光，这是勒·柯布西耶最关心的要素。公寓每三层共用一个电梯系统。地面层用于停车、交通和娱乐。

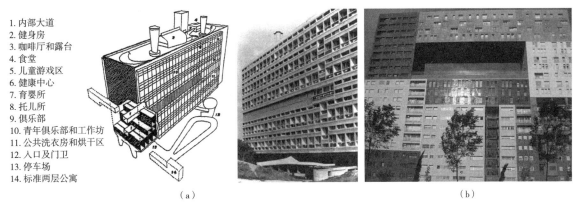

1. 内部大道
2. 健身房
3. 咖啡厅和露台
4. 食堂
5. 儿童游戏区
6. 健康中心
7. 育婴所
8. 托儿所
9. 俱乐部
10. 青年俱乐部和工作坊
11. 公共洗衣房和烘干区
12. 入口及门卫
13. 停车场
14. 标准两层公寓

（a）　　　　　　　　　　　　　　　　　（b）

图 8.6　建筑物内的住宅邻里

（a：左，中）马赛的 Unite；（b：右）马德里，米拉多，赛洛西（Sanchinarro），Mirador

来源：（a）理查兹（1962）© 耶鲁大学出版社；（b）卜金波摄影

虽然联合公寓的建筑形式提供了图 1.2 所示的许多潜在功能，但是由于公寓人口太少，不足以维持必要的零售活动，因而不太受当地居民的欢迎。不过，马赛公寓却深受居民的喜爱。它与马赛居民的生活方式很相衬，居民们主动选择在公寓中生活。可其他的案例就没那么成功了。

在 20 世纪中叶，从英国到委内瑞拉，世界各地的公共住房机构和建筑师都把联合公寓看作是一个可以复制的原型，就像柯布西耶自己实践的那样。但是这样做的结果令人失望。首先，那些建筑只是对马赛公寓进行了简单复制（Marmot，1982）。其次，其居民的生活方式和建筑所能提供的条件是不一致的。新加坡的勿洛大楼做得更成功。

勿洛大楼的建筑师、建筑师协会的程江芬承认，隐私和社区是密不可分的。建筑内的动线是交叉的，可以看到开敞空间与其他的单元。居民能体验到高度的安全感、归属感和所有权。但这是一种隐私的丧失。一小部分人对此表示欢迎，其他人对此并不在意。勿洛大楼不是一个邻里，因为除了游泳池，它没有商店和其他公共设施。对垂直邻里原型的探索仍在继续。马德里的米拉多酒店在立面上展示了它的子区域，在空中设计了一个公共广场，但除此之外并没有对社区作出其他的贡献（图 8.6）。

建筑综合体作为城市设计

本书使用的分类系统对建筑综合体的界定是模糊的。帝国大厦和联邦广场在这里被归类为建筑作品。将这个例子定位于主流城市设计活动之外的逻辑是，它们是自我平衡的、单一的专业类建筑项目。但是这个观点不是很有说服力。

这两个案例有相似之处，它们都是由建筑围合一个广场。但是它们代表了截然不同的设计目标和不同的建筑设计范式。帝国大厦广场是一个宏伟的空间，类似于勒·柯布西耶设计的昌迪加尔国会大厦，这不是一个适合聚会的地方。而联邦广场自始至终都是。

案例研究

美国，纽约，奥尔巴尼，纳尔逊·A. 洛克菲勒帝国大厦（1959~1976，2001），一个现代主义的政府办公楼和机构综合体。整体城市设计？

帝国大厦广场（Empire State Plaza）是由 10 栋建筑组成的综合体，容纳了一系列文化设施及 11000 名纽约州政府雇员。建筑群无形中围合成了一个深邃的矩形高架广场。轴线的一端是 1899 年建设的纽约州议会大厦，另一端是容纳了文化教育中心、纽约州博物馆、图书馆和档案馆等功能的建筑综合体。这是前纽约州州长纳尔逊·A. 洛克菲勒的智慧结晶，帝国大厦广场也以他的名字命名。该广场是由他最喜欢的建筑师——华莱士·哈里森设计的。据 2009 年估计，其造价为 20 亿美元，而最初的预算是 2.5 亿美元。洛克菲勒想要的是像昌迪加尔国会广场和巴西利亚的中心区那样宏伟的建筑。据说他亲自画了草图并由哈里森进行改进和发展（Roseberry，2014）。

这个占地 39hm² 的建筑综合体位于内城的一个有些破败、大约有 9000 人口的工人阶级住宅区。1959 年，洛克菲勒护送荷兰公主贝娅特丽克丝穿过市中心时，这个住区曾让他颜面扫地。社区的拆迁不仅使原有的居民流离失所，也使得赖此经营的商店和餐馆纷纷关闭。

这块土地当时是通过征收的方式获得的，这种方式在今天已经不太可能复制。洛克菲勒绕过纽约州立法机构，与奥尔巴尼的市长伊拉斯塔斯·康宁合作，通过纽约州担保，使用奥尔巴尼县债券而不是州债券来为这一计划融资。之后，建筑的所有权转移到州政府手中，由州政府支付给城市政府租金来代替房产税。

广场从西南一直延伸到东北的州议会大厦。建筑所在的平台由 25000 个桩基支撑，桩基打入 21m 深的冰川期黏土中。建筑是钢结构或者钢筋混凝土结构外层包裹石材。唯一的例外是表演艺术中心的蛋形建筑。它是一个裸露的混凝土结构。建筑用的石材主要是大理石，来自佛蒙特州、亚拉巴马州和希腊的采石场。2001 年，有 15 万块大理石面板因老化而被更换（图 8.7）。

（a）　　　　　　　　　　　　（b）

图 8.7 奥尔巴尼帝国广场。(a) 鸟瞰图；(b) 1993 年冬天的广场
来源：(a) Albany CVB 提供

广场有三个倒影池。下面的广场连接着所有的建筑，开设有商店、餐馆和邮局。建筑室内和广场展示着一些国家艺术藏品。广场上还摆放着战争纪念碑和各种民间团体纪念碑。广场的尺度和摆放的雕塑使它的氛围凝重而非活跃。广场很少有热闹的时候。

在广场开幕式上，洛克菲勒市长指出：

这座建筑的意义并不仅仅是容纳政府服务机构。帝国广场是独一无二的，它集伟大的建筑、伟大的艺术和纽约在美国历史上的地位于一体。

这座建筑使我们认识到我们的审美天性和我们的文化价值。这些价值使我们区别于单纯为了生存而奔波劳碌的芸芸众生，使我们的社会展现出天赐的恩典。

Harms，1980

这座建筑综合体被抨击为壮观而老气，不过有一些建筑师在坚决捍卫它（见 Selldof 的例子，2015）。有人描述这个广场就像是被暴风袭击过，没有任何吸引人逗留的设施。墨尔本的联邦广场则与此完全不同。

案例研究
澳大利亚，维多利亚州，墨尔本，联邦广场（1995~2002）
一个多用途广场，解构主义建筑综合体。一个整体城市设计？

联邦广场是一个利用铁路场站上空开发的项目，耗资 4.6 亿澳元（几乎是预算的四倍）。场地的一侧原来是天然气和燃料公司的两座高塔——后来因为有碍观瞻被拆除。州政府为该场地举办了一场设计竞赛，共有 177 个作品参赛。评审团选出伦敦 LAB 建筑事务所和墨尔本 Bates Smart 公司的作品作为优胜者。景观设计师是卡勒斯（Karres）和布兰德（Brand）。获奖的设计争议很大，一方面是因为它的建筑质量，另一方面是建筑遮挡住了圣保罗大教堂的视线通廊。这个广场及其历史在朗和马歇尔（2016b）对布朗—梅、戴（2003）和奥·汉伦（2012）的分析中有更全面的描述（图 8.8）。

该广场集开敞空间和建筑于一体，由联邦广场有限公司经营，并由维多利亚州政府全资拥有。它被规划为墨尔本最主要的城市广场。

这些建筑主要是文化机构，如澳大利亚电影中心、维多利亚艺术画廊的伊恩·波特中心和特别广播服务（澳大利亚多元文化和多语言广播机构）。这些建筑物有着不规则外观，覆盖着三角形面板构成的复杂几何表皮。一些面板由穿孔锌板和砂石制成，面向广场的中庭由玻璃面板构成。玻璃面板呈现各种不同的灰绿色调。虽然建筑表皮形成的几何形体很独特，但是一致的建筑高度和分散化的布局使得设计形成一个整体。

广场的地面有轻微的倾斜和起伏，为许多活动提供了场地——主要是正式的社交活动。广场的边缘也有公共活动。地面部分为青石铺装，主广场地面为赭色砂岩，整个广场的地面铺装形成了一个巨幅艺术作品。广场的铺装由保罗·卡特设计，又被称为 Nearamnew

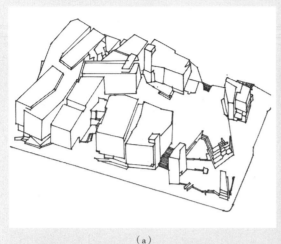

（a）

（b）

（c）

图 8.8 联邦广场，墨尔本。（a）广场体量图；（b）景观视图；（c）广场视图

（Rutherford，2005）。广场的设计象征性地纪念了 1901 年澳大利亚各州统一为联邦。

广场的成功之处在于由此穿越的人群强化了场所质量。广场为抗议集会、庆祝活动和表演等大型集会以及频繁的正式活动提供了一个场所。联邦广场也是一个公共集会的场所，广场周围可以举行非正式表演，通向广场的台阶作为观众的座位。在广场上四处逗留的人们可以坐在台阶和边角吃零食、见朋友、等火车或观看街头表演。

广场成功地对周围环境产生了催化作用。台阶从广场一直延伸到河边。原有的拱门在 2006 年被改造成了咖啡馆。这种扩建的形式表明广场将进一步推动东北铁路和雅拉河沿线的空中商业开发。这类开发将显著增强联邦广场在墨尔本的地理中心性。

评论：这些建筑产品仅仅是总体城市设计吗？

单体建筑很重要。当今有许多建筑可能非常适合它们所在的城市，但是它们本身并不是城市设计项目。一些单体建筑的设计初衷就是要具有催化作用，比如毕尔巴鄂的古根海姆博物馆，许多人认为这就是城市设计。还有一些建筑由于将部分历史建筑整合进一栋建筑中，形成了功能混合的综合体，因而被认为属于城市设计。尽管它们可能很有趣，也很重要，但它们大多数只是建筑作品。

阿科桑蒂城作为一个巨构建筑，显然可以看作是一个总体城市设计项目，有人认为这是一个新城。帝国广场和联邦广场也可以看作是总体城市设计。两者都是包含有广场的大尺度建筑项目。阿科桑蒂城的成功很大程度上归功于持续的慈善姿态。帝国广场、联邦广场、联合住宅和比勒费尔德大学都是由公共资金资助的项目。它们的共同之处在于，都是由单一团队完成的建筑作品。从建筑设计的角度看，它们很冒险。建设过程中如果要有所改变就必须彻底摧毁原来的方案基础。

坚固的建筑和开放空间以新的面貌留存下来，增加了场所感，延续了场所精神。所有的新建筑都会改变城市的面貌——有些是彻底的改变，有些则不会。无论如何，本书所设想的城市设计并非单体建筑，而是建筑综合体。

图 9.0 拉德芳斯，巴黎

第三部分　城市设计工作的核心：程序、范式和产品

第9章　整体城市设计

当整个项目由一个团队牵头设计并实施完成，那么它就属于整体城市设计。整体城市设计从地产开发、设计到建造实施是一个完整连续的工作。整体城市设计要考虑的因素大到整个项目计划，小到建筑、景观甚至街道家具的细节。这类城市设计包括许多种产品类型：新城镇、各种功能的城市片区、郊区新开发、住房开发、园区以及史迹复兴等。

整体城市设计的优势是建筑群外观统一，甚至可以在形态上进行大胆创新。不过有一些现代主义整体城市设计虽然整洁但却枯燥乏味。人们对某个特定整体城市设计项目的态度会随着时间而改变。有一些项目起初被认为有创意而受到赞扬，到后来却被批评为缺乏传统城市的多样性、个性以及复杂性。反之亦然，一些曾经被嘲弄的设计现在却备受尊重。

本章的案例研究包括新城镇和城市片区。新城镇指的是具备城市的所有特性，并能在一定的区域范围内作为一个半独立单元存在。除非是极其偏远的新城镇，否则很难有新城镇能够在真正意义上独立。

本章案例的选择还考虑了片区形式的多样性。其中一些例子建在绿野（土地之前用于农业或者从未被开发过）上，也有一些是建在棕地（土地之前已经被开发过）上。关于片区的类型，有几点特征需要着重强调：有些片区属于功能混合的开发项目，还有的片区是单一功能主导。住宅综合体一般是单一功能主导，园区一般都有清晰的界线，街道则是作为城市基础设施的元素。

新城镇

没有数据统计 20 世纪下半叶全球兴建了多少新城镇。其中完全由一个设计师为公共机构或者某个私人开发商设计建造的新城比例并不高，但是其数量也是很可观的。一些项目开始是整体城市设计，但最后演化为插入式城市设计。很多项目都是在名义上完成以后，随着时间流逝而演变。例如印度的昌迪加尔。很多人认为昌迪加尔出自勒·柯布西耶一人之手，但其实它是很多人共同完成的作品，随着时间的推移不断地建设，才成为今天的样子。昌迪加尔在设计之初是一个整体城市设计，但是除了其中两个片区按照最初设计建设外，它已经演变为一个包含若干城市设计项目的城市规划方案。这和很多企业园区的发展历程类似。

首都城市

20 世纪一些帝国的解体造就了很多新首都城市的出现。奥斯曼和哈布斯堡帝国在一战中被摧毁导致欧洲大陆涌现出许多新兴国家。欧洲殖民帝国衰败后，在全球范围内也出现了新首都拔地而起的景象。

专门建造首都城市背后的驱动因素是将它们打造成为国家的象征（Rapoport，1993）。这种象征意义在首都行政区的设计中被极力彰显，也可以明显感觉到。比较明显的例子如：华盛顿、堪培拉、新德里、巴西利亚（1950s）、昌迪加尔（1950s）、伊斯兰堡（1960s）、贝尔莫潘（1967）、多多马（1980s）、阿布贾（1980s）。再近一些的有位于象牙海岸的亚穆苏克罗（1983）、哈萨克斯坦的阿斯塔纳（1997）、马来西亚的布特拉贾亚（1999）。缅甸的内比都是在 2005 设立的。赤道几内亚的新首都奥雅拉则正在建设中。

很多著名的建筑师及建筑师事务所都参与过首都城市的总体规划。勒·柯布西耶是昌迪加尔的总建筑师，路易斯·科斯塔和奥斯卡·尼迈耶负责巴西利亚的设计，而阿斯塔纳是黑川纪章的作品。奥雅拉的总体规划由葡萄牙的 FAT（未来建筑思考）团队设计，其中的首都综合体建筑由以色列建筑师埃胡德·格芬设计。SOM 则正在设计埃及新迁的首都，如果一切顺利（图 2.1），到 2050 年它将拥有 4400 万人口。

在一些国家，搬迁首都或首府的议题仍旧在不同程度地被讨论。在 2004 年，韩国迁都的议案被国家宪法法庭阻止。但是阿根廷和日本的迁都议题都在低调讨论中，阿拉斯加州政府所在地也在酝酿着迁到比朱诺再靠中心一点的地方。世界范围内持续的割据化趋势会导致更多的新首府或新首都出现。以此揣测，如果昌迪加尔（目前兼作印度旁遮普邦和哈里亚纳邦的首府）只是旁遮普邦的首府，那么哈里亚纳邦肯定也要有一个属于自己的首府。这在很大程度上与个别政治领导人为了庆祝联邦独立或者宣扬自己等有关。

案例研究
巴西首都巴西利亚的飞机型规划（1946~1970+）
国家首都现代主义风格的设计范例

1946 年 9 月 18 日，巴西众议院投票决定将国家首都从里约热内卢迁到靠内陆的政府拥有的土地上。这个大胆的决定是为了刺激国家中部地区的发展。通过航拍图研究，康奈尔大学教授唐纳德·贝尔彻（Donald Belcher）咨询公司依据地形、土壤质量、降雨量和风向等条件推荐了一个场址。这个场址土壤多孔透气、夏季多雨，海拔略高于 1000m。1956 年巴西国会成立了一个全资国有的 NOVACAP（Nova Capital）公司来启动巴西利亚新首都的开发。

新首都的规划建设得到了国家总统朱塞利诺·库比契克的大力推动。1956 年 9 月，NOVACAP 宣布举办一场公开竞赛，邀请巴西的建筑师、规划师、城市学者参加总体规划方案征集。参加竞赛的方案必须表达出规划空间结构、片区划分、市中心的选址、交通系统，图纸比例为 1 : 25000，并配以说明性报告。一个由国际知名建筑师组成的评委会（包括巴西建筑师奥斯卡·尼迈耶）最终选择了建筑师卢西奥·科斯塔的方案。尽管他的方案并没有全部满足竞赛的要求，但是他的设计概念打动了评委会，可能也打动了总统。奥斯卡·尼迈耶担任了这个项目的首席建筑师。

科斯塔的方案包含两条重要的轴线。一个是纪念性轴线，涵盖首都综合体；另一条是弓形轴线，将基址的下水道系统连接起来，沿线布置居住以及相关功能。概念方案包括四个部分：（1）政府建筑群；（2）超级住宅街区；（3）机动交通道路布局；（4）城市中心。科斯塔认为

滨湖区应该保留作为娱乐休闲区，但其东北侧却被分割为私人住宅区（图 9.1）。

从巴西利亚的规划方案中能看到勒·柯布西耶的两个现代城市设计通用范式的影子：300 万人的城市（1922）和光明城（1930）。住宅单元都是统一的高度和外形，同公用设施和花园形成超级住宅街区簇群。行政机构、商业和办公楼位于两条轴线的交叉点。巴西利亚的建造是从中心向外围逐步开展的。第一阶段建设包含纪念性轴线的设计和飞机型（Pilot Plan）规划的南部。北部在后期由许多不同的主体根据区划条例和松散的导则设计和建造，所以缺乏南部那种视觉上的统一。

巴西利亚在 20 世纪 60 年代正式对外开放时，纪念性轴线上的主要建筑、议会和政府部门，大部分的交通干道以及南部的几个超级住宅街区都已经建完。但是大部分首都居民仍然居住在施工工地周边搭建起来的镇子或者棚户区里。所以巴西利亚城市的核心——首都综合体以及飞机型规划的南部——其实主要是给中产阶级建造的。

尽管巴西利亚取得了巨大的发展，但飞机型规划的居住人口从未达到其 30 万人的目标，反而因为老龄化而逐步减少。原本为当地居民的孩子规划的学校，现在主要是供仆人和其他在这里工作的职工的孩子使用。

作为国家的象征，巴西利亚在建筑设计上是极其成功的。政府行政区雕塑般的质感彰显了现代主义建筑设计的理想，无与伦比。很多

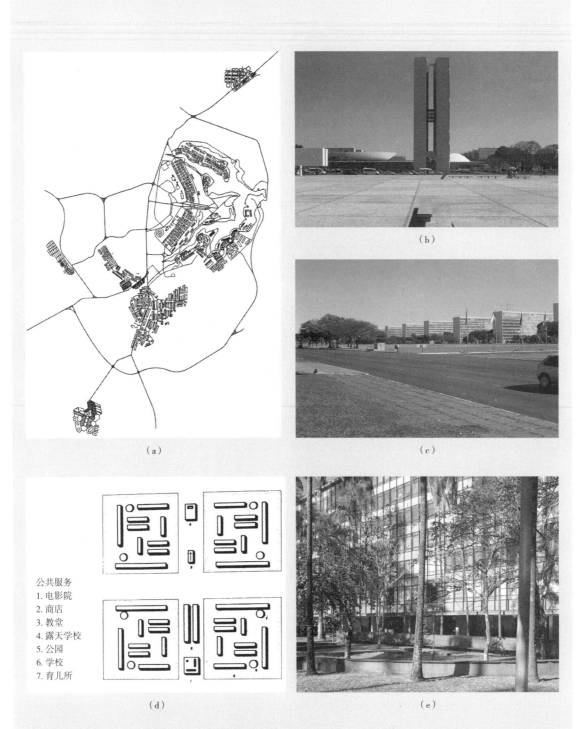

公共服务
1. 电影院
2. 商店
3. 教堂
4. 露天学校
5. 公园
6. 学校
7. 育儿所

（a）　　　　　　　　　　　　　（b）

（c）

（d）　　　　　　　　　　　　　（e）

图 9.1 巴西利亚。（a）1967 年巴西利亚的飞机型规划以及周边卫星城；（b）从三权广场看首都综合体；（c）两边排布着行政单位的纪念中轴；（d）超级住宅街坊的通用平面图；（e）2012 年的地面层

来源：（a）Evenson（1973）；（c）耶鲁大学出版社；（d）作者收集

人都喜欢住在这里。但城市本身则缺乏像里约热内卢和圣保罗那样的活力和公共机构的质量。它的街道不是为了缝合两侧的生活，而是成为超级街区的边缘，专为机动车交通而设计。巴西利亚的设计无论是从行为上还是从象征意义上，都代表了现代主义者所追求的与传统彻底决裂的思想。

巴西利亚的飞机型规划是一次整体城市设计。NOVACAP 是开发者，卢西奥·科斯塔是规划师，奥斯卡·尼迈耶是建筑设计师。他们组成团队负责一个单一完整项目的设计和实施。但是在"飞机形状"（Plano Pilloto）以外，这个城市就是一个松散自由的渐进式设计。卫星城以一种杂乱随意的方式嵌入到任何基础设施可以到达的地方。现在它们由一条轨道系统串连起来。

工业城镇

工业城镇是为单一工业组织规划的员工居住区，一般是由公司统一建造住宅与社区设施。工业城镇的住宅形式上基本上一致，高级员工的住宅会大一些，但是管理层的住宅从外观上就能分辨出来。

很多工业城镇都是由于资源采掘而兴起的。例如加拿大不列颠哥伦比亚省的威尔士镇临近金矿，最繁荣的时候人口达到 4500 人。1967 年金矿关闭后，镇子被转手卖掉，而今只剩下 250 人。澳大利亚北部的纽兰拜镇因为开采铝土矿，到 2010 年拥有 4000 人，但是 2014 年氧化铝厂倒闭给当地带来了巨大影响。只要地球上的偏远地区有资源在进行开采，这样的城镇就依旧会不断涌现。这些城镇寿命的长短则取决于它们适应变化的能力。

大多数以制造业为主的工业城镇位于城市郊区。19 世纪期间西欧和美国所出现的工业城镇几乎都是由私人企业开发的。这些城镇无论是外在的物质形态还是内在的生活，方方面面都由企业来控制（Darley，1978）。法国的勒克勒佐（1836）和牟罗兹（1826）、英国的伯恩威尔、美国伊利诺伊州的铂尔曼、德国的克虏伯工业城，以及许多其他的工业城镇在规划时都兼具物质和社会目标，并且采用专制家长式的管理作风。到了 20 世纪，随着个人及公共交通的发展，以及政府资助的住房项目增加，由私人企业建造的工业城镇逐渐减少。这期间新建的工业城镇主要是国家人口和就业再分配政策的产物。

很多工业城镇都是快速建造起来的，因为它们只是为了短期居住。相比其他类型的新城镇，工业城镇更偏向整体城市设计。有些工业城镇采用的是田园城市的设计理念，其他的主要是理性主义设计。有少数 [例如新泽西肯顿的约克号村（今天的费尔维尤），1918] 工业城镇则是在住宅尺度上采用城市美化运动式的设计方案。费尔维尤很幸运，得以从母公司的死亡阴影中走出来，但其他的工业城镇都烟消云散了。

案例研究

印度，古吉拉特邦，瓦尔道拉的 GSFC 工业城镇（1964~1970）

自上而下管理的工业城镇和以超级街区规划为特点的花园郊区

印度第一座工业城镇，不是英属印度的孟加拉或印度的军营，而是在 1908 年开建的詹谢普尔。它的选址是由资源和经济因素决定的。这是一个私人建造的，以钢铁和制造业为主的城市。它采用了欧美工业城镇社会与物质形态并重的设计原则。创始人贾姆谢特吉·努瑟万吉·塔塔希望将它设计成一个既适宜生活又便于工作的城市。目前这个工业城镇拥有 75 万人口，位于一个总人口为 150 万的大都市区范围内。该城镇没有民选的政府机构，仍然维持着工业城市的状态。

印度独立后，政府从公共利益出发，出台了工业分散化的政策。为了吸引更多的工人去家乡外的地方工作，由政府补贴，推动在工厂周边环境良好的区域建设住宅新区。国家政策得到了邦政府的响应。古吉拉特邦的化肥集团小镇（GSFC）就是在这样的背景下建立起来的一座城市。它位于瓦尔道拉的郊区，由巴克里希纳·多西设计，多西曾是勒·柯布西耶在设计昌迪加尔城市规划时候的场地建筑师（Curtis，1988）。

多西写道：

在大型新城镇项目建设中，政府管控着财政，所以一般都会遵循既定的规则和条件，即使地方的需求或者建材造价已经发生了变化。通常，项目的重点是占地和房间的面积，而不是追求更好的居住理念。

Steele，1998，50

多西在设计 GSFC 城镇时，尽量在政府限定的条件范围内去满足地方的需求。

新城镇的总面积为 56hm²。规划采用超级街区的形式，街区内部是尽端路，由一条外围环路将所有的街区联通起来（图 9.2）。这是雷德朋规划将住宅区与街区通过步行道联接的一种变形（图 9.5b）。街区中心布置了各类公共服务设施，包括诊室和医院、邮政局、幼儿园、中小学、高中和运动设施，禁止机动车通行市中心。一座带有强烈设计感的水塔成为中心区最明显的标志。

住宅形式采用印度当代现代主义建筑风格，因为多西曾与柯布西耶共事并且还受到托尼·戈涅的影响。住宅类型及其位置反映了他们的主人在公司中所处的地位和收入水平。最高等级的寓所是处于较为安静地块、带有私家花园的住宅。最低等级的住宅是公寓楼和联排住宅。住宅区的设计体现了典型的印度日常生活对公共空间的利用方式。阳台和凉亭为多样化行为创造了可能：例如在室外的吊床上睡觉，停放小型摩托车，聊天儿，或者做一些轻便的劳作。最重要的是，这种从私人空间到公共空间的边界过渡——从台阶到窗台，再到小街道和广场——在设计中得到了充分的重视。新城镇通过厚砖墙和混凝土材料混合使用，保证了视觉上的整体性。

多西后期设计的工业城 [如海德拉巴的印度人寿保险集团工业城（LIC），1968~1971 年和位于卡罗尔（甘地纳格尔）的印度农民化肥合作社（IFFCO），1970~1973 年] 都更加复杂精致一些，不过基本上都是对瓦尔道拉设计思想的移植（Doshi，1982）。

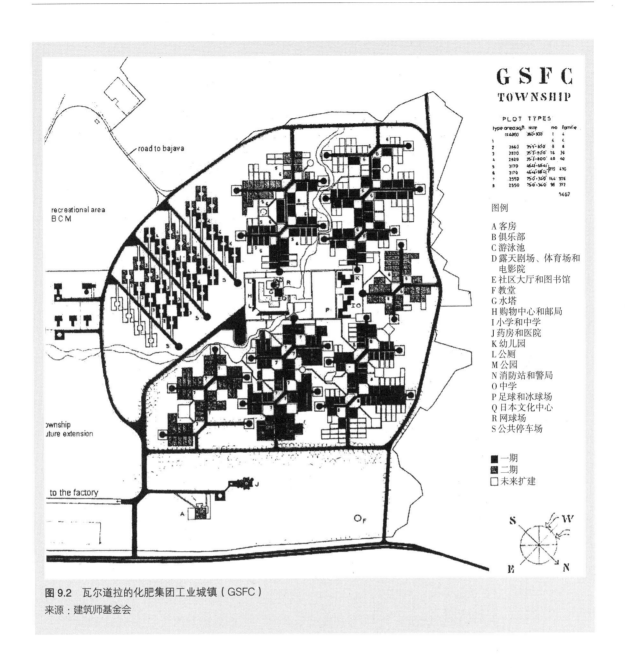

图 9.2 瓦尔道拉的化肥集团工业城镇（GSFC）
来源：建筑师基金会

片区

　　大多数城市设计项目是城市片区的设计。已完成的总体城市设计项目包括首都综合体、文化区、商业中心、多种类型的园区设计，以及数千个住宅开发项目。所有这些城市设计项目都有醒目的建筑形象表达。正如我们之前提到的，建筑设计和城市设计的界限常常是模糊的。

混合用途开发

很多在片区层面的整体城市设计都是单一土地用途或者市单一建筑类型。这种方式有利有弊。但是如今的趋势是混合用途开发，因为混合用途开发通常更有利于基础设施的布置，也能够为日常生活提供更加丰富的环境。这种设计概念的历史其实由来已久。

案例研究

法国，里昂，维勒班高楼区（1924~1934）

一个以街道为中心的早期现代主义装饰艺术风格的混合用途片区

维勒班纺织、汽车、化工等产业的发展导致了其人口在 1928 年和 1931 年之间从 30000 人猛增到了 82000 人。高楼区是在维勒班市长——拉扎尔·古戎博士当政时期建造的，目的是为来自法国周边地区和意大利的低收入移民群体提供住房。整个项目的设计思想出自市长和两个建筑师。

作为一个医生，市长古戎特别担心工人阶级的健康以及在他们之间流行传染性疾病等问题，尤其是肺结核这类疾病。古戎的愿望不仅仅是创造一个气候清新且健康干净的住宅综合体，而且还希望它成为维勒班的标志性中心。片区规划除了多达 1500 套住宅的庞大房地产外，还包括劳工公会、市政厅和一个中央广场。劳工公会包含了医疗室、会议室、泳池、餐厅和剧院等多种功能。古戎的目标是创造一个市中心，提供满足工人阶级健康、道德以及艺术熏陶等各方面所需的设施（Mulazzani，2012）。

里昂市为此举办了一次建筑设计竞赛，托尼·戈涅是其中名声最显赫的评委。获胜的是莫里斯·勒鲁——一位几乎自学成才的建筑师。但最终一位更有名气的建筑师——1922 年罗马大奖的获得者罗伯特·吉鲁被选中作为市政厅的设计师。

勒鲁的设计受到弗雷德里克·亨利·索瓦的阶梯住宅的极大影响。索瓦与他同时代的勒·柯布西耶有所不同。柯布西耶主张摈弃传统的城市街道模式，而索瓦注重创造良好的街道感受。他通过对沿街建筑的上层进行退台的处理，使得日光能够照射到建筑的地面层。另外他也没有采用当时 CIAM（国际现代建筑协会）极力推崇的功能分区。

设计以亨利·巴比塞大街为中心。人行道和机动车道一样宽敞。项目的一端是两座 19 层高的住宅塔楼。沿街分布的建筑则为 11 层楼高，顶部 3 层依次向内退缩形成露台。建筑风格更偏向装饰艺术，而非现代主义。两座塔楼现在已经成为法国装饰艺术的典范。街道另一端是市政厅，由此延伸进入市区。建筑内部的单元设计紧跟当代的设计潮流，并且配备了由垃圾焚烧厂供热的中央供暖系统。天花板本打算设计得高一些，但因为不符合国家法规而削减到常规的高度。垃圾通过专门的滑道送到地面。

该项目由公私合营的维勒班公司出资，它为城市提供了 1.1 亿法郎的贷款来建造这个项目。贷款通过居民住户的租金偿还。资金的另一个来源是彩票（讽刺的是，中奖的是一栋别墅）和邮票销售。但是建成后房屋租赁非常缓慢，公司几乎处在破产的边缘。潜在的租户觉得这些公寓像是"兔子笼"，他们不习惯住在这种"令人眩晕"的高层住宅里（图9.3）。

二战后，这些开发项目才开始焕发出生命力。很多低收入居民搬到郊区，使得公寓区的总体形象有所提升（Meade，1997）。为了吸引家庭入住，很多小公寓被合并成较大的公寓。

另外一个刺激因素是1970年国家人民剧院从巴黎迁出，在这里新建了劳动宫。还有一项提升该地区名声的原因是：市政厅被列入法国的历史遗迹保护名录，到了1993年，整个区都受到国家遗产法的保护。巴比塞大街的街道景观得到了提升。如今的挑战是如何在渐进式的绅士化同时还能够保持本地区的设计初衷。

（a）

（b）

（c）

（d）

图9.3　2015年里昂维勒班的高楼区。（a）规划布局；（b）亨利·巴比塞大街和尽头的两个高层建筑街区；（c）维勒班市政厅；（d）亨利·巴比塞大街
来源：（a）作者收集

案例研究

英国，苏格兰，爱丁堡，卡尔特米尔区（2001~2017）

新旧建筑在城市复兴中的融合

卡尔特米尔区是一个占地 8hm² 的混合使用开发项目，其基址的前身是爱丁堡皇家医院（图 9.4）。它和爱丁堡城堡之间相距 0.25 英里，而整个场地对角斜线长度正好也是 0.25 英里。卡尔特米尔区位于城市中心和草地公园之间，同时也在联合国教科文组织确定的遗产保护区范围内。这个保护区中有 9 座列入保护名录的建筑，它们都是由著名建筑师设计的，比如威廉·亚当、大卫·赖斯、悉尼·米切尔。卡尔特米尔区只有一个产权拥有者，并且只有一个

（a）

（b）

（c）

图 9.4　爱丁堡卡尔特米尔区。（a）场地布局及右侧的草地公园；（b）利斯特广场；（c）辛普森道景观
来源：（a）作者收集

牵头开发商和一个由建筑师和景观设计师组成的设计团队，属于介于整体城市设计和组合型城市设计之间的类型。

洛锡安国家卫生服务信托基金会在市场上公开售卖这一整块地。爱丁堡市议会在拍卖条件中加入了一些限定条款。其中一个重要的前提是保证基金会能够通过超额销售提成（意指土地的售卖方可获得未来土地增值的提成）获得最大的资金回报。基金会选择了 Southside Capital——由苏格兰银行、基尔马丁地产等所组成的财团——作为开发商。项目后期又被 Gladelale 地产公司和苏格兰银行接手。总体规划和建筑设计都由一个团队执行。总负责为福斯特及其合伙人建筑师事务所，其他参加者包括理查德·墨菲建筑师事务所，赫德·罗兰建筑师事务所，CDA 建筑师事务所和 EDAW 景观设计师事务所。尽管涉及建筑师众多，该项目依旧保持了其统一性。

一些原有的医院建筑被重新利用，另一些则被拆除建设新建筑。总体规划于 2004 年通过许可，2007~2008 年间为应对经济危机对规划方案又进行了适应性调整。原来的设计方案将医院主楼改造为一个五星级酒店，调整后改作住宅。作为替代，另外选址建设了一家拥有 70 间客房的精品酒店。调整后的方案强化了利斯特广场的空间焦点作用。

项目建成后以街区为单位售卖给不同的业主。业主们与物业代理商卡尔特米尔地产签订契据，分摊物业运营费。卡尔特米尔区总计有 900 户公寓，容纳约 1600 位居民（其中 18% 是经济适用房，比该市要求的 25% 普通标准要低），还有 30000m² 的甲级写字楼，10000m² 的零售和休闲空间，以及 2.8hm² 的开放景观区。新公寓楼都布置在边缘区，较为安静，商业建筑则环绕着中心的利斯特广场布置（苏格兰政府，2009）。

该设计荣获了很多大奖，但也引发了不少争议。因为由悉尼·米切尔设计的红十字楼历史建筑本来要改造成酒吧和餐厅，但最终却为了建造 L 形办公区和利斯特广场而被拆除了。国际古迹遗址保护协会（ICOMOS）认为新建筑可能会改变爱丁堡维多利亚时期的天际线，一度威胁要将本区从保护名录上除名。但实际建成后对天际线影响并不大。

住宅综合体

住宅项目的形式有限得让人吃惊。理性主义设计一般追随由德国包豪斯学院始创，在路德维希·希尔伯斯海默、勒·柯布西耶的理想城市概念中得到推广，并在马赛公寓项目中得到极致表达的模式（Sherwood，1978）。而经验主义设计方案所推崇的要么是花园城市和邻里单元的原则，要么就是开发商主导的效益优先和实用主义设计。突出私有权。近些年来很多居住区的设计又受到新城市主义思想的影响。

20 世纪以来住宅区设计最重要的经验主义模型是新泽西的雷德朋（1928+，至今尚未完成），这是一个备受喜爱的郊区整体设计（Stein，1957）。开发商最终因华尔街金融崩塌引发的大萧条而亏本。但是雷德朋居住区的设计思想影响仍然深远。比如瓦尔道拉的 GSFC 工业城的设计

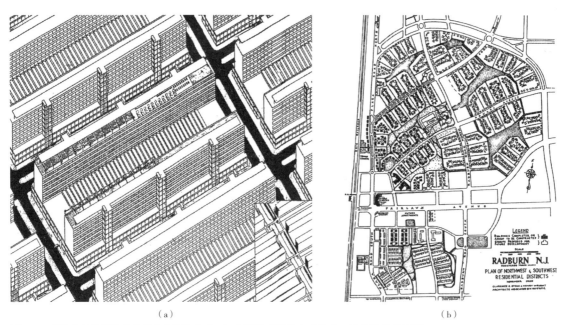

（a）　　　　　　　　　　　　　　　　　　　　　（b）

图 9.5　理性主义和经验主义的住宅设计方式。（a）国际式现代主义住宅；（b）雷德朋规划

来源：（a）改编自路德维希·卡尔·希尔伯森（Ludwig Karl Hilberseimer）（1940）；（b）Stein（1957）

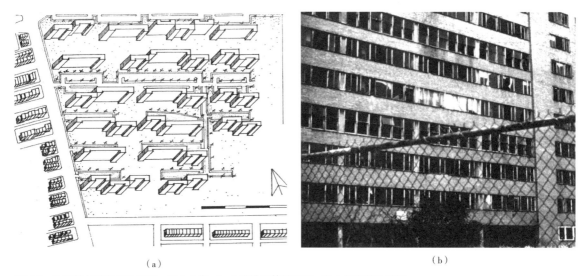

（a）　　　　　　　　　　　　　　　　　　　　　（b）

图 9.6　东圣路易斯的普鲁伊特 – 伊戈公寓。（a）场地的等轴测图；（b）拆除前的样子

来源：（a）Thanong Poonteerakul 的手绘

就能看到雷德朋的影子（图 9.5）。

　　理性主义住宅设计在全世界到处可见。有时候它们在居民眼里是成功的（例如新加坡、韩国以及中国的一些新城镇），但有时候却是臭名昭著的失败。在所谓的盎格鲁 – 撒克逊世界中的经历是非常复杂的。在美国、英国和澳大利亚，住宅设计在社会和物质环境两方面都暴露出短板，它们没有给低收入群体提供合适的生活环境。普鲁伊特 – 伊戈公寓成为这类住宅失败的一个代名词。巴黎的一些郊区也一样饱受诟病（图 9.6）。

瓦尔佛瑞住宅区（一个郊区）是法国 1100 个类似住宅区中最大的一个。这是一个高层住宅区，人口超过 30000（官方统计 28000）。该住宅区距离巴黎 85km，最初的目的是为法国中低产阶层提供超现代住房。但到 2010 年，这里吸引来的是近 30 种不同种族背景的近期移民。如今瓦尔佛瑞住宅区被称作堕落地产或者更轻蔑地叫作"城"（cité）。美国费城有十几个这样大尺度的住宅项目。其中最后一个是马丁·路德·金大楼，它在 1999 年被爆破拆除。

20 世纪的房地产开发出现了一系列新产品类型。一些是传统的郊区开发，另一些是门禁式小区或退休度假村。门禁小区是备受争议的类型门禁小区的初衷是为了保护内部居民免受犯罪活动影响及避开社会闲散人员。这样的小区一般会让人们联想到美国富人封闭区的形象，不过它也受到伊斯坦布尔、约翰内斯堡、首尔和上海等地广大新兴中产阶级的推崇和喜好。在养老社区，一定年龄以下的人不被接受入住（一般是 55 岁以上）。

合作住宅区是多单元开发，业主通过参与公司股权而获得自己的房屋产权。住宅一般会围绕一个公共空间和社区中心布置。更加极端化的合作类型是一种叫作"共同居住"的开发项目。共同居住的住宅区一般包括 20~30 套住房，形成一个社区，社区成员会分摊一定的家务活动，比如做饭、照顾孩子等。共同居住的住宅区有可能是合作开发，也有可能不是。

下面提到的三个案例都是通过建筑形态来表达社会理念。它们代表了不同的设计态度，是为完全不同的人群所设计。第一个案例是建成于 1926 年的弗鲁格斯现代区，这是一个遵循勒·柯布西耶设计原则建设的住宅区；第二个案例是罗利园区（Raleigh Park），是一个更近期的郊区类型开发项目；第三个案例是楚斯兰德（Trudeslund）项目，一个共同居住项目的范例。

案例研究

法国，波尔多，佩萨克，弗鲁格斯现代区（1924~1926，1990+）

一个适应能力很强的先锋现代主义郊区住宅项目

弗鲁格斯现代区受波尔多制糖厂老板的委托设计。弗鲁格斯在佩萨克买了一块地，雇用勒·柯布西耶和他的堂兄弟皮埃尔·简纳雷特合作为制糖厂的工人设计住宅。弗鲁格斯给与柯布西耶充分的自由，去设计一个经济性强、可以大规模建造、几何形态极简、只需要考虑居住功能的住宅项目（图 9.7）。

项目开始于 1924 年，计划共建造 135 套住房，但是到 1926 年最终建设完成时缩减到只有

50 套。整个综合体包含六种平屋顶住宅（最开始设计了第 7 种，但最终被放弃）。它们分别被叫作拱廊（Arcade）、摩天大楼（Gratte-ciel），尽管只有三层高、独栋（Isolée）、双拼（Jumelie）、五点梅花形（Quinconce）和之字形（Zig-zag）。这几种不同类型都是基于等面积的模块，这些模块都符合黄金分割比例。模块的运用使得所有房屋可以使用同一种框架来建造。所有的住宅都在首层设置入口门厅、厨房、起居室和带

图 9.7 佩萨克的弗鲁格斯现代区。（a）场地平面图；（b）第二种"摩天楼"类的住宅；（c）街景；（d）第五种"五点梅花形"住宅

来源：（a）作者收集

淋浴的卫生间，二楼有 2~3 间卧室。这些住宅的面积从 75m² 到 90m²，以簇群的形式成组布局。

柯布西耶在佩萨克项目中应用了他关于住宅设计的五个基本原则。这五个模式包括：首层高架、窄条窗、屋顶露台、开放立面和平面。轻薄但结构稳固的混凝土墙是一个创新，保障

了住宅具有长久使用寿命。整体的空间品质摆脱了传统形态，是一次创造性的突破，但它们却不是制糖厂工人们所向往的住宅。

现代主义风格的设计以及远离工厂的区位使得住宅区缺乏足够的吸引力。柯布西耶和工人们有着截然不同的追求和趣味。房子以低

于成本的价格一栋接一栋地卖给私人业主，亏损全部由弗鲁格斯承担。新房主们对房屋室内进行了改造，在外立面上开了新的窗户，在改造室内装饰的同时也改变了房屋的外立面元素（Boudon，1972）。这种基于每栋住宅的改造意味着柯布西耶设计的很多标志性元素已经荡然无存。包括开放式的平面布局、开放或封闭几何体的重复，还有精心选择的外立面颜色。住宅建筑已经不是单纯的几何形态了。随着时间的推移，它们也慢慢失修破损。

1973 年，弗鲁格斯现代区出现了转折。一位业主复原了他的拱廊式住房，并成功将其申请为历史保护建筑。佩萨克市继而买下了这栋住房并将其修复，改造成为一个很有吸引力的博物馆。其他业主和新的投资商也纷纷将自己的住房进行修复，从而将社区又恢复成了令人向往的 20 世纪最伟大建筑师的设计作品。佩萨克住宅最终得以持续这么久，得益于其坚固的结构设计——外墙承重。这个特点使得它即便经历了很多次改造也没有破坏最初的设计核心。目前住房在市场上公开售卖，选择它的人都很喜爱其风格。

案例研究
澳大利亚，新南威尔士州，兰德威克，罗利园区（1989~2005）
市场导向的郊区公园型半封闭地块

创造一个整体城市设计在一些国家向来不是一帆风顺。罗利公寓园的历史就证实了这一点。它占地 12.34hm²，位于悉尼大都会区中南部的一块三角地上。罗利公寓园是基于田园城市理念进行的整体城市设计。这是一块棕地，其前身是 W. D. & H. O. 威尔斯烟草工厂和工人休闲区。

地块由美瓦克和韦斯特菲尔德控股有限公司两家地产商联合开发，由美瓦克公司内部设计师 HPA 及其合伙人事务所设计。项目以将烟草从北美介绍到欧洲的沃尔特·罗利爵士的名字命名。这个项目包含 6 座 8~13 层不等的公寓楼，3 层的无电梯住宅，150 个独立住宅（远远低于区划条例所允许的数量）。场地一角的原烟草公司管理办公楼被保存了下来，现在用于公共设施及商业租赁空间。

由工党执政的新南威尔士州政府在 1982 年率先发起了这个项目，这让所在地管辖机构兰德威克市政府大吃一惊。州政府宣布将烟厂旧址改造为一个住宅项目，部分目的是为了在下一年州选举中获得多数工党席位。不过当地居民和商人则向州立土地和环境法庭提起诉讼，认为其操作程序不合规。最终州政府通过了一条新法规，允许规划过程中存在一定程度应变，从而搁置了诉讼。最后韦斯特菲尔德控股有限公司联合 Amatil（W. D. & H. O. 威尔斯烟草工厂的母公司）联名向兰德威克市政府提议共同开发这块场地。他们委任 JTC 及其合伙人建筑师事务所负责建筑设计。但他们的设计方案看起来没有任何核心理念（图 9.8），最终也没有实施。

1986 年，韦斯特菲尔德公司获得了开发权

图9.8 兰德威克的罗利园区。(a) JTC 及其合伙人建筑师事务所的设计方案；(b) 模型图；(c) 2015 园区的景观，背景的左后方是公寓楼

来源：(a) Thanong Poonteerakul 的手绘

延期，同时还收购了 Amatil 公司的开发权。经过相当艰难的谈判，州政府在新的开发权失效前从韦斯特菲尔德手上以 3000 万澳元购得了开发权，并举行了公开招标，计划在这里开发包括 1200~1400 个单元的联排住宅（不包括韦斯特菲尔德已经建造的 155 个住宅单元）。

1988 年 12 月，国家历史保护基金将烟草工厂的办公楼列为保护建筑——这是一组在 30 年代由约瑟兰和吉林设计的佐治亚复兴风格建筑。此前这些建筑被租给了一个名为 Virgo 的电影制片公司，他们想把这里打造成为一个永久性的影视拍摄基地。但是这一想法最终没能实现。

韦斯特菲尔德置业在竞标中获胜，据说以 4300 万澳元的标价拿下了整个项目，美瓦克则作为利益合伙方加入（Mirvac Westfield，1997）。新设计方案保留了既有的简单环路，在中间又加了一条联络性道路。唯一的车辆入口位于托德曼大街上。较小一点的入口（一般是关闭的）是为行人准备的。公寓街坊根据英国各个著名

的高尔夫球场命名，沿着基地的北部排开，朝向摩尔公园高尔夫球场。其他的场地都用于建造独栋住宅。独栋住宅高两层，采用拉链状布局。建筑设计采用的是 20 世纪末期的后现代历史主义风格，旨在迎合亚洲市场，大部分住宅都直接卖给了香港投资商。基地最大的特色是景观设计，已经长成的树木都被保留下来，又新增了不少绿植，提高了罗利公寓园的形象品质。中心公园还起到了洪水调控的作用，烟厂办公楼的保护则为基地提供了历史连续感。

项目在 20 世纪末的经济衰退期间遇到了一些困难，之后便逐渐开始在市场上取得成功。当然很多人还是很担心门禁小区这样的概念，尽管罗利园区其实并没有真正的大门，而且几乎没有人看守入口，但是项目的确是以"安全小区"作为市场营销的卖点。罗利园区的设计获得了 1996 年的规划大奖（由澳大利亚皇家规划院颁发）以及 1998 年的设计大奖（由澳大利亚城市发展研究院颁发）。

案例研究
丹麦，伯利恒镇，楚斯兰德项目（1978~1981）
共同居住开发

楚斯兰德是一个小型的住宅社区，位于哥本哈根北部的伯利恒镇。作为一个共同居住的社区，其设计理念是通过物质空间设计来传递一种社会理想（Jarvis，2015）。1978 年，20 个家庭聚集在一起，组成了一个社区，并决定共同承担一些日常家务。他们既追求独立性，又追求社区感。摆在这些家庭面前的目标，是在区划规定的分户式住宅用地上获得建造一栋共同居住房开发区的许

可。留给申请区划修改程序的时间很紧张，这也暴露了住户们前期目标的不明确，结果有半数家庭退出了计划。剩下的几户家庭重新组合并形成了一份更加清晰的意向书。

项目的规划和设计由共同居住的家庭民主决策。决策过程采取互动、开放式的讨论，同时也受到一些外部环境变化的影响。比如对当时利率快速攀升的担心（从 1980~1981 年，利

率达到了 21%）。共同居住的成员邀请了四家建筑师事务所提交设计方案，最后选中的是 Van-kustein 建筑师事务所。有意思的是建筑师理想中的社区融合和公共活动比共同居住的家庭期望值还要高。成员们还想保持自己家庭的独立性以及住宅的投资属性。他们希望在社区不再存续时，自己的住房能够在公开市场上很方便地出售。

楚斯兰德包含 33 个住宅和 1 个公共中心。联排住宅通过两条步行道串联，形成 L 形布局（图 9.9）。还有一个 L 形的公共中心位于两条步行道的转折点处，在它的前面有个小广场。两条步行道的中段以及社区外的树林都是孩子们的游戏场。每栋住宅前面都有一个小小的花园紧挨着街道。停车场位于社区的最外围。

关于厨房的设计出现了不一致的意见，住宅是否应该基于经济考虑而进行标准化设计？但是每个家庭都有不同的想法，每个厨房都是独一无二的。住宅的面积从 90~140m² 不等，造价在 7.7 万 ~100 万丹麦克朗之间（91400~117600 美元，按照 1980 年的汇率计算）。这个价钱包括了公共中心建筑的费用分摊。

步行街道充当了孩子们的公共活动空间，但是真正的楚斯兰德公共生活是在转角的公共中心发生的。它包含了厨房和餐厅，所以大家会在这里一起做饭、吃饭，各个家庭轮值做饭。有些成员们可能在这里频繁聚餐，有一些则可能不怎么出现。公共中心还有一些空间是客房，或是为儿童和青年准备的设施，还有图书馆、工作坊、洗衣室以及商店。它就是社区的核心。

楚斯兰德运行了 30 年，其生活方式几乎没有变化。2010 年的人口构成和 20 世纪 80 年代的人口构成也几乎没什么区别。当有潜在的买家出现时，他们需要先参加两次公共会议、两次公共晚餐、两个工作日体验，从而确保他们真正理解楚斯兰德能够提供的和所要求的社区生活的真谛。

很多整体城市设计都是自上而下的决定，但楚斯兰德是一个高度参与式设计过程的范例。项目的成功来自很多人的共同努力，但它是由一家建筑师事务所完成的一个项目。

Legend
1. Parking
2. Common House
3. Community Plaza
4. Play Area

（a）　　　　　　　　　　（b）

图 9.9 伯利恒镇的楚斯兰德项目。（a）基地规划；（b）从公共中心向外看
来源：McCamant & Durett 建筑师事务所

校园

Campus 这个英文单词最早指代的是大学的校区（Turner，1984）。自从 20 世纪 80 年代开始，"Campus"这个标签开始扩展到其他不同类型的开发项目上：医疗机构、写字楼综合体（见第 10 章的案例研究中的丹佛技术中心），甚至是工业开发。绝大多数大学校区都是以整体的方式进行设计的。但是通常"整体"这个概念只适用于项目的第一个阶段，之后的演化就变得散漫了。在弗尼吉亚大学，托马斯·杰斐逊 1817 年的设计依旧保持着大学中心区的整体性，但此后两百年间增设的建筑则以一种古怪的方式分布（图 9.10）。

很多二战后的第一批建成的大学都受到现代主义设计的强烈影响（例如布鲁诺·托特设计的位于土耳其特拉布宗的黑海科技大学；皮埃尔·简纳雷特和 B. P. 马图尔设计的位于昌迪加尔的旁遮普大学；劳尔·维拉纽夫设计的委内瑞拉中心大学；爱德华·杜雷尔·斯通设计的奥尔巴尼纽约州立大学——如今的奥尔巴尼大学）。一些近期设计建造的大学校区设计则采用了新的模式：克里斯托弗·本宁格设计的印度马辛德拉世界学院受到印度教的曼荼罗（宗教中代表宇宙的圆形图）的启发，这一符号在印度具有重要的宗教意义，而斯托克顿州立大学建在一栋建筑里。

（a）　　　　　　　　　　　　　　　　　　　　　（b）

图 9.10　学校园区。（a）新泽西的斯托克顿州立大学；（b）印度的马辛德拉世界学院
来源：（a）作者的收集；（b）来自建筑师克里斯托弗·本宁格（Christopher Benninger）

案例研究
英国诺丁汉大学朱比利校区（1995~2002）
"绿色"节能校园的一期建设

1998 年是诺丁汉大学独立于伦敦大学的 50 周年庆典。朱比利校区在次年由伊丽莎白女王二世宣布开放。校区的设计，以及在竞赛中获胜的迈克尔·霍普金斯及其合伙人事务所（如

今的霍普金斯事务所）设计的一期建筑，都属于整体城市设计。校园和建筑的设计表达了对时代以及可持续性的关注（图9.11）。

朱比利校园建造在一片工业棕地上，其前身是罗利自行车厂。工厂附近的郊区住宅群依旧保持着原样，基地西侧的树木也被保留下来。旁边的小溪被改造成一条蜿蜒的湖面，两侧点缀绿树。湖水和树林的结合使湖两侧的教学楼能够有很好的通风，起到了降温和过滤空气的作用。长满芦苇的湖水不仅能够清洁屋顶流下的雨水和停车场的废水，还能为野生动物提供一个自然栖息地。这个设计是由霍普金斯事务所和景观设计师巴特尔·麦卡锡合作的作品。奥雅纳公司也是这个设计团队的重要成员。

校园的建筑由砖贴面的学生宿舍和木质表皮的教学楼组成。一个贯穿于整个校区的连廊将这两种功能的建筑体联在一起。整个校区的焦点是一个看似插入湖中的旋转倒置圆锥体，即图书馆和阶梯教室。如同常规的大学建筑，教学楼在形式上呈现通用性，未来可以承担不同的功能。每个教学楼还包含一个位于叠层梁上的通高斜面玻璃中庭，并和连廊贯穿，教室空间就从中庭向两侧展开。中庭是学生们聚会社交的场所。餐厅位于最大的中庭（Buchanan，2006）。

外部景观和建筑融合所营造出的绿色标准吸引了很多关注，也获得了包括千禧年地标环保杰出奖在内的众多奖项。景观设计将低矮的高山植被延伸到建筑的屋顶上。它们提供了良好的隔绝，从而能够保持室内温度的恒定。植

图9.11 诺丁汉大学的朱比利校区
来源：米克·艾尔沃德（Mick Aylward）摄影

物室的通风帽（烟囱顶上的）体现出机械装置和自然通风相结合的通风系统特征。空气被吸进通风帽，然后被吹到楼梯井两边的管道，楼板下的气室再将气体充入室内。低功率的风扇会辅助这一过程。

教学楼可以在一年中的大部分时间通过直接开窗做到自然通风。在极冷或极热时风力机械系统才发挥作用。中庭的屋顶上嵌有太阳能板，既能够遮阳也能够发电，并接入国家电网。在极热干燥天气情况下，国家电网也可以反方向输送电力保证排气扇运行。屋顶材料用的是杉木和镀锌板，而不是不锈钢板，相比其他材料它们耗能更少，而且造成的污染也更少。一些简单的细节也增添了建筑的绿色环保指数。例如木质百叶窗的运用能够降低太阳辐射，但是百叶窗顶部使用白色涂层，又能够将自然光反射入室内。另一个特色是使用同样光源，通过高效的灯具安装方式，既可以向上也可以向下照明。

街道

世界上有很多优秀的街道（Jacobs，1993），全球各地的城市中心主要街道都经历过或者正在经历着改造和升级。一般情况下，这些街道改造项目都属于景观设计学的范畴，不太关注街道的围合元素。豪斯曼男爵在拿破仑三世支持下对巴黎进行的改造方案，是较为完整三维空间设计，对沿林荫道的建筑形式提出了引导性的要求。现在市中心新建的街道越来越少，街道的质量更多取决于多维度的体验。

阿尔伯特·斯佩尔另一个设计没有建成，但是他对柏林基于林荫道的设计属于整体城市设计，设计方案对街道的三维空间质量是有考量的。这个项目本质上是纪念性的，目的是为了让人感到震撼。之前描述过的位于法国维勒班的摩天楼区，在很大程度上是一个基于街道的整体城市设计，但是街道本身并不是重点。

评论

这些案例研究表明任何大规模的整体城市设计都需要很大的权力、财力和政治的支持。这些项目实施的时间差异巨大，但是它们的初衷都是要在短时间内完成。当决策权集中时，行动就会很迅速。巴西利亚的飞机型规划仅用 5 年间就建成了。

在卡尔特米尔项目中，建筑师们作为整体团队开展工作，所以在本章中被当作整体城市设计的例子。其他建筑综合体项目，如纽约的洛克菲勒中心和林肯中心，贝鲁特的中央区，以及迪拜商业中心区的迪拜塔等属于组合型城市设计，它们是在概念性设计导则的指引下，由不同的建筑师设计实施的。但这些项目在实施中得到严格控制，很容易被当作集体设计。

案例研究中描述的项目设计质量差别很大。一些项目具有很强的建筑表现力，另一些则不太突出。很多整体城市设计方案因其几何质感而受到建筑师的崇拜。巴西利亚的许多建筑作为抽象雕塑频频出现在摄影作品中。但是这样的环境通常缺少生活丰富性所需要的城市元素。

第10章 组合型城市设计

根据一个片区的总体概念设计组织城市设计项目，逐条街道、逐栋建筑、逐处景观地将项目付诸实施是城市设计工作的核心。许多城市学家认为，在当代只有通过组合型城市设计，才能在大规模项目设计中实现统一性和多样性。

从过程角度看，每个组合型城市设计都遵循图4.3所示的步骤。这些设计产品包括各种类型：新城镇、城市更新计划和郊区开发。在创建和实施这些项目时，会出现许多问题。是否将一些建筑作为前景建筑，而另一些作为背景建筑？对于个体开发商、建筑师和景观设计师，应该怎么掌握设计控制的度？针对包含有多栋建筑的城市设计方案，制定设计导则，形成实施计划是组合型城市设计的核心工作。

在资本主义国家，组合型城市设计会引发一系列特殊的资金问题。如何从局部开始实施整体设计？基础设施由公共部门负责建设还是由整个项目的开发者建设？或者由每个场地的开发商一点一点地开发？项目是否有公共部门资助？谁来监督项目开发？是公共权力机构还是私人开发商？不同的组合型城市设计项目在处理这些问题方面差异很大。这些项目的功能也各不相同。本章描述的每个方案都聚焦于图1.2所示的建成环境的某方面功能（图10.1）。

|（a）|（b）|

图10.1 新达曼概念设计竞赛，沙特阿拉伯的CBD。（a）超现代方案；（b）新传统方案

来源：（a）作者收集；（b）DPZ合伙人玛丽娜·宾库里馈赠

概念设计和设计导则

创造概念设计或者提出比较方案，是城市设计过程中的一个重要步骤。概念设计是对即将开发项目的三维质量表达。一般来说，它们表达了设计的预期特征——设计元素及其构成。

设计导则是概念设计和最终产品之间的联系。它们是对项目的具体陈述，明确了项目要实现的目标以及实现目标所需要的设计模式。导则是确保概念设计意图得以满足的指示。导则必须有清晰的文字规定，因为它们是建立项目实施所需的奖励和控制机制的合法基础。

几个世纪以来，设计导则的性质几乎没有太大改变。例如，对新建筑规定开窗法则的立面设计导则最早可以追溯到14世纪的意大利。查尔斯·帕西耶和皮埃尔·莱昂纳多·芳丹开发的里沃利大街，为巴黎所有的街道及半个世纪后豪斯曼男爵在进行的巴黎改造树立了标准（Barnett，1987）。

实现城市设计目标有三种类型的设计导则——描述型、绩效型和建议型（Waston，2001；Cowan，2003）。描述型导则是对一个建筑综合体、建筑或建筑构件必须采用的模式进行描述（例如，所有建筑每5m高度必须有紫色的砖砌层）。绩效型导则是对建筑应该如何运作进行规定（例如，在冬至日上午11点到下午2点期间，建筑的阴影不能投射到特定的开放空间）。房地产开发商更偏爱描述型导则，因为描述型导则对设计形式提出了明确的要求（图10.2）。建议型导则本质上属于引导性的，而描述型导则和绩效型导则一旦被纳入宪法允许的特定目的法律中就属于强制性的。没有法律要求遵守引导类的导则。当公共权威机构在开发中拥有合法权益（例如当它是项目融资的土地所有者时），或者在给予房地产开发商建造许可时签订了契约或达成了其他要求时，导则在实施中的作用就会变强（Punter，1999）。

（a） （b）

图10.2 里沃利街平面图，巴黎。（a）设计导则；（b）2015年的街道

这三种类型的设计导则通常一起使用。图 10.3 概述了达拉斯艺术区的情况。图 10.3a 表示的是概念范式。10.3b 中的导则包括三种类型：描述型（沿街的建筑外立面）、绩效型（建筑后退两排树的距离）和建议型（"建议两层用于零售"）。用于法庭辩护的导则包括三个部分：目标、实现目标所需的模式以及基于经验证据的模式论证。如果没有这几个部分，导则就很容易受到挑战，并在法院和民主社会的行政裁决中被驳回。

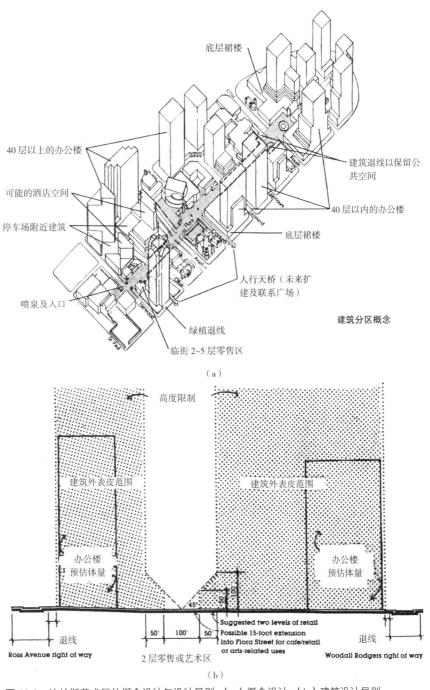

（a）

（b）

图 10.3 达拉斯艺术区的概念设计与设计导则。（a）概念设计；（b）建筑设计导则
来源：雪瓦尼（1985），波士顿佐佐木事务所馈赠

应该在多大程度上对建筑设计进行控制是存在争议的。城市设计的目标是定义公共领域的特征——街道、广场和其他开敞空间——并在项目的最终设计中获得统一性和多样性。本章后面所述的纽约炮台公园城的牧师公园等方案都有详细的设计导则。本章的其他案例研究在设计导则方面涉及不多。

关于案例研究

案例研究包括三个新城镇项目。它们体现了城市设计时对地域性的考虑。地块设计涵盖了多种产品类型，大体上按照时间顺序组织。案例研究也选取了一些国家的白地和棕地项目，以表明城市设计师思考的范畴。这些项目都是在 20 世纪和 21 世纪初的不同时期开发建设的，反映了不同时期对生活方式和美学质量的认识。

这三个新城镇以及本书中介绍的地块设计时间跨度从 20 世纪 60 年代直到今天。巴黎和伦敦的新商业区提供了许多经验。它们都是同类型城市设计的优秀范例。丹佛科技中心是一个商业园区，它展示了一种与众不同的美学哲学，而第一个住宅案例研究——社会住房——与前一章描述的罗利公寓园形成了强烈的对比。最后一个案例研究包括一个城市更新的例子，但在这里被归类为节日市场开发。这个案例参考了巴尔的摩内港模式。本章的结尾对依靠设计导则实施组合型城市设计的可行性进行了讨论。

新城镇

组合型新城镇城市设计在实施后很难进行详细的案例研究。这类新城镇往往建造过程漫长，牵涉到非常多的利益相关者。每个参与者都以自己独有的方式记录这个过程，经常会过多强调他（她）对这个过程的贡献。最后呈现出来的组合型城市设计，很可能就成了 1960 年代、1970 年代和 1980 年苏联建设新城镇的整体城市设计模式，或者是更加聚焦于线性基础设施设计的碎片化努力。

新鲁汶是一个拒绝现代主义形象的城市和大学概念的早期案例。第二个案例是佛罗里达州的欢庆城，这是佛罗里达州继滨海城后又一个新城市主义项目。第三个案例是莫迪因马加比勒特，它在建筑上没有那么倒退。关于中国安亭新城的一段介绍表明，在设计范式与项目背景不符的情况下可能会出现什么样的问题。此外还提出了一个问题，即梅溪湖最近的设计是否是一个适合中国的模式。

案例研究

比利时，奥蒂尼－新鲁汶，新鲁汶（1969~1990+）

一个新传统主义的大学城

　　新鲁汶位于比利时南部法语区，布鲁塞尔东南部 30km 处（图 10.4）。20 世纪 60 年代佛兰德人声称他们受到歧视，而瓦龙人则倾诉受到佛兰德人的歧视；由此鲁汶大学便一分为二。讲荷兰语的天主鲁汶大学留在鲁汶，另一部分搬到比利时南部语言分界线靠近奥蒂尼镇的地方，后者是由大学教授米歇尔·沃特林在与相邻城镇市长们讨论后亲自选择的。这个地方占地 9km²，主要是农田，位于一个多风的山谷中，学生们戏称它为"小西伯利亚"。

　　新鲁汶的设计是在雷蒙德·勒梅尔、让·菲利普·布朗德尔和皮埃尔·拉孔特的指导下快速完成的。它也许是第一个基于新传统原则建设的新城。沃特林的目标显然是创建一个"真正的城市"，而不仅仅是一座大学校园。它试图成为"美国贫民窟"校园的反面（Pierre Laconte，2009）。该设计赢得了 1978 年国际建筑师联盟（UIA）颁发的阿伯克龙比奖。

　　城镇的上层坐落在一块巨大的混凝土平板上。平板上部是步行系统，下面则用于铁路、道路和停车场。城镇和大学中心的布局参考了中世纪的历史城镇那种蜿蜒式的道路——勒·柯布西耶称之为"驴道"。大学被镇中心分成三个主要的片区。学生和工作人员必须经由主街穿过镇中心才能从大学的一个片区到达另一个片区。主街顺着地势布局，迂回曲折，为行人创造出序列景观。沿途不规律地分布着一些开放式的小广场，朝南的空间为户外餐厅和市场提供了场地。于是城镇中心地带形成了居民和学生的交汇点。

　　新鲁汶由五个区/邻里组成，其中比罗、塞勒、霍卡耶、布吕耶尔严格遵循设计导则建造，而最新建设的巴拉克区则是标准的郊区细分地块。在前四个区中，建筑高度、材料及其与开放空间的相对位置都有规定。几乎没有建筑物与开放空间是相互独立的，建筑物本身就创造了空间。布吕耶尔区北侧有一个带湖的公园。

　　新鲁汶的人口接近 45000 人，其中 15000 人是学生。有些学生是从布鲁塞尔通勤到这里，火车车程为 40 分钟，更多的学生住在大学宿舍。车站位于镇中心的地下。学生们往往会在周末和假期离开新鲁汶，这让小镇的生活变得有些空虚。尽管如此，学生们还是经常光顾咖啡馆和酒吧，天气好的时候，他们就主导了整个镇中心。就像大家所期望的大学城那样，新鲁汶也有很多大型活动场所。剧场靠近中心地带，其他类似的场所分布在城镇各处，特别是靠近学生住宅的区域。

　　位于城市中心的是由普利兹克奖得主法国建筑师克里斯蒂安·德·包赞巴克（Christian de Portzanparc）设计的艾尔吉博物馆（乔治·波斯贝·勒米，以他的笔名艾尔吉闻名，比利时平面设计者和漫画《丁丁历险记》的创造者）。艾吉尔增加了建筑的"附加价值"，为城市带来国际声誉，同时吸引更多的游客。这个博物馆于 2009 年开业。

　　随着新自由主义经济和政治倾向的到来，新鲁汶最初的设计理念正在逐渐淡化。2005 年，在大学控制的城市边缘区域之外开发了一个购物中心和电影院。与此同时，城市的步行区也得到了扩展。

图10.4 新鲁汶。（a）城镇模型，大学建筑在阴影中；（b）朝南的咖啡馆；（c）步行者在城镇穿梭

案例研究
美国，佛罗里达州，欢庆城（1990~2020+）
美国第二代新城市主义小镇

　　欢庆城的设计吸收借鉴了佛罗里达州其他地区海滨开发的经验和教训。迪士尼公司在奥兰多建造主题公园、酒店和商务园区之后，决定建造欢庆城。当I-4高速公路确定在本区域建立交桥，片区可达性提高后，决策变得更加明确了（图10.5）。

　　欢庆城的设计由罗伯特·A. M.斯特恩事务所、杜安·普拉特·齐伯克公司、格瓦思梅/西格尔、小爱德华·D.斯通四家事务所的设计竞赛方案演化而来。四个方案中只有斯通事务所的方案是新传统主义风格。在一次偶然的谈话之后，杜安、斯特恩和西格尔决定将他们的设计想法汇总在一起。他们为此举办了一次工作营。最终的方案在很大程度上体现出花园城市的设计范式。为了适应基地的湿地特点，方案设计了曲线式的道路网。

最终的设计方案由斯特恩、库珀·罗伯逊及合伙人事务所的杰奎琳·罗伯逊、旧金山景观设计公司 EDAW 协作完成。设计团队与雷·金德洛兹一起编制了欢庆城的设计控制导则，这些对社区布局和建筑形式的设计控制要求都被写

进《欢庆城模式手册》（城市设计协会，1997）。这些模式基本符合新城市主义宪章的设计原则。城镇的具体开发建设由不同的开发商负责。

城镇中心位于一条主街旁，综合多种功能，毗邻一个湖泊，充当欢庆城排水系统组成部分。欢庆城的开发分期始终存在问题。镇中心在城镇居民形成一定规模之前就已经开发。结果，一些最早建设的零售商店都倒闭了。镇中心包括了带有底层商业的公寓、商场、银行、毗邻午夜酒吧的电影院和私人餐馆。位于镇中心的社区设施包括一座教堂、一所学校和斯泰森大

（a）

（b）

（c）

图 10.5　佛罗里达欢庆城。（a）湖对岸的景色；（b）居民街；（c）市中心

学于 2004 年开设的一个分校。靠近镇中心的两百栋联排住宅开盘即售罄。看来对这种步行就能到达中心区的住房需求是远远被低估了。

欢庆城的居住区被划分为若干个新村，如同马里兰州的哥伦比亚新城。第一批新村包括欢庆城村、西村和伊芙琳湖村，于 1996 年开盘。后来又增加了北村、南村、东村和阿奎拉村。镇中心外缘的布局和住宅让人联想到由卡尔弗特·沃克斯和弗雷德里克·劳·奥姆斯特德在 1869 年设计的伊利诺伊滨湖区。这些新村的毛密度约为每公顷 30~40 人。

欢庆城人口预计为 2 万。到 2010 年已经有大约 7400 名居民，其中 90% 是非拉丁裔白人。尽管佛罗里达州的法律和新城市主义者的目标都是为低收入人群提供可支付住房，但迪士尼公司通过向州住房机构支付费用换取了建造欢庆城的许可。而住房机构也乐于看到这样的结果，集中建造的住宅区更易于管理。

《模式手册》（The Pattern Book）的应用结果是欢庆城的设计普遍质量比较高（城市设计协会，1997）。欢庆城的主要建筑都是由国际知名建筑师设计。西萨·佩里设计了预览中心，文丘里和斯科特·布朗设计了太阳信托银行，菲利普·约翰逊设计了欢迎中心，迈克尔·格雷夫斯设计了邮局。其他重要的建筑也是由著名建筑师设计，如罗伯特·斯特恩、查尔斯·摩尔和格雷厄姆·冈德。阿尔多·罗西设计了四栋办公大楼。这些建筑师采用了各种不同的设计范式：现代主义、后现代主义和新传统主义。他们的作品在新传统主义建筑背景的映衬下十分突出。这些知名建筑师被迪士尼公司赋予足够的自由，可以偏离《模式手册》的规定。

欢庆城的设计既收获很多赞美，也受到同样多的嘲笑。设计住宅的建筑师不喜欢在规定的范围内进行设计。一些评论家不喜欢欢庆城的统一性，认为它缺乏真实感。尽管如此，欢庆城还是获得了城市土地研究所颁发的年度新社区奖。这个小镇所能提供的，无论是作为一个社区还是作为一个环境，都很受欢迎。欢庆城房产价格飙升是其成功的标志，但这同时也意味着学校教师和服务人员等很难在镇上找到负担得起的住宅了。

案例研究
以色列，莫迪因马加比勒特（1990~2025＋）
实施总体设计控制并由众多开发商建造的新城

莫迪因位于 443 号高速公路旁，介于特拉维夫和耶路撒冷之间，是一片占地 5000hm² 的国有土地（图 10.6）。这片土地在 1947 年与约旦的停战协定中被宣布为无人区，但在 1967 年被并入西岸。以色列根据奥斯曼法律的解释声称这是国家土地。尽管巴勒斯坦在此建立了定居点，以色列仍然确定其属于以色列。1993 年，时任总理伊扎克·拉宾为它奠立了基石。1996 年，首批定居者搬进莫迪因。到 2013 年，这里的人口约为 7.5 万人，预计将达到 25 万人。以色列人口有一半处在距离莫迪因一个小时的车程范围内，这种战略性区位意味着莫迪因的人口最终可能会超过这个数字。莫迪因是一个城市，而欢庆城是一个郊区小镇。

　　莫迪因的现场充满了考古遗址，包括在定居点的中心。它们是保护计划的一部分，今后将发展成为旅游目的地。莫迪因的总体规划和

设计导则于 1989 年由摩西·萨夫迪建筑事务所编制。设计目标是创造一个安静而充满活力的城市，为居民提供良好的支撑设施和易于亲近的自然环境。规划布局包括一个商业中心和几条放射性道路。商业中心同时也是中央火车站

(a)

(b)

(c)

图 10.6　莫迪因。(a)俯瞰山顶的景色；(b)山谷中的景色；(c)行人楼梯

（2008 年开放）所在地。目前这条线路只连接到特拉维夫（17 分钟车程），通往耶路撒冷的铁路即将开通。城市中心未来还将建设市政厅和公共机构。中心区的规划目标是成为一个充满活力的夜生活区域。工业区位于基地的西北部，与城市分隔开。为了满足市场需求，还在郊区建了一个购物中心。墓地位于城市的东北部，靠近本·谢曼森林。城市外围环绕着一条狭窄的绿化带（Rybczynski，2010）。

设计方案利用了山谷地形和轻微的西北风。山谷被开发成线性公园，建设区从谷地向山坡上升。公路穿过山谷，两侧种植着装饰性的行道树和果树。高层公寓建筑位于山顶，成为整个城市的地标（西格尔，2010）。莫迪因目前已经建有七个居民区，每个居民区都拥有商业中心、学校和犹太教会堂，全部环绕中心布局。到 2015 年莫迪因已经拥有 30 多所小学，20 所高中，以及大量的犹太教会堂。

尽管莫迪因项目看上去属于整体城市设计，但萨夫迪事务所其实只设计了一座建筑，就是位于城市商业中心的阿兹里利·莫迪因商场。商场并不是新城设计预想的，而是对市场需求的回应。城市的日常开发建设由建筑和市政工程部的总建筑师监督。基础设施由中央政府设立的一个开发机构负责建设。在对城市土地进行细分后，不同的房地产开发商和他们雇佣的建筑师按照设计导则进行设计和建造，其结果是从城市照片中可以看到的那样，形态和肌理十分统一。设计控制内容包括建筑形式、材料和退线。所有面向山谷的建筑立面都必须采用石材，公共建筑和公寓街区也是如此要求。供热和制冷的方式、垃圾桶的摆放位置以及收集垃圾的空间等都有强制性的规定。建筑形式类似由逃离纳粹德国的建筑师设计的特拉维夫建筑，因而能看到包豪斯的影子，但它也是典型的地中海风格。

莫迪因城市的人口主要来自以色列的城市，只有 10% 是移民。2014 年的人口年龄中位数为 32 岁，38% 的人口在 17 岁以下。劳动力受过良好的教育，超过 75% 的人至少有高中文凭，许多居民有高等教育资格证书。他们的工作领域包括教育、工程、医药、信息技术以及商业金融等。因为说流利英语的人口比例很高，很多美国公司把工作外包给莫迪因。因此，这里聚集的都是受过高等教育的年轻人。根据非正式调查，他们喜欢住在城市，并为它感到自豪。

附注：中国两个新城镇——安亭和梅溪湖

中国计划新建一批城镇。大多数新城新镇遵循标准的城市设计和建筑范式。建筑一般为东西走向面朝南。街道空间和住宅建筑被绿色开放空间和停车场分隔开。这里简要介绍两个与此模式不同的项目：安亭新城（实际上更像是一个片区而不是一个新城）和梅溪湖生态城。安亭新城基本上是一个整体城市设计，梅溪湖最终可能会成为一个插入式城市设计。安亭新城（2001+）在短期内可能是一个反面教材，而梅溪湖生态城（2014+）可能为中国未来的城市设计树立了一个标准。

20 世纪末，上海市政府提出了"一城九镇"的方案，以应对上海都市圈的增长。每个新城镇都有一个基于欧洲城市设计理念的主题。安亭是中国汽车产业的中心之一。位于新城边缘区的安亭新城被设计为德国城市——安亭德国小镇（Xifan，2015）（图 10.7）。然而，对于什么是德国城市有着不同的看法。它的建筑师来自法兰克福的阿尔伯特·斯佩尔及其合伙人事务所，他们主张建造了一个现代化、环保、带有双层玻璃窗和集中供暖的小镇。该公司是想突破千篇一律的设计。安亭新城的布局建立在对街区尺度进行仔细研究的基础上。

在项目推进的过程中，当地开发商和建筑师被要求遵守安亭新城一期工程的设计原则/导则。不过在撰写本书的时候，第二期开发尚未开始。安亭如今入住率并不理想。目前，人们宁愿从上海市区通勤，也不愿住在安亭新城。这里面的缘由多种多样。一个重要原因是，这一开发项目较为孤立，与安亭市中心（更加活跃的地方）或上海中心区几乎没有联系。梅溪湖的情况则非常不同。

2009 年，全球房地产开发公司盖尔国际与长沙市人民政府达成协议，成为梅溪湖生态城的开发商。在中国它并不算很大，设计面积为 650hm²，可容纳 18 万人口。

梅溪湖由纽约的 KPF 建筑师事务所设计，以一个 40hm² 的人工湖为中心。中央商务区是一个多功能区，布满了绿地。道路和运河从市中心向四周辐射，其目标是建立一个高效、低污染的交通系统。八个标准化邻里簇群布局，行人和自行车道遵循了一些特殊的设计规定。设计方案整合了灰水回收和雨水径流过滤系统，以减少对附近湘江的影响。

这两个新城镇代表了对可持续发展的两种态度。相同的是，它们都是对未来节能城市模式的探索。一个是汲取过去经验，另一个是创造未来。从第一个案例中得到的教训是，设计师和他们的客户必须对他们所借鉴的先例非常谨慎，它必须适合地方的实际情况。在第二种情况下，结果将取决于设计所依赖的经验信息的质量，同时很大程度上还取决于每个房地产开发商在建设城市局部时所必须遵守的城市设计和建筑设计导则，以及为执行这些导则而建立的管理框架。

片区

世界各地的城市都有一些基本废弃的片区，以及这些片区周边的尚未建成区。前者主要是制造业和交通运输技术变化的结果，但升级这些片区的愿望也一直是推动它们更新的一个因素。在世界各地的城市，港口地区及其指状码头和/或小码头都已经被废弃：巴尔的摩、开普敦、伦敦、纽约、鹿特丹、旧金山（图 2.3），包括悉尼。许多同类的城市已经放弃了铁路场站，这些场站通常规模巨大，处于城市核心位置。类似地，诸如海军造船厂和兵营地区等军事设施也变得多余，其场地都可用于再开发。城市边缘地区则提供了无限的开发机会。

图 10.7　安亭新城和梅溪湖生态城。(a) 安亭镇的图底关系；(b) 安亭新城的图底关系；(c) 梅溪湖生态城概念设计
来源：(b) 基于多个资料整理的草图；(c) KPF 建筑师事务所馈赠

　　本章提出了十种方案，它们代表了五种城市设计产品的类型。第一种是新中央商务区，第二种是大型混合功能开发，第三种是郊区商务园，第四种是住宅开发项目，第五种是所谓的节日市场地块。

中央商务区

世界主要城市的中心区往往同时也是商业、零售、娱乐和公共机构的核心地区。最近，一些城市开始在其传统核心区域之外建设新的中央商务区。它们往往以商业功能为主，随着时间的推移，这些新的中心正在变得多样化。有一些是公共决策的结果，因为单纯的商业区显得太沉闷，还有一些是因为房地产开发商发现了其他建筑类型的营销机会。

大多数新商务区位于棕地上，作为独立地块进行再开发。其中包括三个案例：巴黎的拉德芳斯、伦敦的金丝雀码头和上海的陆家嘴。也有一些新商务区完全是新开发的地块，一般位于新城中，尤其在亚洲快速发展的新城。中国深圳的市民中心就是一个例子（Lang，2005d）（图 10.8）。

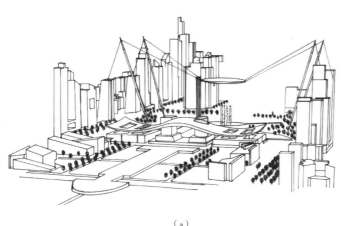

（a）　　　　　　　　　　　　　　　　　　　　　　　　（b）

图 10.8　市民中心综合体，深圳。(a) 概念设计；(b) 市民中心

案例研究

法国，上塞纳省，拉德芳斯（1958~1990，2010+）

巴黎新"中央"商务区

巴黎的新商务区拉德芳斯位于巴黎市的管辖范围之外，但是为了壮大自己的声势，该区保留了"巴黎"作为其通信地址。拉德芳斯的名字来自于 1883 年竖立的一座雕塑——纪念 1870 年战争的"防御巴黎"（La Défense）。拉德芳斯的开发不受巴黎林荫大道管制规则的约束，这个管制规则是在巴黎建造 56 层高的蒙帕纳斯之旅大厦遭到市民巨大反对之后形成的。此后巴黎城市内建筑物的高度被限制在 31m 以内，但是在写这篇文章的时候，由于受到来自开发商更高开发密度的压力，这一政策已经放宽。无论从视觉上还是从象征意义上，拉德芳斯都是一个"边缘城市"，它通过香榭丽舍大街、地铁系统、区域快线（RER）以及 A-14 高速公路与巴黎市中心连接在一起（图 10.9）。

拉德芳斯的概念可以追溯到 20 世纪 20 年

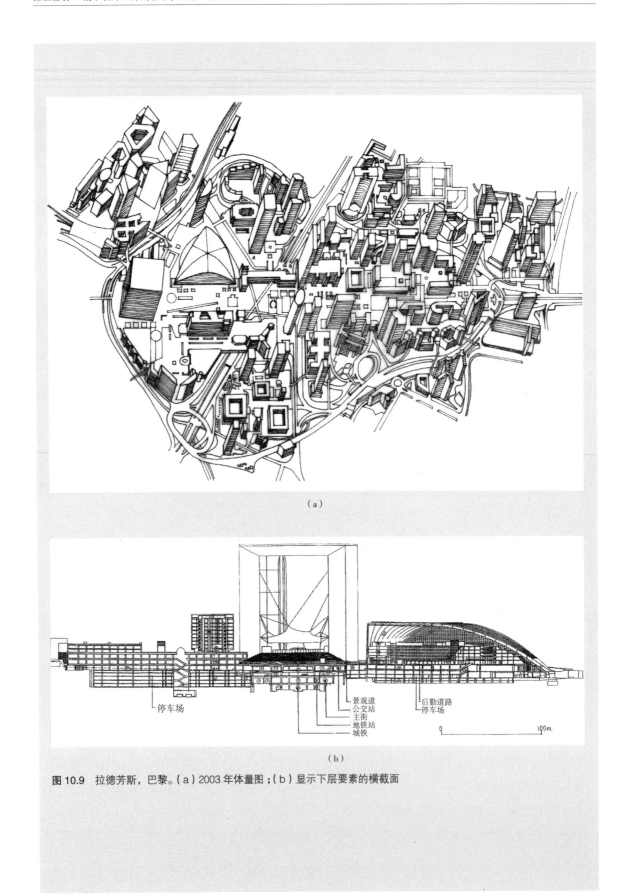

（a）

停车场　　　　　　　　　　　　　　　　景观道　　　后勤道路
　　　　　　　　　　　　　　　　　　　公交站　　　停车场
　　　　　　　　　　　　　　　　　　　主街
　　　　　　　　　　　　　　　　　　　地铁站　　　　0　　　　　　　100 m.
　　　　　　　　　　　　　　　　　　　城铁

（b）

图 10.9　拉德芳斯，巴黎。（a）2003 年体量图 ;（b）显示下层要素的横截面

代。区域规划和 1931 年从伊托伊到拉德芳斯的"凯旋之路"设计竞赛推动了在巴黎周边地区选址建设新商业区的想法。1956 年的一项规划提出要降低内城的人口密度，并在外围建立城市节点——这种情况在许多国家的城市中经常发生，这既是规划政策的结果，也是市场力量的结果。其目的是保持巴黎历史核心区的特色。最终一些服务业被转移到城市周边，并建立起一系列新城镇。

1958 年，EPAD（拉德芳斯国防区发展公共设施）成立，拉德芳斯区的规划工作就此开展。EPAD 是一个公共机构，通过与私营公司合作收购和准备土地用于开发。EPAD 有权征用土地，制定开发区划并实施开发建设。它买下土地，拆除了 9000 所住宅和数百座工厂，安置了 2.5 万人，并着手开发商业地产。

拉德芳斯的设计深受历任法国总统的影响，每一任总统都试图在巴黎留下自己的印记。1964 年的规划包括两排 100m 高的摩天大楼，周围环绕着住宅和一个覆盖道路的广场。1971 年，埃米尔·艾劳德被乔治·蓬皮杜总统选为建筑师。他为该基地准备了一份更严肃的规划方案。第三个规划来自瓦勒里·季斯卡·德斯坦总统选中的让·威勒瓦尔。1978 年，法国总统季斯卡·德斯坦和总理雷蒙德·巴雷进行了干预。因为尽管有国家资助，拉德芳斯的经济合理性还是受到了质疑。EPAD 负债 6.8 亿法郎，它的资源来自出售建设权，但是拉德芳斯的建设一直很缓慢。在季斯卡·德斯坦的领导下，中央政府提供了从国有储蓄银行提取的财政援助。国家政府机构 DATAR（区域规划与区域行动代表团）也对巴黎境内的建筑施加了限制，并制定了差别税率以鼓励拉德芳斯的开发。拉德芳斯现在的建成部分主要是基于第三个规划方案。

基础设施建设是前期开发的主要任务，为建筑物提供机动车、铁路和行人交通网络。拉德芳斯的基础设施是一个人车分离的多层次立体交通网络，地面层由一个 40hm^2 的全步行平台或广场构成，将不同的交通模式隔离开。车辆交通保持在外围。带有三角形屋顶的国家工业技术中心是最早的标志性建筑之一，也是未来发展的催化剂。

凯旋门轴线的终点是由丹麦建筑师约翰·奥托·冯·斯普雷克尔森设计的拉德芳斯拱门。拱门是在密特朗总统时期举行的设计竞赛中的获胜作品。此前贝聿铭、埃米尔·艾劳德和让·威勒瓦尔的设计方案遭到了否决。建筑评审团从 424 个参赛作品中选出了四个最终入围的方案。他们被匿名提交给密特朗总统，密特朗选择了斯普雷克尔森的设计。拉德芳斯拱门计划是密特朗总统保护巴黎的古迹，资助像拉维莱特公园科学城这样的新作品等"伟大工程"计划的一部分（见第 7 章）。

拱门于 1989 年完工，比埃菲尔铁塔晚了一个世纪。它是一栋办公楼，35 层（100m）高，100m 宽。它稍微偏离轴线，建筑形式呈拱形。位于顶层的是一个艺术画廊和观景台。今天，拱门已经成为主要的旅游景点，成为拉德芳斯区的象征。塞纳河和大拱门之间的景观由北美景观设计师丹·凯利设计。设计完成于 1978 年，采用了古典现代主义的喷泉和艺术作品形式。四长排去梢的伦敦梧桐强化了视觉轴线。

拉德芳斯是一个组合型城市设计，但是其设计概念和建造实施从来没有被详细讨论过。迫于政治压力和经济需求，建筑导则总在发生变化。最初的设计导则控制了建筑限高，为整个片区制定了统一的建筑风格。随着设计的深入，为了增加多样性，对建筑形式的规定放松了。到了20世纪70年代早期，开发公司开始被鼓励建造与众不同的摩天大楼（Collectif，2007）。结果是每个公司都试图在建筑作品上超越其他公司。

拉德芳斯成功了吗？仰慕者认为它是当代的乌托邦，批评者认为它是"美丽新世界"的一部分。它被贬为"商业贫民窟"。EPAD无疑创造了欧洲首屈一指的商业区，数据能证明这一点。到2010年，拉德芳斯拥有350万m²的商业空间、23万m²的零售空间、2600个酒店房间和3万个车位的停车场，18万名员工在那里为1500多家公司工作。设计抓住了想象力，但拉德芳斯缺乏其传统竞争对手所拥有的"场所特性"。

2006年，在时任内政和国土规划部部长尼古拉·萨科齐（2010年连任）的指导下，相关当局制定了许多项规划，旨在纠正开发的一些局限性。他们建议更新过时的建筑，在外围建造新的建筑，并改善居住建筑和商业建筑之间的关系。其目标是将本区域与周围环境更好地连接起来，解决建筑与开放空间之间的不良关系，并提高步行平台的环境质量。修建高层建筑导致的大风使行人环境在冬天特别不适，甚至夏天很多时候也不适宜步行。EPAD作出了努力，通过增加树木使空地更有吸引力。增加了购物区的数量，促进艺术画廊的发展，并在步行平台上放置更多的雕塑，形成一个露天博物馆（Horn，2014）。

案例研究

英国伦敦金丝雀码头（1985~1998，2010+）

伦敦的第二个商业区：基于商业实用主义的城市设计？

金丝雀码头是伦敦港区再开发的核心项目。原计划是成为伦敦老城核心区以外（D'Arcy，2012）的第二商业区。这是一片棕地，以前的港口几乎被完全清除了，只剩下码头的残迹。金丝雀码头的名字来源于进口香蕉和西红柿的金丝雀群岛。

金丝雀码头开发的第一阶段已经基本结束。第二阶段是向东扩展，开发混合用途的伍德码头。金丝雀码头本身由16个主要的商业大厦、一个零售中心、酒店、一个会议和宴会中心、5个停车场（在办公楼地下停车场以外）和景观开敞空间组成。金丝雀码头由轻轨系统提供服务，2000年因为建设连接伦敦银禧线的地铁车站（见第11章）导致项目滑入破产境地。金丝雀码头和拉德芳斯的一个重要区别是，这里的建筑物都沿着街道布置，因此从街道上很容易进入建筑（图10.10）。

金丝雀码头达到目前的状态经历了一段艰难的时期。20世纪80年代，玛格丽特·撒切尔领导的英国政府从负责码头区的五个地方政府手中接管了码头区，并成立了伦敦码头区发展公司（LDDC）。正如1981年所述，LDDC的任务是"让这些贫瘠的地区重新得到更有价值的利用"。该公司鼓励以市场为导向的设计方法，并创建了一个企业区，为入驻金丝雀码头的公司提供税收优惠（Edwards，1992）。

1985 年，一位美国企业家 G. 迈尔·泰阿沃斯泰特计划在金丝雀码头开发一个 35hm² 的商业项目。同年，SOM 被委托为该地区制定一个总体规划和设计导则（Edwards，1992）。目前的布局保留了该方案的基本特点。开发片区被划分为 26 个建筑用地和多个景观花园用地。设计的核心特色是一条城市美化运动 / 新艺术运动风格的轴线，其端点是一座地标性建筑。SOM 和 LDDC 制定的设计导则规定了建筑物的限高，以使中心塔作为地标性建筑脱颖而出，并规定了建筑材料以形成建筑的统一感。符合导则的建筑提议无须向 LDDC 申请批准，有偏差的则需要申请批准。

1987 年，奥林匹亚和约克开发公司——曾经是炮台公园城主要投资者（见本章稍后部分），接手了总体规划。该公司是加拿大赖克曼家族房地产帝国的一部分，其关键成员奥托·布劳因为金丝雀码头地理位置不佳反对投资。但他们被政府的承诺说服——保证修建一条通往该地区的地铁，以使该地区具备商业可行性，但地铁建设并不顺利。直到最近几年，工作人口所需的基础设施，特别是缺乏公共交通等问题才基本解决。除了地铁银禧线外，金丝雀码头在 2018 年将拥有一个地铁换乘站。它将是一个覆盖在新零售区域上面的 256m 长的盒子。

与拉德芳斯一样，金丝雀码头的发展也并非一帆风顺。在 1981~1986 年间，总计 13 亿英镑的投资迅速到位。在投机和开发的热潮之后，90 年代出现了破产潮和开发项目的金融崩溃。没有主要租户签署租约。奥林匹亚和约克公司

在 1992 年进入破产接管状态。三年后，金丝雀码头以 7 亿英镑的价格卖给了一个以保罗·赖克曼为主要领导之一的国际财团。1995 年，沙特王子阿勒瓦利德·本·阿卜杜勒·阿齐兹帮助金丝雀码头走出破产。1999 年，该财团以每股 3.30 英镑的价格成为上市公司。1996 年 2 月，爱尔兰共和国军队汽车炸弹的袭击造成了价值 5000 万英镑的损失，并造成两人死亡。然而，其后对办公空间的需求有所增加，带来了大量的新增和扩建项目，包括更多的餐厅、俱乐部、酒店、休闲和娱乐设施（Gordon，2010）。

LDDC 在 1998 年完成了更新计划以后就地解散。如今，金丝雀码头集团正在推动这一项目的发展，但是到 2003 年底，该集团已经负债 30 亿英镑。目前他们正在努力出售这家公司。伦敦写字楼市场的低迷导致该公司股价在当年初跌至 2.20 英镑的低点。财政困难还来自租户在租约到期后要求以更低的租金续约（Timmons，2003），如今情况已经有了很大的改善（Gordon，2010）。到 2015 年，金丝雀码头的日间人数已经增加到 10 万，而 2004 年只有 5.5 万人。

金丝雀码头的建筑形式被称为"后现代古典主义"。主要建筑材料采用大理石、石灰石、砖、钢和玻璃。通过广场入口的圆角塔、面向泰晤士河的山形墙立面、建筑立面开窗，以及阁楼层的退线等设计控制实现了建筑设计的整体性（D'arcy，2012）。建筑由 KPF、贝聿铭和特芬顿·麦卡斯兰公司等全球主要建筑事务所设计。塞萨尔·佩里受奥林匹亚和约克公司委托，设计了其中的关键建筑——"加拿大广场"，这是三座可以从远处看到的地标性建筑。加拿大广场是一座 245m 高的现代主义建筑，设计相对平实，由不锈钢和玻璃构成，建筑基座是石灰

（a）

（b）

图 10.10 伦敦金丝雀码头。（a）右侧码头开发总体规划；（b）从泰晤士河对岸看，2015

石材料。它位于轴线端部,高于其他建筑的高度,因而具有很强的辨识度。

金丝雀码头因其乏味、密封的建筑而备受批评。办公楼的单一文化特质使其难以呼应周围普通人群面临的社会问题,也招致了负面评论。在陌生人眼里金丝雀码头就是一处私人地产。基地西北部的住宅区是一个封闭的私人小区。它由许多建筑组成:伯克利塔、汉诺威大厦、贝尔格雷夫庭院和伊顿大厦。它设置在一个公园般的环境中,拥有自己的"炮台俱乐部"。

从积极的方面来看,总体规划因其环路、广场和绿树成荫的街道景观质量而受到赞扬。由不同建筑师设计不同建筑物而带来的独特性(这是组合型城市设计才能达到的质量)也被认为是一项成就。这些努力是否能够取得整体性的成功还有待观察。但是,它已经实现了减轻(但不是取代)传统市中心压力的主要目标。向东部发展的伍德码头,是对金丝雀码头开发批评的一种回应。

伍德码头的总体规划是在 2011 年制订的,Ten 工作室的安奈特和莫里森(Allies & Morrison)作为建筑师、伍德码头有限公司(金丝雀码头集团有限公司,英国水道和巴尔的摩地产公司)是甲方。该项目计划在 13.5hm² 的土地上建造 3100 个住宅单元、18 万 m² 的商业空间、100 家零售商店和餐馆。预计将有 45% 的住房出售给普通家庭,23.7% 为低收入家庭准备。规划方案中包括教育机构、社区中心和酒店。中心将是赫尔佐格与德梅隆设计的一座 55 层的住宅楼,这是对批评金丝雀码头建筑风格乏味的回应。伍德码头于 2014 年破土动工,首批建筑预计于 2018 年完工(Whithers,2014)。

案例研究
中国,上海,浦东陆家嘴(1990~2014+)
一个超现代的全球商务区

上海浦东陆家嘴金融贸易区,不仅是一个暗含着自由风格的组合型城市设计的典范,也是中国及其他亚洲地区所展示出来的城市设计和建筑价值典范。陆家嘴金融贸易区是许多外国银行机构所在地。尽管到目前为止,国际组织在此建立的全球总部不多,但是这里的区域总部已经从 2004 年的 53 个增加到 2014 年的 470 个。

浦东核心区过去是一片农田。但在黄浦江沿岸有造船厂、石油化工厂和其他工厂。土地是公有的。1990 年 4 月,作为经济改革的组成部分,(当时的)对外经济贸易合作部宣布了开发浦东新区的计划,以吸引外资。其目标是建立一个由优秀现代建筑和精心设计的开放空间组成的核心区,再加上基础设施和交通信息网络的协同,将上海变成一个全球商业中心。

陆家嘴的发展经历了四个叠加但又截然不同的阶段。前三个阶段从 1990 年持续到 2005 年,第四个阶段从 2005 年持续到现在。前三个阶段的重点是以各级政府为主体进行投资,促进经济发展。而在第四个阶段采用了更加自由的发展政策以及尝试进行设计更新，使它成为一个对行人更友好的场所（图10.11）。

陆家嘴金融贸易区是浦东新区规划中的四大开发区之一。其他三个分别是金桥出口加工区、外高桥保税区和张江高新技术园区。金融贸易区规划成为上海新的商业中心。它占地面积6.8km²，其中含有金融、信息技术和房地产咨询等公司。土地为公有，租期是99年，租金按开发时预估价值的50%收取。

陆家嘴的建设始于1992年。在上海市政府领导下，成立了高级顾问委员会（SCC）来启动开发。该委员会由当地官员、专业人士和

四个外国设计团队组成。国际团队是法国多米尼克·佩罗——巴黎国家图书馆的玻璃塔设计师（1992~1996）、英国理查德·罗杰斯爵士、意大利马希米亚诺·福克萨斯和日本伊东丰雄。选择这些建筑师表明了该地区想要追求的建筑意象。上海城市规划设计研究院提交了第五份方案。

1994年，上海市政府和陆家嘴金融贸易区开发公司邀请上海城市规划设计院，综合5个设计方案，编制陆家嘴城市设计。不过，最终的设计仅采纳了规划设计院自己提交的方案（比较图10.11c和图10.11d）。该方案将基地划分为三个分区，设计了地下步行网络、滨河公园

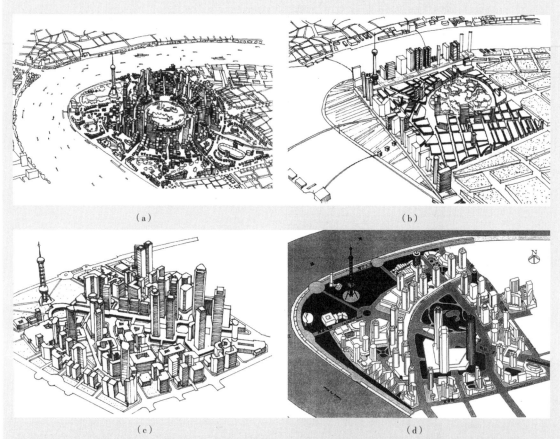

(a)　　　　　　　　　　　　　　(b)

(c)　　　　　　　　　　　　　　(d)

图10.11　陆家嘴五个概念方案中的三个以及总体规划。（a）理查德·罗杰斯提议；（b）多米尼克·佩罗提议；（c）上海城市规划设计研究院提议；（d）上海城市规划设计院编制的陆家嘴总体规划

和一组前景建筑。设计目标还包括多功能混合，以使陆家嘴不只是一个日间商业区。

其中一个分区被规划为建造带有中央公园的高层建筑区，另一个被规划为商业区，位于中央大道的西侧。第三个是一个滨水区域，包括文化和娱乐设施、礼品店以及原有的东方明珠电视塔。地下行人网络将这三个部分连接起来。滨水区和中央公园通过中央大道连接起来。

现在的道路网由两个主要部分组成：中央大道和环路。中央大道是一个双向八车道的轴线性林荫道，中间有一条由草坪和树木构成的狭长景观带，还有一个线性的水景。这条大道不仅是一条主要的交通路线，也是一条连接陆家嘴三个分区的视觉走廊。它有不同等级的交叉路口，连接着服务于次区域内部的道路。陆家嘴的标志性建筑是东方明珠塔，高 400 多米。塔由 11 个红色球体——2 个大球体和 9 个直径达 50m 的小球体组成，它们支撑在直径为 9m 的柱子上。与周围的环境相比，它显得有些渺小，但它象征着上海国际贸易角色的复活。

世界知名建筑师的设计作品纷纷落户陆家嘴。KPF 规划了 488m 高的上海世界金融中心（世贸）。建筑建设始于 1997 年，但亚洲经济危机迫停了项目。尽管有可能面临恐怖活动风险，为了超过同时在建的 508m 高的台北金融中心（台北 101 大厦），最终提高了金融中心的高度。它也超过了自己的邻居——88 层，420m 高坐落在六层平台上的金贸塔。金贸塔由芝加哥 SOM 事务所设计，融合了装饰艺术和中国传统风格，也曾经是世界第三高建筑。上海中心大厦（图 8.4）目前也被添加到这一场景中。

陆家嘴一期开发的的建筑设计导则包括对建筑高度的控制和每一个地块的详细要求。在核心区，标志性的三幢高层塔楼规定不得低于 360、380、400m。它们周围是高层建筑集中区，从 220m 的高度到滨河地带 160m 的高度。滨江线性区域的设计导则规定了建筑的退线、街区轮廓、裙房的高度、材料和柱廊的高度。

据估计，浦东开发第一期的开支约为 100 亿美元，资金来自中央、上海市政府、亚洲开发银行和世界银行。整个项目跨度约 30 年，总成本可能至少为 800 亿美元，预计其中一半将来自外国投资。为实现开发建设的目标，投资者可获得如下优惠：（1）所得税税率降低（15%）；（2）出口导向型企业免征进口税；（3）减免建设项目和基础设施项目的税收；（4）50 年或 70 年的土地租赁（Wang，2000）。

陆家嘴最终呈现的是一片开阔的，布满摩天大楼的壮丽天际线。开敞空间给人一种华丽的印象，但是它们也很大，对行人不友好。中央大道（现在称为世纪大道）的宽度为 100m，在浦江和陆家嘴核心之间提供了强大的视觉联系，但它也切割了该地区的各部分空间。世纪大道 5km 长，在设计上以巴黎香榭丽舍大街为灵感，但是缺少豪斯曼巴黎规划中街道两边的围合建筑，它只服务于当地的机动车交通和地下的行人。一条新建的地铁线路提供公共交通。不管开发之初对设计质量是如何考量的，陆家嘴从过程到产品都是中国其他开发的先行者，是一种现代性的象征。1999 年，由于供过于求，浦东估计有 70% 的办公空间空置，但是到 2004 年这一数字下降到了 15%。

从 2006 年到现阶段，陆家嘴的许多城市设计开发的内容已经确定了，后续的发展将重点

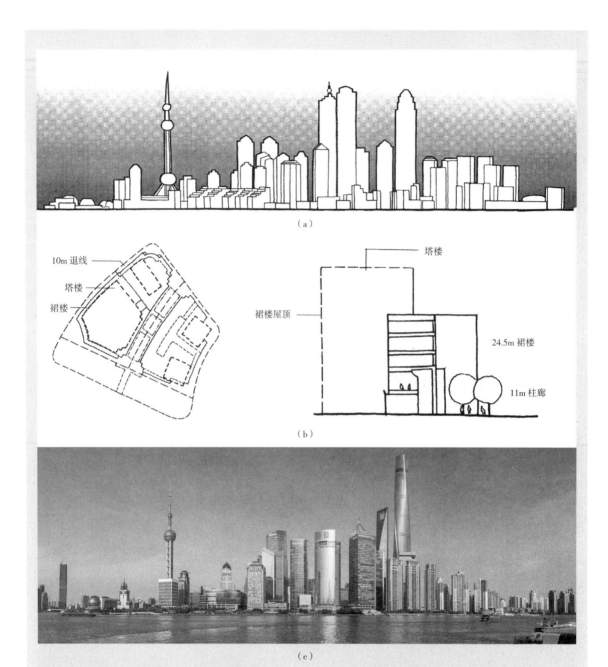

图 10.12　上海浦东陆家嘴。（a）2000 年希望的天际线轮廓；（b）中心区设计指南；（c）2015 年天际线轮廓

放在了细节上。2007 年，维托里奥·格雷戈蒂国际协会与当地公司 Thape 共同赢得了陆家嘴扩建项目的竞标（世界建筑新闻，2007）。他们提出未来的开发应该采取网格布局形式，街道两旁可以是带有 20m 高底商的建筑物，而不是单纯矗立在开放空间、步行区和水道中的像个盒子似的大高楼（图 10.12）。

2010 年，人们开始关注行人专用地下空间的品质。在过去的十年中，为了提高行人的舒适度，诸如明珠广场和下沉式庭院等开发项目相继建成，解决了行人和车辆之间的冲突。更重要的是，开发的重点已经从将街道作为边界转变到通过街道来统一街区的开发缝合。

备受称赞和批评的陆家嘴不仅仅是一个市场驱动的组合型超现代主义城市设计，而且代表了由政府给一个民族描绘的未来憧憬。这里的建筑有一种令人兴奋的多样性，一切都有可能，一切都可以接受。这里混杂了个人主义、现代主义和传统主义等各种建筑概念。陆家嘴正在演变成独立建筑的零碎设计，每栋大楼都想成为前景建筑，几乎不受设计导则的约束。

混合用途开发

在许多观察者看来，城市和郊区中单一用途片区是乏味的，相应的许多规划者变成了混合用途开发的倡导者。对"混合用途"的理解各不相同。伦敦的帕特诺斯特广场（Lang，2005a）是一个商业和零售场所，柏林的波茨坦广场也是如此。汉堡的哈芬城包括一个大礼堂，伦敦的国王十字车站含有一个高等教育机构。欧洲最大的内城开发项目哈芬城将成为汉堡的新市中心（Walter，2010；Bullivant，2012）。波茨坦广场建筑群包括索尼中心及其商业设施、餐厅和零售店、剧院和电影院（Lampugnani & Schneider，1997；Lang，2005b）。上述这些混合用途项目的开发商都对公共领域的质量给予了相当大的关注，尽管在某些情况下，公共领域其实也是私有的（图10.13）。

本书的案例研究展示了不同程度的设计控制。清晰的总体规划和详细的建筑设计导则塑造了炮台公园城。罗兹山镇中心是一个新传统主义的区中心，许多人会把它归类为一个整体城市

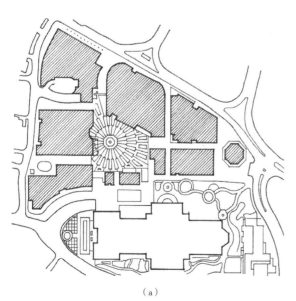

（a）　　　　　　　　　　　　　　　　（b）

（c）　　　　　　　　　　　　　（d）

（e）　　　　　　　　　　　　　（f）

图 10.13　三种混合用途的整体式城市设计。（a）伦敦帕特诺斯特广场；（b）汉堡哈芬城；（c）伯林波茨坦广场开发

设计，因为这个项目在很大程度上是通过协同工作完成的。奥雷斯塔德和哈马比·约斯塔德是混合用途区，但主导功能是住宅。前者是新现代主义，后者是生态设计的典范。倒数第二个项目是悉尼的中央公园，这是一个内城开发项目，原址是一家酿酒厂。最后一个项目是纽约的世贸中心遗址，这是一个纪念性的方案，包含了商业和公共机构等功能（图 10.13）。

案例研究
美国纽约炮台公园城（1962~2012+）
"城中新城"：城市设计范式转变的历史见证

炮台公园城的开发伴随着政治斗争（特别是纽约州和纽约市的政客和官僚之间），同时受到纽约市经济波动以及房地产市场和管理等变化（Urstadt & Brown，2008）的影响。炮台公园城从 1962 年开始建设到 2010 年建成，我们今天看到的是 1979 年总体规划的产物（图 10.14）。

1960 年，在曼哈顿下城，20 个破败的指状码头被划归到纽约市，由其海运和航空部管理。河道可以合法填埋用于开发，一直到码头线，从而形成占地 37hm² 可开发的土地。1962 年，该部门制定了一份不太受欢迎的现代主义规划，包括一个新的船码头、一条滨海工业大道和住宅区。后来方案又做了一些修改。

纽约州州长纳尔逊·洛克菲勒希望该开发区成为一个建立在轻工业基础上的综合性社区。1966 年，哈里森和阿布拉莫维茨公司的华莱士·K.哈里森，即奥尔巴尼的帝国大厦广场（第8 章）的设计师，提交了一个规划方案，但被批评为正统包豪斯/勒·柯布西耶风格。与 1962年的方案一样，方案既没有实施，也没有启动任何吸引投资程序。后来的一个方案也是同样下场。

在银行家大卫·洛克菲勒（纳尔逊·洛克菲勒的兄弟）的领导下，曼哈顿下城协会为整个曼哈顿下城滨水区制定了一个规划。规划结合布满人工海湾的滨水区形成一个 U 形超级街区，滨水区建有带退台的住宅公寓楼。规划由华莱士、麦哈格、罗伯茨和托德共同完成，建筑主要由詹姆斯·罗森特设计。这个方案在今

天可能获得欢迎，但是在当时并没有被采用（Buttenweiser，2002）。

纽约市与纽约州对项目控制权的冲突，随着 1968 年炮台公园城管理局（BPCA）的成立而得以平息。1969 年 BPCA 发布了第一个官方概念设计，是一个巨构建筑。媒体和公众都认为它很适合曼哈顿。建筑综合体贯穿整个基地，主体部分是一个七层的室内购物中心，部分区域是开放的室外空间。综合体包含各种城市功能和便利设施：商店、餐馆、学校、公园、娱乐设施、交通线路、公共设施，此外还有一些摩天大楼。城市规划部门将该设计方案转化为庞杂的区划条例。然而，由于 1973 年的经济衰退、BPCA 以及纽约市政府濒临破产这些背景，如此艰巨的项目难以获得投资建设。

1975 年的方案比较务实，考虑到了开发商如何为各自项目融资的问题。方案将整个基地变成了一些可以独立开发的住宅簇群"豆荚"。"豆荚"自成一体，形成了独立可控的中产阶级世界。目前还不清楚谁将为连接豆荚簇群之间的高架人行道提供资金。即便如此，港威广场（Gateway Plaza）还是得以在 1982 年完成。此时新的总体规划已经形成。港威广场也被纳入新总体规划中。

20 世纪 70 年代金融环境变得糟糕，纽约州立城市发展公司慢慢介入开发中，并将土地所有权转让给 BPCA，从而使得政府决策更加迅速。1979 年，为了在 90 天内支付 2 亿美元债券发行费以及规划方案能获得纽约州立法机关批准，

（a）

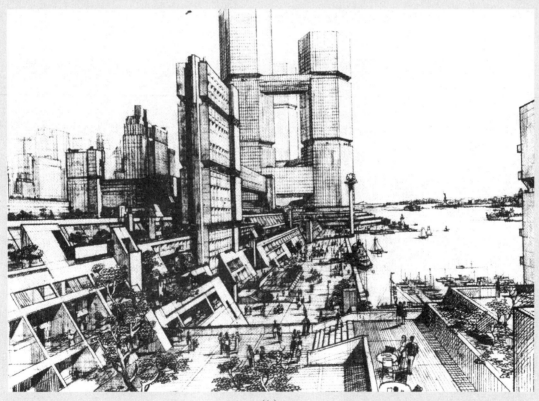

（b）

图 10.14 炮台公园城两个早期方案。（a）纽约市海洋和航空开发提案，1962 年；（b）1969 年城市提案，巨构建筑

一份新规划匆忙出台。方案要获得房地产开发商的理解，地块的细分必须相对标准。BPCA 采用了亚历山大·库珀和斯坦顿·埃克斯图特的概念设计（Alexander Cooper Associates，1979）。这个方案已经简约至极（图 10.15）。

新方案计划在基地上建造多达 14000 个住宅单元，同时将商业设施有机融入基地中。55.7 万 m² 的办公空间被放置在世贸中心对面。方案中 30% 的场地是广场和公园，还有一个沿着哈得孙河的游憩场。

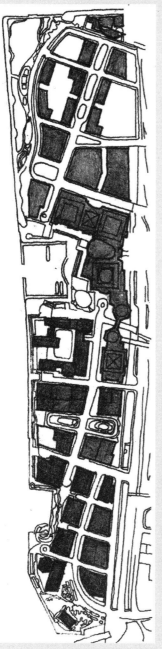

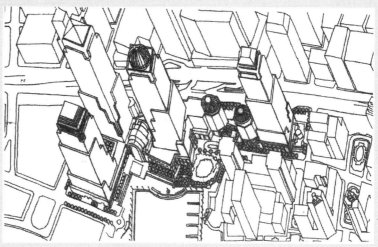

（b）

（c）

图 10.15　炮台公园城 1979 年方案，纽约。（a）平面图；（b）体量图：世界金融中心（现为布鲁克菲尔德广场）；（c）从霍博肯看世界贸易中心一号楼，2015 年

（a）

135

根据规划，炮台公园城的发展策略主要包括：（1）是曼哈顿下城有机组成部分，因此基地需要延续曼哈顿的街道模式；（2）机动车交通系统布置在地面层；（3）富有纽约建筑风格的美学特质；（4）以城市商业综合体作为前景建筑，其他建筑为背景；（5）对使用用途和开发控制具有足够的弹性以应对市场的变化。场地的北端将会是一个公园。每条连接从岛中心向外辐射的街道，尽端都会布置大型公共艺术雕塑作为视线的兴趣焦点和标志物（Alexander Cooper Associates，1979；Gordon，1997）。

建筑设计导则选取了纽约一些受人喜爱的建筑元素，如格朗西公园和晨兴高地。导则规定了建筑材料的性质，层拱的位置，要求建筑物应该有清晰精致的底座和飞檐，还规定了窗墙比例。每个建筑都是单独设计的，校长广场的图片可以反映出来（图10.16）。商业空间主要是由西萨·佩里设计的世界金融中心和冬季花园，成为前景元素。游憩场由汉娜／奥林设计。多层平台结构为后来的海滨步道提供了样板。建设基础设施的资金来源于长期融资债券。

规划的实施过程比1969年的巨构建筑方案要简单得多（表10.1）。一期建设包括到奥林匹亚和约克开发的世界金融中心。当时的策略是先向南建设，然后再向北建设（即从中间向外围建设）。北部片区把更多的重点放在环境的可持续发展方面，比南部片区的设计限制相对少一些。

世贸中心双子塔在2001年9月遇袭，被严重破坏。它很快恢复过来，但是采取了新的安全措施。在地块内设置了路边护栏、"老虎陷阱"和一些街道围挡。这一组合获得了2005年美国景观设计师协会颁发的奖项，以表彰其在不损害自然景观的情况下所实现的安保环境。2012年，飓风桑迪淹没了该地区，但令人惊讶的是，它几乎没有造成持续的破坏。虽然可以说炮台公园城最初的城市设计已经完成，但是基地还在继续发展。现在，在布鲁克菲尔德公司的控制下，世界金融中心被重新命名为布鲁克菲尔德广场。耗资2.5亿美元的改造工程在2015年已经完成。与之前相比，设施得到了升级，以吸引更高收入阶层的购物者。

建成后的炮台公园城是一个新传统主义风

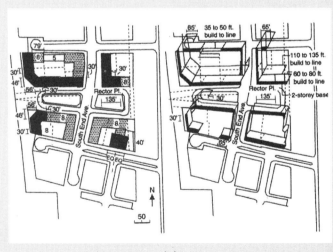

（a）　　　　　　　　　　　　　　　　　（b）

图10.16 牧师广场，纽约炮台公园城。（a）设计原则：平面图与高度（左图），街道墙（右图）；（b）今天的外观

格的组合型城市设计（Russell，1994）。这个项目表明了通过精心构思的城市设计而不是放任自流的规划能够实现些什么，在城市开发需求旺盛的时期尤其如此。它的建筑设计可能不是全球经济所追求的那种类型。然而，所有的报告都显示，它是上班族工作的好地方，也是收入较高的 25000 名居民的宜居场所。整个工程估计耗资 40 亿美元。

规划实施对比　　　　　　　　　　　　　　　　　　表 10.1

1969 年开发规划			1979 年总体规划	
形体规划概念			**形体规划概念**	
巨构建筑			延续曼哈顿路网	
公共机动车交通走廊			街道	
7 个 "豆荚"			36 个街区	
开放空间平台			公园	
规划控制			**规划控制**	
所有权归属城市			所有权归属 BPCA	
一揽子租赁			城市选择回购	
总体开发规划			总体规划	
特别区划			城市设计导则	
基地改善预计花费			**基地改善预计花费**	
	1973	1979		1979
公共设施	14.1	25.2	公共设施	8.5
市政设施	41.1	73.6	市政设施	3.0
街道、轴线	58.3	104.4	街道	13.7
喷泉	19.2	34.4	喷泉	—
拱廊	26.0	46.5	拱廊	—
应急资金	15.8	28.3	应急资金	—
总计（百万美元）	174.5	312.4	总计（百万美元）	53.2
实施过程			**实施过程**	
1. BPCA 负责轴线设计			1. BPCA 准备设计原则	
2. PARB 审查轴线设计			2. BPCA 设计街道和公园	
3. 城市规划评估、修改			3. BPCA 选择开发商	
4. 评估委员会			4. 开发商设计建筑物	
5. BPCA 开始轴线建设			5. BPCA 审查设计	
6. BPCA 选择豆荚开发商			6. BPCA 建设街道与公园	
7. 开发商设计豆荚平台			7. 开发商建设建筑物	
8. BPCA 审查豆荚 / 平台连接性				
9. 开发商设计高层塔楼				
10. BPCA 同意塔楼设计				
11. PARB 审查豆荚设计				
12. CPC 修改 MDP（视申请而定）				
13. 开发商建设豆荚平台				
14. 开发商建设第一座建筑				

案例研究
澳大利亚，新南威尔士州，丘陵区，罗斯山镇中心（2000~2007）
一个私人拥有的新传统主义混合用途郊区新城

罗斯山镇中心（Rouse Hill Town Centre）的街道—建筑组合方式是那种传统的小汽车主导的郊区商业中心，与标准的封闭式购物中心设计不太一样。二者的共同点都是私人开发商所有：一家上市房地产开发管理机构 Lendlease。

中心区的设计由建筑公司组成的联合工作组完成。设计中联合工作组密切联系，并共同遵守一套明确的设计导则，所以这个方案可以被当作一个合作完成的整体城市设计，也可以视为一个组合型城市设计。城市中心区的规划由奇维塔斯城市设计与规划有限公司完成。建筑设计由多个公司完成：赖斯·道宾尼，艾伦·杰克和科蒂尔以及 GSA 集团。据估计，大约有 100 名设计师参与了这项工程。他们与康代尔 ESD 服务协调工作，后者负责设计中的气候研究。

中心区按照郊区购物中心的类型设计，是一个新传统主义风格的项目。它由位于四角的"大盒子"商场和串联其间的商业步行街组成。中心点是一个广场，面对广场的是醋山纪念图书馆。广场上有地面喷泉。夏天的时候，孩子们可以在喷泉中嬉戏。街道两旁是四到六层的公寓楼，为开放空间提供了潜在的自然监视机会。街道上有一些汽车停车位（图 10.17），但大多数车位在布满整个场地的地下车库内。两条交叉的街道——主街和市民大道，将基地划分为清晰的四个象限，每个象限都有自己的特点。与购物中心开发商青睐的笔直、宽敞和畅通无阻的步行街不同，这些步行街通过一些节点来丰富行人的视线景观。小广场上、街道上，以及西向商店窗口等随处可见的可调节织物遮阳棚增加了中心区的新传统主义味道（Harding，2008）。

该中心有 220 个零售商店、104 套公寓、10 个餐厅、一个电影院、一个医疗中心以及图书馆。与房地产市场分析师的预测截然相反，这里的住房很热门，尤其是受到空巢老人的欢迎。老人们可以继续生活在他们熟悉的地方。镇中心的东端是公交枢纽，与悉尼中心连通的西北铁路罗斯山站将会在镇中心附近建设（Wiblin，2012）。

该设计中部分吸引人的地方在于对节能措施的关注，镇中心有些部分是用回收材料建造的。一个容量为 15 万 L 的水箱收集雨水用于冲厕所、浇花和清洁。具有过滤功能的排水系统有助于恢复附近的卡迪溪生态。室内温度控制采用被动式太阳能设计。通过使用雨水和再生水，罗斯山镇中心比同类的中心区降低了 60% 的用水量，节省了 40% 能源支出。

该设计获得了许多赞誉（Grennan，2010）。在 2010 年，它被华盛顿的城市土地研究所确定为五项世界最重要的开发之一。澳大利亚建筑师协会为这个项目颁发了杰出城市设计奖。

图 10.17　罗斯山镇中心。(a) 整体体块模式；(b) 带有底商的公寓；(c) 镇中心和图书馆

案例研究

丹麦，哥本哈根，奥雷斯塔德（1992~2035）

一个欧洲公私合营房地产开发的例子。一个新城镇？

奥雷斯塔德是丹麦哥本哈根为了与德国北部的经济发展进行竞争而开展的一系列雄心勃勃的项目之一。1992 年丹麦议会成立了"奥雷斯塔德"公司来开发这个片区。该公司 55% 的股份由哥本哈根市政府持有，45% 的股份由丹麦财政部持有。公司负责将一条地铁线纳入奥

雷斯塔德的规划中，这两者又是另一个整体设计的组成部分。长约 5 km，宽约 700m 的狭长场地恰好符合设计整合的要求（图 10.18）。

场地的地理位置得天独厚，与瑞典和机场连接都很方便，堪称斯堪的纳维亚的十字路口。项目的目标是为 2 万名居民、2 万名学生和 8 万

名工人创造一个国际认可的综合功能地区，使日间人口达到 10 万左右。到 2015 年这个目标已经实现过半。

1992 年，奥雷斯塔德公司组织了一次国际设计竞赛。四件作品由评审团选出进行公开公展。最终，芬兰建筑事务所 ARKKI（现在与丹麦的 KHR 公司合并）被选中来制定总体规划。奥雷斯塔德被分为四个区：Ørestad Nord、Amager Fælled Kvartreret、Ørestad City 和 Ørestad Syd。其中 Amager Fælled 还没有看到任何发展。其他每个区被划分成若干个邻里，邻里之间夹着绿化区。这些绿化区以及南北向的运河给奥雷斯塔德塑造了一种绿色形象，并提供休憩作用（Bullivant，2012b）。

Ørestad Nord 是其中发展得最充分的邻里。它环抱一块中央村庄绿地，紧邻南北流向的大学运河，包括让·努维尔设计的音乐厅，伦加德和特兰伯格设计的泰腾学院宿舍，以及 BIG 设计的 VM 住宅。该地区还包含有众多的公共机构，如哥本哈根大学南校区、城市信息技术大学和卡伦·布利森住宅（以《走出非洲》的作者命名）。1000 套住房中有一半是为学生提供的。

位于 Ørestad Nord 和 Ørestad Syd 之间的 Ørestad City 相当于是奥雷斯塔德的市中心。丹尼尔·里伯斯金在制定总体规划时受到中世纪城市那种错综复杂的街道布局的启发，设计了一个包含杂乱狭窄街道的超级街区。中间是两座 20 层高的倾斜立面地标性建筑。21 世纪初的经济危机使这版规划没有全部实施。奥雷斯塔德公司采用了一个更温和的设计取代了里伯斯金的规划，新的设计很大程度上遵循了里伯斯金的最初构想，但是可以根据房地产市场的需求逐栋建筑开发（Grabar，2012；Loerakker，2013）。

奥雷斯塔德市区的建设从尖塔开始（2001年完工）。该地区主要建筑物包括菲尔德购物中心、丹麦最大的酒店、斯堪的纳维亚半岛上最大的贝拉会议展览中心等。菲尔德购物中心的建设在满足当地需要和为开发公司提供经济生命线之间做了权衡，解决了公司的财务问题。

Ørestad Syd 位于一块空地上，这里从前是一片牧场。项目的计划是在北部规划一个多功能商业区，在南部建设一个多功能住宅区。这两部分被一个公园隔开。2005 年哥本哈根市议会最终通过的方案是：北部为繁茂树木围绕的城市空间，南部围绕三个南北向的开敞空间形成高密度建筑群。该片区预计容纳 1 万名居民和 1.5 万名工人。

奥雷斯塔德是公私伙伴关系的一个好例子，它取代了欧美城市中传统的利用区划控制实施城市设计的技术。设计是在公共利益代表方和房地产开发商之间不断的谈判过程中达成的。最终形成的总体规划是一个紧凑城市，街道由建筑围合而成。但是很多街区实际开发后形成的是建筑坐落在开敞空间中。如一些评论家所说的形态，事实上总体规划已经被抛弃了（Grabar，2012）。开发商和他们雇佣的建筑师已经变成了自我娱乐的独裁者。

虽然现在得出结论还为时过早，但是这一项目毁誉参半。它被誉为大师作品的集锦，也因为缺乏城市性而遭到嘲讽。它更多关注街区而忽视了街道的质量。例如，向内开敞的菲尔德"大盒子"购物商场限制了邻近街道的活力。Ørestad City 最主要的凯菲斯克广场因为充当了地铁和菲尔德商场之间的通道才有了些人气。建筑师们所获得的几乎绝对的艺术创作自由，导致了很多"前沿"建筑的诞生，但是奥雷斯塔德缺乏宜居城市的独特品质。这些大楼可以出现在任何地方。

（a）

（b）

图 10.18　奥雷斯塔德。（a）地铁线穿过基地；（b）奥雷斯塔德北片

案例研究

瑞典，斯德哥尔摩，哈马比滨湖城（1990~2017）
一个可持续的多功能宜居片区

哈马比滨湖城是"生态友好型生活"开发设计的典范。该区位于斯德哥尔摩，占地200hm²，曾经是一个工业和港口基地。在20世纪70年代和80年代被遗弃后，它变成了一个名声不好的棚户区。在斯德哥尔摩城市规划师、建筑师简英格—哈格斯特伦的领导下，斯德哥尔摩对该地区进行了规划，以缓解斯德哥尔摩边缘区不断增长的人口压力（图10.19）。

最初的设想是将该场地作为2004年和2012年奥运会一部分，但是这个期望落空了之后，斯德哥尔摩市政府决定建造一个生态城市。项目受到关于环境与发展的美国议程21号宣言、马尔默西港设计，以及2000年悉尼奥运会等启发。它的知识基础可以追溯到伊恩·麦克哈格（1969），甚至更早的帕特里克·盖迪斯（1915）的作品。当哈马比滨湖城在2017年竣工时，住宅人口将达到2万人左右，另外在商业区还将有1万个工作岗位。许多住宅楼的底层都设有商店、咖啡馆和餐馆。

从启动总体规划程序开始，规划师就决定通过城市设计促进环境友好的行为。一系列闭环基础设施系统充当了地块设计的主骨架。居民通过教育中心（玻璃屋1号）学会如何使用各种系统。大多数建筑都有太阳能板和电池，夏季产生的电量可以满足50%的家庭用电需求。住宅通过线性的绿色空间和指状滨水区与自然保留地连接起来，这些绿色空间为当地野生动物提供了栖息地（Iverot & Brandt，2011；Ignalieva & Berg，2014）。哈马比滨湖城的规划要求之一是每栋住宅建筑必须在300m半径内拥有25~35m²的绿化面积。

哈马比滨湖城与斯德哥尔摩其他地区之间通过两条沼气公交车路线、免费轮渡服务和一条新的有轨电车线路相连。一个拥有25辆汽车的共享汽车系统散布在开发区域内，极大减少了基地的小汽车数量，平均每户只需要0.5个停车位。滨湖城最具创新性的技术是通过真空垃圾管道运送可燃烧和可堆肥的家庭垃圾。这些废物最终被送往回收中心进行转运。填满的垃圾袋被间歇性地运送到区域外围的电站，用于供热和联合发电。另外，该区域还实施了大规模的垃圾收集和雨水收集过滤。

40家建筑商及其建筑师参与了该片区的建设。大多数建造商选择降低建设地块的要价，以减少支付基础设施的费用。建筑师是在一种竞争环境中进行工作，但是通过一些非常简单的设计导则形成了片区统一感。这些设计导则将建筑物的高度限制在五层或六层，每一栋楼都要沿着地块边界线建造。最初预计空巢老人将成为主要的居民，但第一批搬入的居民实际上是一些想寻找一种新的郊区生活方式的年轻家庭。因此，学校和托儿所也很快被添加到项目中（Foletta，2011）。

哈马比滨湖城一直激发着世界各地城市政府和城市设计师的灵感。包括中国的曹妃甸生态城市和巴西的共生城市等均借鉴了哈马比滨湖城的经验。但正如许多低能耗建筑项目一样，关于哈马比滨湖城实际运行情况的数据是有限的。

图 10.19　哈马比滨湖城，斯德哥尔摩。（a）滨水区；（b）滨水咖啡馆；（c）分类废物：中央废物处理系统
来源：（a）Yanan Li 拍摄；（b）Lennart Johansson 拍摄；（c）Svartpunkt 拍摄

案例研究
澳大利亚，新南威尔士州，悉尼，中心公园（2003~2025）
一个控制松散的内城城市更新项目

　　正在建设中的悉尼中央公园位于悉尼中央商务区边缘的奇彭代尔，是一个混合使用开发项目。这块面积 5.6hm² 的棕地原属于肯特/卡尔顿联合酿酒公司。地块从 2003 年才投入开发，辉盛地产（原名澳地）提出了 2.03 亿澳元的有条件投标，条件是中央悉尼规划委员会（CSPC）

可以大幅高 45m 的建筑限高（图 10.20）。

为了确定各类开发指标，CSPC 组织了一次设计邀请竞赛。大部分提交方案比较类似，基本上确定了 70% 的住宅和 30% 的商业混合开发比例，围绕中心绿地建造 4 层、8 层和 12 层的建筑，此外还有水循环系统和其他节能系统。最终的结果是改变了基地的高度限制和容积率控制（Sydney，City of 2014）。

在 2000 年之后的经济动荡中，这块地两次易手。如今该项目由辉盛地产和大型日本房地产开发公司积水置业联合投资。辉盛地产由前妇科医生斯坦利·奎克领导，总部位于新加坡，但在澳大利亚设有分支机构。授权方是悉尼市政委员会，它要求辉盛地产遵守州和地方所有

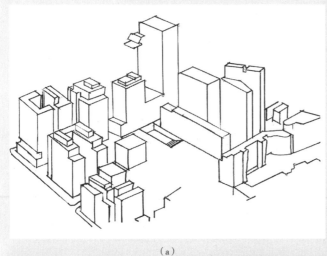

（a）

（b）

（c）

图 10.20　中央公园，悉尼。(a) 总体建筑体块；(b) 下沉庭院；(c) 南面视角
来源：(a) Yanan Li 拍摄；(b) Lennart Johansson 拍摄；(c) Svartpunkt 拍摄

的环境规划政策，包括为奇彭德尔的居民提供开放空间。

2008 年，辉盛表示希望为悉尼打造"世界级的建筑、创新性的可持续发展计划以及一个新的内城广场"（Farrelly，2015）。时任悉尼市市长克洛弗·摩尔曾经是将公共艺术纳入大型建筑项目的立法领导人。最终艺术家詹妮弗·特纳和米夏埃莉·克劳福德被委托设计了光环。这是一个直径 12m，以风力驱动的动态雕塑，位于奇彭德尔绿地的一个 13m 高的山脊上，使得公园与建筑群形成一种对话。"光环"是基地公共艺术项目的一部分。奇彭德尔绿地是杰普·阿加德·安德森和草坪设计工作室设计的一片开阔的草坪和梯田，一侧是缓缓流淌的水景，一条小路通过新建的袖珍公园将项目与社区连接起来。

中央公园的建筑最终将由著名建筑师设计。建筑综合体的核心建筑是中央公园一号，由两座公寓楼组成，其中一座 34 层，另一座较低，由让·努维尔设计。每一个公寓楼都有一个定日镜（由电脑控制跟随太阳移动的镜面装置）。较低的定日镜将阳光反射到较高处，较高处的定日镜装在一个 120 吨的悬臂上，高定日镜又将光线反射到大楼在南侧开放空间的阴影区域。中央公园一号还有一个特色是由帕特里克·布兰克设计的 $1000m^2$ 的水培墙，以及亚恩·克萨雷设计的 LED 漂浮艺术装置。整面墙包含了 38000 多种本土和外来的植物，由四个全职园丁负责维护（旺季会有六个）。这些设计消耗的能量可能得比它们节省的还要多，但其创造的形象形成了很好的品牌效应。

中央公园一号包含一个多层的室内购物中心，跨越地下层、地面层和二层。地下层与一个户外餐厅区直接联通。与奇彭德尔绿地相邻的是前啤酒厂的行政大楼，混合了零售和商业功能。西北角将会是由福斯特事务所设计的商业建筑。东侧是一座已建成的由约翰逊·皮尔顿·沃克设计的住宅楼，住宅楼后面隔着一条狭窄街道对面是学生宿舍楼。最终形成的整体形象是围绕一个 L 形的开放空间形成一组紧凑的知名建筑集合。L 形的开放空间成为高层建筑群与周围奇彭德尔低矮住宅区的过渡。口袋公园也充当了开发区和居住区之间的缓冲。

基地开发指标主要考虑的是建筑高度、其遮光影响和建筑密度。建筑高度由北向南递减。项目北侧为理工大学的高层塔楼，南侧高度降低以协调奇彭德尔的建筑高度。基地北侧的建筑会将阴影投射到南部部分区域，如图 10.20b 所示，这在炎热的夏天很舒适，但在隆冬并不理想。日光反射装置确实能反射 70%~78% 的阳光，但在写这篇文章的时候，还不确定它们到底有多成功。

废弃的内城在重新开发时被赋予如此知名的项目名字，意味着它指向一个非城市化的标签，因为它与纽约的著名公园同名。杰出的建筑师、大胆的建筑、绿色外墙和公园都增加了项目的声望。公司和个人都有意或无意地选择那些能够强化他们自我形象的场所。这个方案的质量很大程度上归功于 CSPC 对于骨架步行巷的设置，以及沿路为行人营造了一系列"多孔"的空间。项目的功能混合和广阔的花园是额外的优势，尤其是在毗邻奇彭德尔的区域。

案例研究
美国，纽约，世界贸易中心遗址（2002~2020）
一个碎片化的组合型城市设计

在 2001 年 9 月 11 日的灾难之后，世贸中心遗址的重建工作已经持续了很长时间。起初预计它将会在 2011 年完成重建，但现在预计要延迟到 2020 年完工。最大的争议是面对这样一个介于传统设计领域和城市设计作品之间的复杂因素和情绪，如何创作一个最佳的大型建筑和景观项目。

世贸双塔被毁后，艺术品交易商马克斯·拉韦什立即采取了行动，要求知名建筑师提交设计方案。最后的设计展览吸引了成千上万的参观者，由此确保了任何基地开发方案都必须将设计质量作为一个重要的考虑因素。曼哈顿下城发展公司（LMDC）与纽约和新泽西港务局合作开发了这个项目。2002 年 7 月，他们为这个占地 6.5hm² 场地提出了 6 个设计要素，包括：露天纪念广场、方形纪念广场、三角形纪念广场、纪念花园、纪念公园和纪念长廊。在设计过程中召开了包括两场出席人数众多的公开听证会、一场展览，还有一次征求意见的活动收到了超过 12000 份回复。

LMDC 和港务局随后向有意向参加设计竞赛的公司发出了邀请。主办方共收到 406 份设计提案，最后根据设计公司的能力和声誉选出了其中的七个团队。他们的职责是为遗址描绘一幅"腾飞的愿景"。设计方案公开展出时吸引了超过 100 万的参观者。经过 LMDC，港务局和其他顾问定性和定量的分析后，最终入围的方案限定到两个（丹尼尔·里伯斯金工作室的记忆之基和 THINK 设计的世界文化中心。THINK 是由坂茂、弗雷德里克·施瓦茨、肯·史密斯和拉斐尔·维尼奥利组成的团队）。最终纽约市市长和纽约州州长选中了丹尼尔·里伯斯金工作室的方案。

里伯斯金的设计名为"记忆之基"，它映射了曼哈顿的街道网格模式。设计方案将部分泥浆墙暴露在外，同时还包括一个纪念博物馆和文化空间、一个高 541m 的塔楼，自由塔（现在是世贸中心一号大楼）及一系列活动空间。2003 年 9 月，一个更新版的总体规划图向大众公布（Lubell，2004）。该方案包括商业办公和零售空间、与基地整合在一起的交通网络，公共空间和一个新公园。这个方案将以前分布在六个建筑中的总计 134 万 m² 建筑面积替换为总计 100 万 m² 的五个建筑，另外还有 100 万 m² 的零售空间以及同样规模的会议中心和"9·11"博物馆。纪念碑构成了综合体的中心。为此又举办了一次公开竞赛，共收到来自专业人士和非专业人士的 5201 份方案（图 10.21）。

最终，纽约公共图书馆前任馆长瓦坦·格雷戈里安带领的评审团选出了获奖设计——倒映虚空。评审团成员包括林璎、恩里克·诺顿和大卫·洛克菲勒。"倒映虚空"由迈克尔·阿拉德设计，他是来自纽约市房屋管理局的一名建筑师。设计同时还得到了国际知名景观设计师彼得·沃克的帮助（Greenspan，2013，2014）。纪念碑由两个巨大的凹口组成，凹下

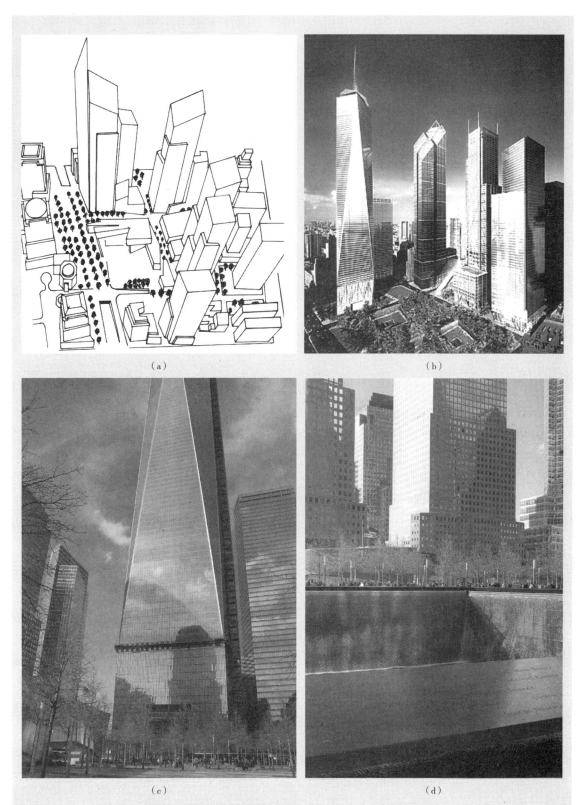

（a）　　　　　　　　　　　　　　　　　　（b）

（c）　　　　　　　　　　　　　　　　　　（d）

图 10.21　2013 年初纽约世贸中心纪念地。（a）改进的里伯斯金方案；（b）预期的最终设计；（c）世界贸易中心一号；
（d）倒映虚空
来源：（a）Munir Vahanvati 从各种来源改编；（b）曼哈顿下城发展公司

去的部分覆盖水潭，凹口四壁有瀑布流下，围合出双子塔的基址。纪念碑坐落在一片落叶林中，每年春天他们长出新叶象征着纽约精神的复兴。

港务局从应征者中选择圣地亚哥·卡拉特拉瓦设计了 PATH 地铁站。预计成本为 20 亿美元，但实际成本为 39 亿美元。卡拉特拉瓦对此作出的回应是它就像中央车站一样应该是个重要的公共空间，卡拉特拉瓦的设计有着高耸的翅膀和一个大教堂般的内部空间。它代表了建筑的高度艺术性和建筑结构的灵活性。它和纪念碑一样，与里伯斯金的竞赛获奖方案大相径庭。它将与英国高科技建筑师尼古拉斯·格里姆肖的设计共同形成一个新的交通枢纽。人们希望这个枢纽能够刺激周边地区的发展，就像中央车站的改造曾经对于曼哈顿中城所起到的作用一样。

由于里伯斯金没有设计摩天大楼的经验，纽约州州长乔治·E.帕塔基和开发商坚持让他的公司与写字楼设计经验丰富的 SOM 公司戴维·M.蔡尔兹合作。自由塔的设计比最开始的方案"胖"了很多。它现在是一栋 70 层的普通办公楼，高度为 541.32m（加上 84.12m 的天线塔是 457.2m 高）。

拉里·A.西尔弗斯坦在双子塔被毁前六个月刚刚获得了 99 年的地块租赁权。经过了所有的保险赔偿诉讼、管辖权之争，在一场设计竞赛以后，最终的设计似乎浮出了水面。它是一个以街道为边界的建筑群：（1）世贸中心一号大楼；（2）一个多层的火车站；（3）一个博物馆；（4）一个表演艺术中心；（5）一个公园和纪念碑。四个相邻的城市街区也会有著名建筑师如罗杰斯／斯特克／哈勃及其合伙人事务所、槙文彦及其合伙人事务所和福斯特及其合伙人事务所等设计的塔楼。设计在整体上使场地视野开敞，能够眺望哈得孙河和炮台公园城的冬季花园。

曾经和谐的城市设计方案已经变得支离破碎。各个组成部分都是单独建造，大体上遵循了里伯斯金工作室的概念规划，只是要受到纽约建筑标准条例的约束。里伯斯金和城市设计师加里·哈克在 2003 年 11 月提交的设计导则几乎没有任何约束效力，因为四大股东无法达成一致。因此，纪念碑、世界贸易中心一号大楼、其他四座大楼和 PATH 地铁站正在以它们自己的方式进行建设，但其成本远远超出最初的预算。世贸中心一号大楼最初的预算是 30 亿美元，最后耗资约 40 亿美元。

每天都有成千上万的游客来到这里表达他们的敬意。

园区

新的大学校园一直都在建设，许多现有的校园也在进行改造，因为大学管理者希望让校园成为对学生（以及支付学费的家长）有吸引力的地方。他们需要这样做，以便提高招生的竞争力，并满足对环境质量的更高期望。这些校园有些是总体城市设计，有些是组合型城市设计。还有很多设计属于偶发事件。

人们已经注意到，英文"campus"一词经常被随意地用于城市开发中，而不仅仅是大学。由福斯特及其合伙人事务所设计的悉尼中央公园的三座建筑被称为"商业园区"（campus）。其他类型的园区，与大学一样，都是在风景优美的公园式环境中坐落着一系列建筑。位于科罗拉多州丹佛市郊区的丹佛技术中心也是一个绿色园区。它也是本书的一个园区规划设计的案例。

案例研究
美国科罗拉多州，丹佛市，丹佛技术中心（1964+）
一个汽车时代的郊区商业园，一个置身于公园的"中心"区

丹佛技术中心（DTC）是美国最早也是最大的郊区办公园区之一。房地产开发商乔治·M. 华莱士发起了这个位于 I–25 号公路上项目。这条高速路位于科罗拉多州境内的落基山脉前缘，与丹佛以南的 I–225 号公路相交（Worthington，1984）。园区最初是 16hm^2 的土地，在 1964 年被华莱士以 8 万美元的价格买走，目的是把他的办公室从市中心迁到这里。现在的面积是 335hm^2。华莱士通过积极的市场营销吸引了关键公司（如霍尼韦尔和数据控制公司）在 1965 年落户园区。他还大力推动了附近阿拉帕霍县机场的开发。到 1981 年，园区已经建成了 46 万 m^2 的建筑。到 2000 年，DTC 已经有大大小小多达 600 家公司，大约有 2 万人在园区内工作（DTC 数据没有更新）。当然以城市的标准来衡量，园区的密度还是很低。在 I–25 号公路 DTC 的入口处矗立着由巴伯建筑事务所设计的标志性雕塑。雕塑的设计考虑了过往车辆的速度。因此，它在高速行进以及很远距离外都十分明显。这是一个成功的地标（图 10.22）。

与许多类似的园区设计相比 DTC 在设计中思考了更多。它从过去到现在一直都是一个组合型的开发而非自由放任。它最初的设计师是卡尔·沃辛顿（Carl A. Worthington），这是一名工作室位于博尔德的建筑师。五个主要的公园道路和中央景观分隔带成为设计的骨架（Worthington，1984）。接着这些地块被划分为 12 个混合用途的超级街区。密度最高的地方是在每个超级街区围绕的中心步行开放空间。每栋建筑的下面都有自己的停车场，或是带有景观坡台的地面停车场。其目的是使车辆易于接近建筑但又不过分抢眼。街边是禁止停车的。

每个超级街区大约有 12hm^2——相当于 16~20 个普通城市街区。每个超级街区的开发都是从边缘开始，逐渐向中心发展，这样街区中心就成为一个被建筑围绕的步行广场。超级街区之间的区域是带有池塘和人行道的公园。总的来说，开放空间约占开发区土地面积的 40%。大多数建筑都是商业性的，但是酒店、零售商店和住宅建筑都集中在重要地段。

园区的每一个地块都被卖给一家私人公司，由公司自行聘请建筑师进行设计。园区的基础设施由 DTC 开发地产公司负责建设和维护。其所需资金来自与 DTC 的边界几乎一致的特殊征税区。次级开发商需要建设其场地内部的基础

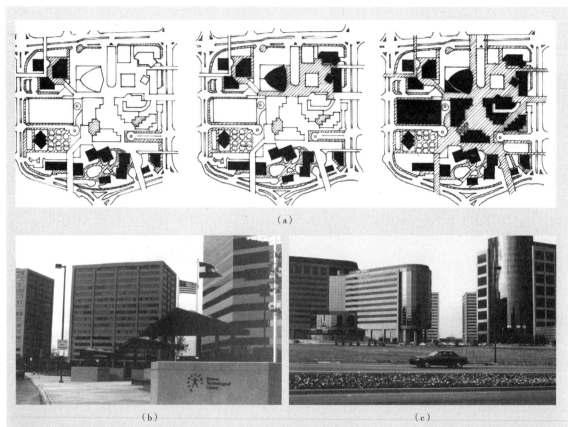

（a）

（b）　　　　　　　　　　　　　　　　　（c）

图 10.22 　丹佛技术中心。（a）超级街区的开发分期；（b）中央的公司建筑

来源：（a）由 Thanong Poonteerakul 改编自 Worthington（1984）

设施、人行道和街道景观。通过便利的可达性和严格的设计导则确保了园区的环境质量，这看上去是 DTC 对企业的主要吸引力。

所有的建筑方案都由一个建筑控制委员会进行审核。委员会设有六个固定成员，他们都是规划和 / 或设计专业人士。设计导则规定每个地块至少应有 30% 的开放空间。停车位占用地比例不得超过 40%，建筑物占用地比例不得超过 40%。这样做的目的是为了获得公园般的环境。每块基地都采取人车分流，人行和车辆通向建筑物的入口都很明显。在美国，许多郊区居民对高层建筑非常反感，因为高层建筑代表的是许多人刚刚逃离的传统城市中心。因此建

筑物的高度控制在八层以内，建筑的屋顶也是平的。

每个开发节点都是分阶段建设的（图10.22a）。第一阶段建设超级街区内的主要建筑，并与整个道路网连接。第二阶段沿园区的步行道进行开发建设，第三阶段建造超级街区的广场和步行商场。与巴西利亚和炮台公园城不同的是，超级街区的开发是由外向内推进的。

DTC 的催化作用之一是推动丹佛南部沿I–25 廊道的发展。以丹佛市中心作为一个锚点，DTC 作为另一个锚点，两者之间已经有了相当多的新增建设。但交通增加、空气污染和肆意开发的副作用还有待解决。这是谁的责任呢？

住宅

　　大型住宅项目往往是整体城市设计。一些高端住宅区属于组合型设计，每栋房屋是单独设计建造的。本章涉及的两个案例研究在性质上有很大区别。第一个案例是在清晰的概念设计指导下的高层建筑，第二个案例的目标是创建可持续社区。位于德国柏林的劳赫大街城市公寓的开发由罗伯·克里尔领导。建筑形式主要遵照强大的描述性建筑设计导则。由知名建筑师设计的独立"别墅"组成整体方案的另外一部分。第二个案例，德国弗莱堡的沃班区与哈马比滨湖城一样，是日益重要的城市设计范例。它们以可持续城市开发为目标，由性能导则来引导开发建设。

案例研究
德国，柏林，劳赫大街城市公寓（1980~1986）
在现代主义的场地布局基础上，依靠描述性导则指导，形成后现代主义的建筑形态

　　劳赫大街城市公寓位于柏林南部的蒂尔加滕街区，这里曾是柏林国际建筑博览会的一部分。开发商是柏林土地公司，由社会租房机构投资。正如前面提到的，城市设计规划和建筑设计导则都是出自罗伯·克里尔（Broadbent，1990）。

　　九幢新建筑形成组群，包围了西南部角落。第十幢建筑是前挪威大使馆。每幢建筑都稍微远离街道，面向街道利用草坪、树篱和一排树木进行遮挡。每一幢公寓楼都坐落在由 1m 高、4m 宽的斜坡形成的平台上，这样有利于保护一层公寓的隐私。建筑间距和建筑高度比是在 1∶3 和 1∶5 之间，一般认为这样的比例能提供一种围合感。建筑群围合成一个带有草坪、树木和儿童游乐场的矩形内部花园。带有半圆形尽端的矩形通道与建筑平行，环抱中心花园。三条南北向道路贯穿中心花园（Klei，1987）。

　　建筑的设计风格都是二战前位于此地的大使馆或高端别墅等建筑类型的变体。位于西北角的建筑和前挪威大使馆在体量上形成平衡。位于施图勒大街上的主住宅建筑由罗伯·克里尔设计，但是其他六座建筑则严格依照地块给定的边线进行设计。这些建筑由亨利·尼尔·博克、乔治·格拉西、布伦纳／托农、弗朗西-瓦伦蒂尼／胡伯特·赫尔曼、汉斯·霍林以及罗伯特·克里尔本人设计。主住宅建筑由两个立方体合一个内凹的连接体组成（图 10.23）。

　　所有公寓楼的平面布局都类似。每层有四个公寓，由一个中央核提供服务。其中差异最大的是汉斯·霍林设计的住宅。起初这幢住宅被分配给马里奥·博塔设计，但是他因为不愿意受到成本的限制而退出了（Broadbent，1990）。倾斜的楼梯和在立面中心设置成角度的墙壁打破了严格的立方体形态（Kleihues，1987）。这是一个简单、高度统一、向内聚焦的建筑群设计方案，总共包含 239 套公寓。它深受当地居民的喜爱，也经常有建筑爱好者前来参观。周边项目碎片式的开发使得街道成为边界而不是将这片住宅区与蒂尔加滕社区缝合起来。不过最终的结果表明，通过建筑设计导则可以实现整体统一的同时，又能够使每幢建筑具有个性。

（a）

（b）

（c）

（d）

图 10.23　柏林，劳赫大街城市公寓。（a）鸟瞰；（b）内部花园；（c）由弗朗西·瓦伦蒂尼 / 胡波特·赫尔曼、汉斯·霍林和罗伯特·克里尔等人设计的别墅平面图；（d）2015 年的建筑

来源：（a）Thanong Poonteerakul 的绘画；（c）改编自 Thanong Poonteerakul 的《Klei》（1987）

案例研究

德国，弗赖堡因布雷斯高市，沃班区（1993~2014）

联合设计，依靠性能导则塑造的可持续社区

从第二次世界大战结束到 1992 年 8 月，法国驻德国部队一直在弗赖堡南部边缘占据着一个 40hm² 的坦克步兵兵营。这块地之前归德国联邦财产管理局所有。当这块地最终可用于开发时，管理当局决定将它作为住宅区。政府以 2000 万欧元的协商价格将大部分土地卖给了所

在城市，但这并不是它的真正价值（Salomon，2010）。该项目的资金来自其开发后价值的增益。片区被细分为几个地块，按照开发潜质估价出售给开发商。土地是昂贵的，但需求是供给的三倍。由此筹集的 9500 万欧元足以对场地进行消毒，并为学校、幼儿园、公园和操场等综合

（a）

（b）　　　　　　　　　　　　　　　　　（c）

图 10.24　沃班区，弗赖堡因布雷斯高市。（a）整体布局鸟瞰；（b），（c）住宅

来源：（a）Stadt Freiburg im Breisgau Buro Kommunikation und Internationale Kontakte

建筑提供基础设施（Salomon，2010）。

城市行政当局通过"沃班项目组"协调各城市机构的工作，并负责与一个非政府组织"沃邦论坛"合作，实施片区的规划和开发工作。沃班项目组既有社会议程也有环境议程。到2010年，这个片区已经成为一个全面运转的社区，既有多样化的住宅类型，也包含社区中心、学校、商店、医疗机构以及其他专业领域的实验。那一年沃班区大约有5500人口、2472户家庭。这是一群受过良好教育的年轻住户，年龄中位数只有28岁。人们选择在此居住是因为这里的环境特色和它所能提供的生活方式。许多居民是有好几个孩子的年轻家庭。他们的环境价值观可能是同质的，但同时他们又构成了一个异质性的群体，尽管大多数人都是在学术圈或文化界工作（Salomon，2010）。

设计控制和设计导则更多是为了实现可持续发展的目标，而与建筑物的外形关系不大。性能导则的目标让片区的能源消耗适度。公共基础设施在设计中已经考虑了节能的理念。另一个目标是通过创造适合步行的邻里环境以及提高公交可达性来减少对小汽车使用的依赖，连接片区和城市地铁系统的轻轨线路于2006年开通。停车场大部分位于片区外围，其中既有沿街停车场也有地下停车场。这个片区的汽车拥有量明显低于弗赖堡的其他地区。

大多数住宅都有太阳能供暖系统，墙壁和屋顶也有复杂的保温构造。这个片区还有一座以木材资源作为燃料的热电联产工厂，这样实现了燃料的可再生化。片区还有一条雨水沟，一个沿着溪床的生物群落，以及一片起到促进空气流通作用的绿植区。沃班区城市设计是一个榜样（图10.24）。

滨水"节日市场"

滨水区开发有很多种类型。哈得孙河滨的炮台公园城核心商务区，外围住宅建筑是其中一种类型。新加坡河过去是水路转运的地方，如今河道两边都建设了新的人行道。沙捞越（马来西亚）的古晋码头现在是海滨公园和步行大街（Lang，2005c）。保护和改造废弃的指状码头并进行综合开发是另一种滨水设计产品类型。这样的开发往往是整体城市设计（如旧金山的39号码头，悉尼的沃尔什湾和鹿特丹的德布姆杰斯）。还有一种改造的类型是将袖珍港改造成所谓的"节日市场"。

巴尔的摩内港（1965+）开创了节日市场类型开发的先例（Breen & Rigby，1996）。此后在美国（例如弗吉尼亚州的诺福克和佛罗里达州的迈阿密）、南非（开普敦的维多利亚和阿尔弗雷德码头）、澳大利亚悉尼的达令港等地都出现了效仿的案例。愤世嫉俗的批评家会说这些改造没有任何差别。它们确实包括许多相同的用途——如博物馆和国际品牌商店等主要的客流吸引点。而且它们都位于滨水区域。这种开发方式成功率很高，对本地、外地以及国际游客都很有吸引力。这种混合功能本身就是吸引游客的主要因素。悉尼的达令港在资金方面有些动荡，在这方面可以从很多先例去取经。

案例研究
澳大利亚新南威尔士州悉尼的达令港（1984~1995，2010~2017）
碎片化但充满活力的袖珍港城市更新项目

达令港曾经是澳大利亚最繁忙的海港。然而到了 20 世纪 70 年代，这里只剩下空荡荡的维多利亚时代仓库和很少使用的铁路，70 年代末它就彻底废弃了。其占地 56hm^2 的基地和毗邻市中心的地理位置为实施重大开发项目提供了机会（图 10.25）。

20 世纪 70 年代，新南威尔士州政府开始着手研究该地区的投资机会，结果建造了悉尼娱乐中心，后来又修建了发电站博物馆。这两个项目引领了达令港的进一步开发。鉴于巴尔的摩内港的成功，悉尼邀请其开发商劳斯公司提交一份达令港的总体规划方案。另一个动因是美国极具影响力的景观设计师劳伦斯·哈普林在 1981 年举办的一个工作坊上提出的想法。

1984 年底，州议会通过达令港法案。其目标是在 1988 年之前形成一个重大开发项目，以纪念欧洲人在澳大利亚定居（或是许多土著居民认为的侵略）两百周年。法案设立了达令港管理局来推动接下来的开发。于是在 20 世纪 80 年代末的投机年代，管理局开展了达令港规划，希望提升悉尼的经济地位，使其在世界版图上的地位更加稳固，就像悉尼歌剧院在 20 世纪中叶所起到的作用那样。在顾问公司乐观的可行性研究基础上，管理局决定推进工程建设。

政府和私营企业组成的联合小组负责统筹项目的开发。第一步是打好财政和管理基础。第二步是待政府拥有的土地释放开发权以及回购私人所有的地块之后，进行土地的清空整理。第三步是选择有价值的项目。个体开发商需提供建筑和工程图纸，以及方案的影响分析。随后是管理部门与开发商进行谈判。获取道路封闭、空中权以及建造许可，还要与公共设备供应商达成协议。这些步骤都完成后，建筑工程招标就开始了（Young，1988）。

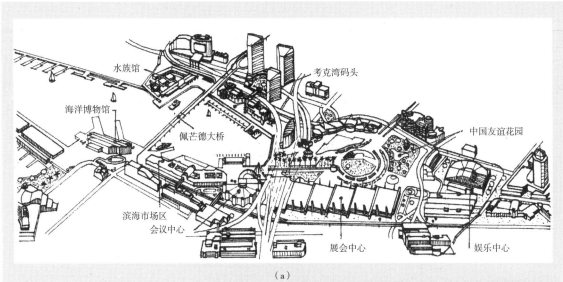

图 10.25　悉尼，达令港。（a）从西侧看的 2010 年的布局；（b）码头全景，左边是已被取代的会议中心；（c）从东侧看——计划开发的位于中心的新展览空间和会议中心以及左边的新住宅区
来源：（a）作者改编的 Thanong Poonteerakul 的绘图；（c）© Darling Harbour Live

再开发工程没有详细的概念设计，主要是依据巴尔的摩内港的设计指导原则。1985 年，由政府资助的悉尼会议中心（由约翰·安德鲁斯设计）和悉尼展览中心（由菲利普·考克斯负责建筑设计，奥雅纳负责结构设计）开始建设。为了能使项目在 1988 年以前得以充分推进并发挥正常的功能，整个过程变得仓促而且零碎。

方案公布于众时，引起了相当多的政治家和民众的反对。许多人认为，与其把这些钱花在这种"无聊"的事情上，还不如用于医院和其他公共设施。反对声音最多的是一条穿过城市中心区建筑物的立面、环绕达令港的单轨高架铁路（于 1988 年开始运营，直到 2013 年被拆除）。随着景观设计合同被授予皇家景观设计公司，开发性质变得明朗，公众舆论开始支持。到 1987 年，形成了一个粗线条的总体规划。

基地一直延伸到两条主要的高速公路下方，与高速公路紧密结合在一起。中心区人流密集，采用硬质铺装，南部采用草坪。建筑物呈马蹄状围绕海港布置，现在一部分是游轮码头，另一部分用于水上娱乐活动。马蹄的两端分别是国家海事博物馆（旁边停靠一艘潜艇和一艘驱逐舰）和一个私人开发的水族馆。这个水族馆非常成功，后来进行了大规模扩建。两座建筑都是由菲利普·考克斯设计的。

到 2000 年，达令港已经建成了展览中心、悉尼会议中心（1999 年建成）、港口市场（由 RTKL Associates, Inc. 和 Clarke Perry Blackmore 设计）以及港口靠近城区一侧的科克湾码头（一个 2001 年建成的餐厅和娱乐区）。南部建设了松下 IMAX 影院、棕榈树林（一个水上乐园）、中国友谊花园、儿童游乐场、圆形剧场、水景和公园。老皮尔蒙特桥被改造成一条人行道，但仍然能通过高桅船。

开发几乎不受设计导则的影响。由于时间紧迫，开发过程在许多方面都是零打碎敲的临时决定，"与其说这是一个产品设计，不如说在规划实施之前就确定了一切"（Young, 1988, 194）。景观设计被用来协调规划。室外空间通过其表面材料的相似性，使用线性水景等连接元素，统一设计街灯、座椅、垃圾箱和植被，使整个区域形成一种统一感。树种的选择考虑到了微气候，增强了视觉轴线并提供树荫。

港区内建筑物的高度限制在四层以内，港区外围城市侧的建筑物高度限制在 15 层以内。另一边的建筑高度应该与老羊毛仓库的高度有关。对高度进行的控制保证了良好的日照和欣赏城市天际线的视野。有三幢主要的建筑都是由一家建筑事务所设计的，这给整个开发带来了一些视觉上的统一感。

达令港的建设最初经历了两个阶段：80 年代的仓促开发和 1988 年以后的工作。第一阶段通过建设基础景观、会议中心、海滨市场、展览空间和滨水空间，确立了本地区的特色。第二阶段建设在 1996~1998 年间，主要是私人投资激增：世嘉世界、水族馆扩建、IMAX 影院和科克湾码头。扩建会议中心和新建儿童活动中心由政府投资继续推动。

第三阶段的开发正在进行中（Lendlease，2013）。原来的会议中心已拆除，新建了一个可同时举办四场活动，容纳 750~8000 人的会展中心，展览面积总计 4 万 m^2。南边的娱乐中心也被拆除，取而代之的是一个新住宅区。其中包含有 1400 套公寓的塔楼，和可容纳 1000 名学生的宿舍（附近有悉尼科技大学和悉尼大学）。同时对通巴隆公园进行了扩建和升级。台地景观和活动平台将使开发项目更加"绿色"。新社区的中心将会设置商店、咖啡馆、餐馆和中心广场。一条废弃的铁路线在 2015 年被改造成步行林荫道，穿过新社区，连通达令港和悉尼中央火车站。一条轻轨（由州政府背景的轻轨集团开发）经过达令港，和一条废弃的铁道线路平行，连接悉尼中央火车站和港区西部住区。

达令港功能综合多样，对各类人群都具有吸引力。在每年的 1400 万游客中，55% 是悉尼人，剩余游客中，国际游客和国内其他州的游客各占一半。在过去的 20 年里，达令港的私人投资超过了公共投资的三倍。这个项目也促进了周边地区的大开发。旧仓库被改造成公寓，新建了与港口连通的商业和酒店建筑。悉尼赌场也在附近。北端的国王街码头建有海滨住宅。再往北是一个大型超现代主义开发项目：布朗格鲁，现在正在建设中，周边还有更多的开发项目正在规划中。

评论

有大量的城市设计项目都是以组合型城市设计的过程方式进行开发建设的。这些项目既有公共投资也有私人投资。这两类经济部门的合作日益紧密。总体上看，对概念设计中单体组成部分的控制程度差别很大。佛罗里达州欢庆城和炮台公园城的校长广场等都使用了严格的规范性建筑设计导则。以色列的莫迪因和达令港在某种程度上比较宽松，沃邦区则属于性能型的导则。

一项基于大量经验证据的研究（Garvin，1995；Punter & Carmona，1997；Punter，1999，2003）提出了一个预测城市设计导则是否可以实施的模型。模型由艾哈迈德·索马尔迪（2005）开发并进行了部分测试。导则在制定、交流和管理上的清晰程度决定了它是否能够实现一个方案的既定目标（Punter，2007）。

表10.2按照设计导则的三个应用阶段，根据导则的清晰度将它们的特点进行了分类。在三个阶段清晰度都高的项目是已经实施的，而那些清晰度低的就项目目标而言不太可能实施。导则清晰程度混合了高、中、低的项目，可能部分实施或部分搁置。然而，项目实施与否很大程度上也取决于设计理念的影响力、利益相关者之间的权力分配以及协调行动的必要性。

本章的所有案例研究都反映出一定程度协同行动的必要性。在评论劳赫大街方案时，罗伯·克里尔写道：

> 为了在这样规模的城市发展规划中实现一个协调的整体意向，街区的概念必须以几何形式清晰地表达出来，而且不应该掺杂仅仅代表个人艺术观念的夸张结构幻想。为了统一性，每一位参与的建筑师都必须尽可能地遵守规则。
>
> 克里尔，1988，83

世界上许多备受喜爱、拥有极高房产价值的城市地区在设计上都非常统一。但这种对统一的追求在个人主义时代被许多评论家视为一种过时的观念。弗吉妮亚·帕斯楚就提出异议"如果地段设计对了，街区设计对了，街道设计对了，退线设计对了，就算有人建一幢破建筑，它整体上还是不错的！"（Postrel，2003，58）。我会加上一句："如果你把首层的功能属性也设计对了！"

问题又回到个人在社会中追求自身利益的权利。丹尼尔·里伯斯金回顾他在世界贸易中心基地总体规划项目中所经历的动荡（实际上是组合型城市设计）和设计的不断演变时写道：

> 虽然（场地设计）并不是我最初设想的那样，但它展示了一种稳健性和一种关于总体规划的新思路。它和柏林的波茨坦广场完全不同，那只是由一群建筑师完全遵循图纸造出来的……表象的东西变了，但原则没有改变。这是一个制定总

体规划的艺术，而不是一个18世纪的需要无条件遵守的规划。我们不是住在豪斯曼时代的巴黎，我们拥有一个多元化的社会，我甚至也不是"自由"大厦的建筑师。

引自卢贝尔，2004，47

有人建议，与其追求"表面上的"风格统一，还不如对每幢建筑背后"底层系统"的统一进行"批判性再解读"（Mitchell，2003）。问题是，除非向观察者解释这种联系，否则这种统一性是看不出来的，因为它并不明显。不过，在混乱中也可以有统一。通过控制混乱来创造统一感比通过相似来创造统一感要困难得多！

描述城市设计导则实施程度的模型　　　　　　　　　　　　　　　　表 10.2

清晰程度	设计导则编写和应用的步骤				
	制定	沟通	管理	效果	实例
高	清晰、操作性明确的目标和基于经验的评估标准	图文结合的设计导则，并在通过前经过公开会议审查	单一权力机构，法律授权执行法规，可控	可能实施，并且较少受到利益相关者之间权力关系的影响	炮台公园城
中	用"适当"等词概括说明的目标和评价标准	图文结合的设计导则，向公众展示并收集书面反馈	权力集中的机构或在单一权威下的多机构协同	部分实施，但受制于政治变化的不确定性	陆家嘴
低	缺少操作性定义的建议性导则	图文结合的设计导则，但无任何公共审查	同时或先后存在多个机构	松散地应用，取决于建筑师和开发商的价值观	达令港

来源：改编自索马尔迪（2005）

第 11 章　插入式城市设计

　　插入式城市设计是通过城市特定战略性基础设施的建设，来塑造城市的三维和四维环境特征，并提供行为环境。基础设施指的是诸如街道和服务设施等保障开发，同时又宜人的元素，也包括那些预计会带动周围投资环境的特定建筑类型（例如博物馆、停车场和学校）（Attoe and Logan，1989；Imam，2012）。公共厕所是一种必要的设施，可以算作基础设施，也可能不算（Mololeh and Nolen，2011）。

　　首先，插入式城市设计可以是一个开发基地的基础设施设计和建造。无论基地规模大小，插入式城市设计都可以激励个人业主或房地产开发商投资新建筑。其次，插入式城市设计可以是将新建基础设施插入既有的建成区域，以便将它们联结成为一个整体，并且／或者提高它们的宜人性，从而增强相对于其他地区的竞争优势。如今，城市设计师关注的是如何利用数字和信息技术创造更高效、更能吸引房地产投资的"智慧城市"。

　　基础设施设计在区域、城市、社区和建筑综合体等不同尺度上存在着差异。区域规划和城市规划的内容通常超出了人们认为的城市设计范畴，尽管世界上许多地方基于小汽车通行效率设计的公路已经对社区和内城居民的生活产生了破坏性的影响。这种现象下需要对新基础设施展开更为细致的环境影响分析。此外，生态学家、景观设计师和区域规划师们呼吁城市基础设施应包括自然植被走廊、为动物和鸟类提供栖息地、减少热岛效应、增加城市的生物多样性等内容和类型。

　　不同的城市设计产品类型对基础设施的需求程度差异很大。墓地对基础设施的需求——墓园——就不同于居住或商业区对城市整体的需求。为活人设计日常环境的问题在于，插入式城市设计的产品应该涵盖多大范围？在财政尺度的一端，我们有激励低收入居民建造或升级自家住宅的公共场地和服务项目——为这类开发提供给水、排水、污水、公厕和道路等基础系统（Turner，1976）。许多针对郊区富裕家庭的开发项目也类似，但资金更宽裕（Southworth and Ben-Joseph，1997）。在复杂性的另一个层面，我们有垂直分离的交通枢纽、人行道及平台等，如巴黎的拉德芳斯（图 10.9b）。也许本章讨论的重点应该是插入式的概念。

插入式的概念

　　在城市设计中，插入式的概念起源于两大主流思想。一个是将城市基础设施作为可落地的结构性框架（armature），从而使得开发具有统一性；二是与 20 世纪 60 年代和 70 年代英国的建筑电讯派有关（Cook，1991；Crompton，1994）。我们这里探讨的主要是前者，不过后者也很重要。他们的思想（而非其设计实践）一直在影响着标准城市设计中通用解决方法的发展。

建筑电讯派观察到，我们已经生活在一次性的社会中。各种各样的产品，从纸巾到汽车和电脑，一旦它们的效用或"使用期限"过了，就会被轻易地丢弃。于是建筑电讯派建议可以用同样的方式来考虑城市的组成部分。地块的设计可以根据需要插入到一个城市现有的框架中，并根据需要调换到另一个位置。

与建筑电讯派的思想最接近的例子是服务式营地。度假者开着他们的露营车来这里住一段时间，然后去另一个地方或者回家。房车停车场也类似，不一样的是房车一旦插入就不移动了。朝圣者的临时城镇如印度大壶节（Kumbh Mela），基本上只关注基础设施的设计（图 11.1）。此类临时居住点的设计一般不被视为城市设计。埃米罗·安巴斯在 1992 年塞维利亚世界博览会设计时就意识到，一旦博览会结束，参展商的展馆就会被"抛弃"，因此在设计中也作了相应的考虑（图 11.6）。

城市确实在不断变化。建筑物和城市片区正在被拆除和重建。亚洲和拉丁美洲的许多城市正在经历快速发展，以接纳大量的城乡移民。住宅区还会进行大规模建设。传统的中产阶级独户住宅居住区也有需求。世界上还将有许多随意建造的郊区棚屋。新来者只需将他们的小屋接入已有的基础设施系统中即可。

本章包含的三组案例研究展示了各种插入式城市设计的类型。第一个是城市级的基础设施设计：（1）基础设施先于和／或与地块同步建设；（2）基础设施被插入现存环境中。第二组案例研究涉及片区级别的基础设施设计。第三组是以特定的建筑类型作为开发的触媒。田纳西州的查塔努加将学校作为基础设施元素来升级片区的例子是一个注释而不是案例，因为还未经过充分研究（图 11.1）。

图 11.1　大壶节，阿拉哈巴德

城市链接：将城市绑定为一个整体

　　通过设计将城市的片区链接成整体通常会被认为已经超出城市设计的范围，成为区域和城市规划或者市政工程的工作范畴。然而，许多新城镇设计都始于基础设施模式，比如勒·柯布西耶在 1930 年代公布的安特卫普重建设计。这也是二战后英国新城镇设计中普遍应用的方法。

　　链接物可以是高速公路和公路、重轨或轻轨系统、人行道和自行车道。直到 20 世纪 40 年代，世界上许多城市都拥有广泛的轻轨（或有轨电车）系统。但在汽车组织的游说下，轻轨（或有轨电车）系统被大量破坏，因为它们给汽车司机带来了不便。即便如此，它们在欧洲和亚洲的许多城市中从未消失。费城是美国保留有轨电车系统的城市之一。目前世界上大约有 400 个这样的系统在运行，其中约 80 个是在 1975 年以后引进的。洛杉矶和圣地亚哥在 1980 年代开始建造新地铁。斯特拉斯堡地铁于 1994 年开通。这些新的轨道交通网络在范围上受到一定限制，但是扩展计划很庞大（Taplin，2012）。此外，许多旧有轨道系统正在重建，变得更加豪华和时尚。今天，设计师们尤其关注轻轨沿线街道和公共广场的景观，致力于提高其美学体验。尽管这些网络都很重要，但是道路和人行道仍然是城市形态的主要结构元素。

基础设施先于城市开发的案例

　　在所有的城市设计项目中，许多基础设施都是先于建筑物被插入建设的。最先建设的是道路、水网系统、下水道系统和路灯，随后才是单体建筑用地被出售给房地产开发商。从经济原因出发，基础设施建设要在最低限度满足建筑建造的需求，随着开发需求增加而稳步扩展。从历史上看，许多郊区开发项目——铁路沿线郊区——都是围绕新建火车站周边建设的，但是在 20 世纪后期，很少有大容量公共交通系统是在开发之前或与开发同步建设。本章包括了一个具有强烈城市设计色彩的城市级基础设施设计的案例——新加坡的捷运系统（MRT）与城市的新城镇同步建设。这个案例充分展示了基础设施和城市设计项目如何协同。第 6 章还介绍了新加坡城市设计的发展历程。

案例研究

新加坡捷运系统（1967+）

整合新城发展的卓越快速交通系统

　　新加坡捷运的想法可以追溯到这个岛国独立后最早的规划。1962 年，埃米尔·E. 洛朗热在一项联合国资助的研究中，为新加坡人口高度密集的中心区提出了全面的行动计划。但是

他也表示，还需要从更大的区域范围来看待该计划。第二年，由奥托·科尼格斯伯格、查尔斯·艾布拉姆斯和苏苏梅·科比组成的团队强调要对就业和住房的布置采取统一的行动。一

项由联合国资助，宾夕法尼亚大学的布里顿·哈里斯和杰克·米切尔进行的交通研究中进一步建议，新加坡在实施重大开发之前应该准备一个清晰的交通结构规划。研究中对基于道路的交通系统能否应对所有沿着中央环路线的交通流量提出了质疑。这一系列的建议导致了联合国资助的城市更新与发展项目的启动。

项目的目标是：（1）为新加坡制定一项长期的物质性规划，包括交通规划；（2）为城市中心区提供政策和方案建议；（3）推荐合适的大容量交通运输系统；（4）协助具体项目的准备；（5）成立一个全面的运作机构，以便进一步制定和实施规划。悉尼的克鲁克斯、米切尔、皮科克和斯图尔特等在 1967~1971 年间主持了这项研究，当时新加坡的人口为 207 万人，研究预测 2000 年（以合理的准确性）人口达到 400 万人。最终呈现出来的新加坡长期规划是一个简洁而有力的概念规划（图 6.1）。

第一个新城皇后镇在概念规划之前就已经建设完成（1965 年）。在概念规划公布的同年，第二个新城大巴窑也已建完。如第 6 章中新加坡规划的案例研究所述，捷运系统主要是根据规划对高效交通系统的需求，对比各种可能性最终制定的方案。它由一个带有 7 个主要节点/新城镇的环形捷运系统组成，城镇规模从 10 万到 40 万人不等，轨道系统被插入城镇中（Chew and Chua，1998）。与捷运系统并行的是高速公路系统，包括分等级的立体交叉路口和其他主要道路。此外，规划建议限制小汽车进入中央商务区（新加坡已实施汽车收费政策，为伦敦等城市开了先河）。

直到 1981 年，新加坡政府才开始建设捷运系统。自 1983 年开工至今，一直是新加坡最大的建设项目。从 1987 年 11 月到 1990 年 7 月，该系统第一阶段 67km 长的线路及 42 个站点逐步投入使用，耗资 50 亿新元。1996 年，一条支线将北部的伍德兰与东南部、西南部的新城镇、工业区连接起来，形成一条环线。该系统目前的线路长度为 89.4km，拥有 51 个站点（16 个地下站点，34 个高架站点，以及一个位于地面的璧山站点）。线路在中心区的地下部分长 23.3km，高架部分长 62.3km，地面部分长 3.8km。东北线长度为 20km，包括 16 个车站，于 2003 年 4 月建成。它主要是一条地下线路，连接 CBD（海港前沿）和新加坡会展中心以及榜鹅，耗资 46 亿新元。未来捷运线路总长度将扩大至 500km，配合并塑造新加坡的空间发展（图 11.2）。

随着时间的推移，人们越来越关注捷运系统使用舒适度（Richmond，2008）。捷运系统的设计需要有吸引力。地面和地下车站的设计格外受到重视。车站的空间必须自由，没有立柱，有足够的闸口来应对高峰人流。步行系统网络已经建成，能够为乘客提供通往车站的便捷通道。莱佛士广场站和乌节站与周围建筑有大量的地下连通。2001 年，国家发展部为地铁建设制定了新导则，要求地铁站与购物区建立方便、舒适的地下通道。此外，地方公交路线和（以蔡初康、胜康和榜鹅为例）轻轨系统都接入到捷运系统中。

公共利益概念的不断变化给设计师们带来了巨大的挑战。从提供残疾人通道到采用高雅的美学设计而获得美誉，车站设计不断被提出新的要求。东北线的车站被设计成无障碍的，以便让使用轮椅的人可以进入，并为盲人提供触觉引导系统。当地下连接通道线路较长时，为加快行人的行进速度，引入了自动人行

图 11.2 肯特岗地铁站

道。世界著名艺术家的作品被添置在车站里，给人们一种奢侈的感觉。莉萨·宜客莱（2004）写道：

新加坡的捷运简直就是交通系统中出类拔萃的代表：高科技、宽敞、高效、一尘不染。如果美国人知道轨道交通可以建得这么好，我们就不用忍受现在的地铁了。

捷运系统正在扩大。环线于 2009~2013 年分阶段开通，并将于 2025 年完工。2013 年晚些时候开建的市中心线支线将于 2030 年完工。同期，东北线支线也将完工。

规划人员和城市设计师预见并利用了地铁站的触媒作用。例如，地铁站的建设促使 CBD 和乌节路高密度、高层建筑的蓬勃建设。裕廊工业区以前并没有发展得很好，直到工人们能坐地铁到达工业区后状况就发生了。各车站周边都在加强开发。

为了有效地与一个人在城市中开车的乐趣相竞争，提供令人感到自豪的出行环境是交通系统必须要达到的条件。虽然地铁是插入式城市设计的一个很好的例子，但它也可以看作是一个组合型城市设计或者是一个规划项目，这取决于分析的重点。捷运系统是一条串起新城镇和新加坡中心区的项链。

交通系统插入到现有城市中的案例

建设地铁系统是为了应对潜在的需求，同时也是城市转型地区更新项目的触媒。伦敦的朱比利线延伸线就是接下来要分析的案例。这条线路的建设并不独特。世界各地有很多地铁都在不断扩建。洛杉矶地铁公司于 1990 年开始运营，现在拥有 80 个车站，而且还在扩展中。大约有 36 万人在工作日使用它。德里在 2002 年 12 月开通了地铁。它计划到 2021 年建成一个全长 241km、拥有 90 个车站的地铁系统——用来整合德里这个碎片化但是快速发展的城市。这个城市的私家车拥有量据说相当于印度其他地区的总和（更不用说城市里从公交车到黄包车、人力车等其他 47 种公路运输模式）。曼谷有一个五层的高架轨道系统贯穿整个城市。巴西库里蒂巴经常被认为是当今快速发展城市中交通系统规划的典范（Lang，2005d；图 11.3）。

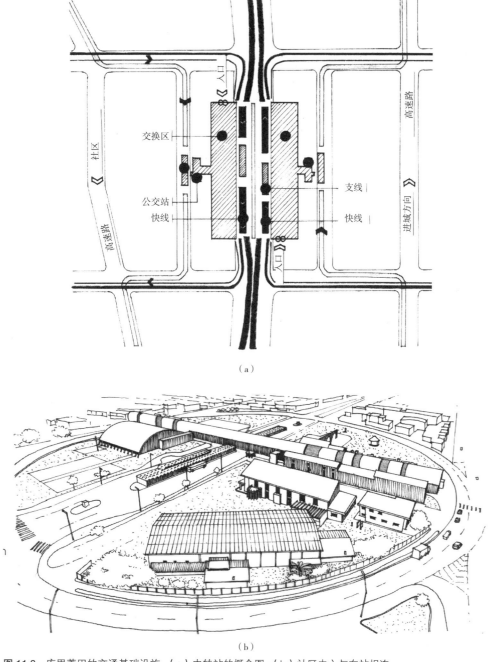

（a）

（b）

图 11.3 库里蒂巴的交通基础设施。（a）中转站的概念图；（b）社区中心与车站相连

库里蒂巴因其交通与服务设施的整合规划在 2010 年获颁全球可持续城市奖。其交通系统既融入了城市建成区，又成为促进城市新节点开发的触媒。库里蒂巴的交通系统使用的是公共汽车而不是轨道，它们的功能大致相同，但是公共汽车便宜得多。公共汽车在主要的街道上拥有自己的优先通行权，而公交车站既能使人们方便地搭乘公交车，又能躲避恶劣天气。

案例研究
英国伦敦朱比利线延伸线（1974~2000）
地下铁路连接——城市复兴的触媒

伦敦朱比利线的扩建，既是为了增强伦敦建成区的可达性，也是为了刺激新开发。它试图效仿新加坡捷运（MRT）的环境质量、香港地铁系统的效率，以及这两套系统对车站周边地区房地产开发的提升作用。香港与伦敦之间的联系并不意外，因为当时伦敦交通局主席威尔弗雷德·牛顿爵士，以及他聘请的首席建筑师罗兰·保莱蒂都参与了香港地铁系统的规划和设计（Saint，2013）。朱比利线的项目经理是周大沧，他曾在新加坡捷运系统工作。

与大多数类似的开发一样，朱比利线的延伸是长期酝酿的结果，它的萌芽很难确定是何时开始的。第一次探讨这个问题是在 1949 年，但当时没有任何实际行动。到 20 世纪 70 年代初，伦敦的道克兰码头被废弃，东伦敦的大部分物质空间都在退化。将伦敦交通网络延伸到该地区的规划一直存在，但无论是政治因素还是经济因素，都不能够充分支持规划进一步发展。随着五个港口区联合成立伦敦道克兰港区联合委员会，情况才开始改变，在 1978 年决定建立一条从伦敦市中心到伦敦东部的地下线路。

这条新线路将延长现有的朱比利线（于 1977 年完工），该线路从伦敦西北郊的斯坦莫尔延伸至威斯敏斯特中心的查令十字街。然而，由于政府换届，项目被搁置到了 1981 年。同年伦敦道克兰开发公司（LDDC）成立，中心区与港区建立交通联系的需求开始变得迫切。由于缺乏建设重轨系统的资金，政府修建了一条通往码头的轻轨线路。轻轨于 1987 年建成，日载客量 2.7 万人次（图 11.4）。

为了防止交通混乱，金丝雀码头迫切需要一条与主城区连通的大容量公共交通线路。修建朱比利线的提议在政策上获得了英国首相玛格丽特·撒切尔的支持并承诺为项目提供资金。奥林匹亚和约克郡捐助了 4 亿英镑以平衡基础设施成本。然而，政府的支持来的太晚了，既没能及时激励企业向金丝雀码头搬迁，也没能拯救奥林匹亚和约克郡免于破产（第 10 章金丝雀码头案例研究）。直到 1996 年，这项计划才有了突破。朱比利延长线将两个主要的火车站（滑铁卢和伦敦桥）与东伦敦已经萧条的中心区连接到一起。它还为其他城市更新项目提供了机会（如南岸车站附近的泰特现代美

图 11.4 朱比利延伸线。(a) 金丝雀码头站;(b) 金丝雀码头地下人行通道;(c) 穿过金丝雀码头的横剖面;(d) 温斯敏斯特站内部;(e) 金丝雀码头站的开发

术馆)。延伸长线的终点站是斯特拉特福德,在那儿与地铁系统的中央线以及英国铁路系统交汇。

保莱蒂和他的团队在 18 个月内完成了线路的设计。由于新建车站和线路必须要插入现有车站的隧道和大厅,施工成为一项重大的工程。线路于 1999 年底初步完工开放,但工程仍在继续。地铁预计的开放时间是 1998 年,这个工期

与预算(25 亿英镑)一样都过于乐观。项目最终花费了 35 亿英镑。它由双隧道和 12 个车站(6 个全新的车站)组成。由于需要在现有的建筑物下方运行,隧道相对较深(为 15~20m),同时还要三次从泰晤士河底通过(Pachini,2000;Powell,2000)。

延伸长线设计的目标是建造一个高效的换乘系统:形成车站到地面良好的连接,以及与

其他交通方式的衔接。车站设计具有独特的建筑风格。除了滑铁卢站和加拿大塘站由保莱蒂（Saint，2013）领导的团队设计之外，其他车站均由另一个建筑设计团队完成，他们大多拥有高科技兼美学工程从业背景。包括大厅楼层、自动扶梯、玻璃门和路标等，一些细节被强化以获得视觉上的统一感（Russell，2000）。

设计中重点要考虑车站、车站与社区衔接，以及它们对周围环境的催化作用。每个车站在性质上都是不同的。不仅是在美学上，每座车站在处理与地面、其他交通方式以及周围环境的方式上都各有特色。其中最大的车站在金丝雀码头，长314m。它通过开挖方式建造，有一个"大教堂般的"内部空间（Russell，2000）。车站被插入金丝雀码头的开发项目中，与中心塔楼建筑直接相连。

加拿大塘、西汉姆、北格林威治和南沃克几个车站周边都进行了组合型城市设计开发。在撰写本书时，伍德码头区的开发正在进行中。它们邀请了约翰·麦卡斯兰、克里斯·威尔克森、诺曼·福斯特和伊娃·吉瑞卡纳等知名建筑师对车站及其周边建筑进行设计，以带动进一步的开发——加拿大塘站周边已经建成相当多的建筑了（图11.4e）。

2013年，金丝雀码头有10.5万名工人，几乎所有人都需要通勤。据当时预测，在2018年地铁连接线建成后，这个数字将翻一番。公共领域投资具有巨大的催化作用。新车站建设耗资35亿英镑，但是车站外围1000码地区的土地价值总计增加了约130亿英镑。这种增值对土地税产生了积极的影响，但同时也降低了新建住房的可负担能力（Riley，2001）。北格林威治车站坐落在一个几乎废弃的位置，但它促进了千年穹顶的建设。或许斯特拉特福德最有潜力，因为它与跨英吉利海峡国际铁路的新车站相连。这个车站是一个多层建筑，它是2012年伦敦奥运会、残奥会以及2015年橄榄球世界杯等体育赛事游客的关键落脚点。总的来看，这条线路所起的作用就是将伦敦长期被忽视的地区紧密相连起来。

案例研究
哥伦比亚麦德林的空中缆车（2004+）
一个大型公共缆车运输系统——城市开发的催化剂

麦德林位于安第斯山脉的阿巴拉山谷，是哥伦比亚的第二大城市，2014年的人口为244万。1951年，麦德林人口为358189，到1973年，这个数字达到了100万。20世纪50年代的大发展时期，市政府和市政领导人邀请现代主义建筑师保罗·莱斯特·维纳（Paul Lester Wiener）和何塞·路易斯·塞特（José Luis Sert）制定了总体规划方案。规划的结果是，贯穿城市的麦德林河被改造成运河，建设了瓜亚巴尔工业区和一个城市体育场，阿普哈拉也建设了一个行政中心。但阻止农村人口涌入城市的尝试没有成功。如今，这座城市的商业、工业、富人和中产阶级居住区都位于山谷底部的中心区。低收入人口和严重贫困人口住在陡峭山坡上的非正规开发区和贫民窟里。

山坡上的住区都是零碎建设的。山上的街道陡峭、曲折，而且大部分没有铺装。步行很不舒服，自行车仅能在几个地方骑行。为了到达正规的工作区、教育或医疗区，人们先要费时费力地步行到最近的非正式/正式公共交通线路上。这些非正规住区的大多数居民就这样被隔绝在社会机会性之外。社会暴力程度也很高。

2004 年，市长塞尔吉奥·法贾多领导制定了一个新规划。规划目标是为了促进社会公平。国有企业迈德林公司将其利润投资于城市的公共基础设施建设，包括新建和改造一些广场。规划的基本愿景是希望这些基础设施项目在改造建成环境的同时也能够促进居民的社会和文化转变。麦德林对公共空间的投资提高了市民的自尊，尤其是那些居住在较贫困社区和贫民窟的居民。规划通过公共缆车运输系统（MRS）将公共空间和基础网络设施整合起来。传统的公共交通系统无法为山坡上的非正规社区提供服务，而空中缆车能够解决这个问题。

空中缆车由电动电缆、大齿轮、缆车车厢组成，它将山上的一些场所与麦德林山谷中的公交网络连接起来。这种缆车的先例是 1952 年加拉加斯（委内瑞拉首都）一条通向豪华旅馆的空中有轨电车，但这种系统其实可以追溯到19 世纪末期的直布罗陀海峡，甚至更早时期采矿业在山区运送矿石使用的类似系统。连接新加坡本岛和桑托萨岛的空中通道于 1974 年开通，罗斯福岛有轨电车于 1976 年开通，密西西比河空中运输线于 1984 年开通。麦德林的空中缆车可能是最早的大型公共交通系统。由麦德林地铁运营的第一条公共缆车线路于 2004 年开通，到 2010 年已经有了三条线路。

第一条空中缆车线路长 2072m，海拔 399m。缆车车厢的行驶速度是 16km/h。沿线有四个车站，分别是阿塞维多、安达卢西亚、票普乐和圣多明哥，每个方向每小时可运送 3000 人，据说耗资 2400 万美元。社区中心、广场、街道照明、促进小微型企业发展的办公楼以及学校等公共设施都被插入到车站附近。毗邻每一处车站都设立了一个住区警察中心，警察巡逻的次数也有所增加。改善车站周边环境的方法是吸引大量公众参与，这反过来也增强了贫民窟居民的社区意识。

空中缆车将往返于山坡和山谷之间的通勤时间从 2 小时缩短到了 20 分钟。它使得贫民窟居民更容易获得正式工作。通过这种方式，麦德林将机动化作为促进社会公平的一种机制，从而实现了 2014 年规划的目标。公共缆车以及其他城市开发项目使麦德林在 2013 年 3 月被《华尔街日报》（Wall Street Journal）和《花旗杂志》评选为"年度城市"，以表彰该市在过去 20 年的进步。

尽管建成环境对社会行为的改变不一定起到决定性作用，但是城市结构与社会指标改善之间的相关性令人印象深刻。许多社会事业也得到了实施。在实施干预的社区里，谋杀率下降高达 66%。但是令人头疼的社会问题依然困扰着这个城市。

类似麦德林和波特兰这样将空中缆车系统作为通勤工具的成功案例引发了更多的效仿。

最相似的是里约热内卢的缆车系统。2012年阿联酋航空公司使用缆车系统将观众直接运送至伦敦奥运会场馆。这是另一个已经实施的案例，尽管这个案例在经济的可行性上值得怀疑。如果得以实施，规划中的纽约东河空中通道将沿着一条Z字形路线把曼哈顿和布鲁克林连接起来。麦德林MTS空中缆车的与众不同之处在于，它是一个交通系统与站点公共服务设施协同开发的例子，而不仅仅是为了通勤（图11.5）。

图11.5　麦德林空中缆车：朝向车站的景色

片区层面的插入式城市设计

城市开发的前奏是基础设施的设计。巴黎的拉德芳斯可以放在这里作为案例。它是一个由多层基础设施构建起来的片区，新建商业建筑陆续插入其中，但是建筑与基础设施又能够成为一个整体。同样的原则也应用于大多数世界博览会，尽管就世博会来说，一切都是在匆忙中完成的。基础设施建成后，各个参展商将自己的建筑插入其中。埃米利奥·安巴斯（Emilio Ambasz）在1992年塞维利亚世博会的设计方案很直白地采用了这种概念。在意识到展览场馆在活动结束后将会被拆除后，安巴斯建议把展馆放在驳船上，再把驳船固定在码头边，世博会结束后可以把驳船拖走（Ambasz，1998；Lang，2005a；图11.6）。但市政府想要更贵的解决方案。

在更宏观的尺度上，世界上很多地方的郊区住宅开发都是由房地产开发商（公共或私人）建造基础设施（道路、排水、水和电力供应），房屋住宅再被嵌入其中。许多这种类型的开发都属于整体城市设计，但也有一些是组合型城市设计，后者在单体住宅设计方面会受到建筑设计导则的严格控制。在许多开发项目中，个体业主的设计自由相当大。除了受到区划法规、建

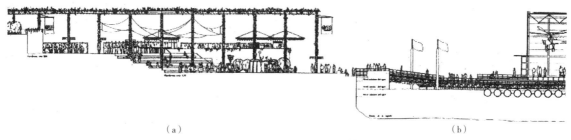

（a）

（b）

图 11.6　埃米利奥·安巴斯为 1992 年塞维利亚世博会做的设计方案。（a）基础设施；（b）插入码头的展览驳船

造规范和个人财务状况的限制外，每个业主都可以按照他们的喜好建造房屋。

采用"基地＋服务"方式建造的贫困人口住宅区，一般会选择一处新片区，统一建好道路、街灯、排水和供水管网。每处建设场地都能够连接到给排水系统。在某些情况下，如果客户有更多的资源，还可以为场地提供一个厕所和一个多功能社区活动室。由户主自己盖房子，再把房子和已建成的基础设施连接起来，这种方法在印度首创，但是已经在非洲和拉丁美洲得到了广泛应用（Turner，1976；Habrakan，1999）。

"基地＋服务"的方式成功与否还取决于一些其他条件。当选定的开发区接近就业机会或者不需要公共部门大量补贴时，这种方式能够发挥作用。但如果选址离工作地点很远，没有人愿意住在那里；或者如果政府给予大量补贴，手头拮据的穷人为了获得现金，可能会以市场价把土地出售给收入更高的群体。

阿拉哈巴德的大壶节镇是一个典型的基地结合最基本服务的案例（图 11.1），另一个是内华达州的黑岩市。黑岩市的街道格局近乎圆形，环绕着一个中心纪念碑——除了那个每年都要被点燃的人像，其他什么也没有（Chen，2009）。每年在内华达州北部的黑岩沙漠都会举行为期一周的火人节，这个节日恰逢美国劳动节。2014 年，该节日吸引了 65922 人。参加者须备齐所需的食物及住宿，而且要在节日结束离开后带走所有垃圾，不能留下任何痕迹。然后场地就彻底闲置了。

案例研究
印度泰米尔纳德邦马德拉斯（金奈）阿鲁姆巴克卡姆（1973+）
第一个面向穷人的基地＋服务计划

印度城市内外的贫民窟人满为患，排水系统和卫生条件都很糟糕。管道供水不易实现，只能通过公共水泵或水龙头取水。房屋由茅草和其他易燃材料建造而成，若发生火灾，整个地区很快就会被火焰吞没。许多人因此而死亡，社区因此被摧毁。为了解决贫民窟居民住房问题，印度开发出"基地＋服务"计划。

基地＋服务的概念是克里斯托弗·贝宁格在他1966年哈佛大学发表的论文基础上提出的。贝宁格的导师是何塞·路易斯·塞特，论文由约翰·F. C. 特纳协助指导。按照世界银行印度城市项目负责人肯尼斯·玻尔的要求，贝宁格对一项旨在为马德拉斯廉租房提供贷款的计划进行了分析。廉租房是带有钢筋混凝土屋顶的复式房屋，这些房屋虽然小，但是对于贫民窟居民来说，租金或房价还是过于昂贵。所以需要另一种解决方案（Benninger，2011）。

住房项目需要切实适应低收入者的经济状况，这意味着居民们必须自己建造住房。但是居民会得到基本需求方面的辅助：包括自来水管网、1m宽的铺砖宅前通道、暴雨排水系统以及路边电灯。起初，该计划包含公共厕所，但后来被替换为独立的"印度式厕所"。不幸的是，由于成本的原因，厕所不得不放置在房子的前面。自来水在较大的地块是单户供应，而较小单元是每两户共享一个水龙头（图11.7）。

作为马德拉斯城市发展计划中的一部分，阿鲁姆巴卡姆（Arumbakkam）是20世纪70年代实施的五个试点项目之一。地块长730m，宽425m，被划分为2034块宅基地，其中70%预留给"经济实力较弱的阶层"。场地被划分成许多子区域。宅基地面积从40m² 到223m²不等。

该计划的效果如何呢？当人们的基本需求得到了满足，他们就有动力去追求更高的目标。该计划满足了不同种姓、不同语言和不同职业背景低收入家庭的基本需求。这种多样性意味着人们对参与某个街区协会的热情不高，社区整体意识也不强。男性对社区更为满意，因为相比待在家时间更长的女性而言，男性的要求更简单。妇女们认为宅基地太小，雨季排水不畅。马德拉斯住房委员会面临的困难之一是对地区的维护：居民们会上报管道破裂没有修复、下水道堵塞等问题。街道和小巷倒是被居民保持得非常干净，但主要的大道则堆满了垃圾（Barker & Hyman，2002）。尽管如此，总的来说该方案在创建之初就达到了它的目标，并引发了全世界许多效仿这一原则建造的方案。

图11.7　阿鲁姆巴卡姆：1979年拍摄的自建房屋

插入基础设施

将一个片区的既有建成区连接成为一个整体有很多种方式。建设连接设施的主要目的是为了增强可达性以及为行人提供便利。在巴尔的摩查尔斯中心，设计了人行天桥系统以使超级街区的各个部分之间更加容易联系，同时也是通过人车分流来保证各自安全，并提高中心区的整体性。不过行人仍喜欢在繁忙的人行道上走路。

另一种可供选择的类型是本章前面提到的地下步行网络。多伦多的地下步行网络连接着地上的 38 座办公楼、3 座大酒店，在地下贯通 5 个地铁站，同时沿线还包括了 1000 家商店和餐馆。蒙特利尔的黄金广场区有据说世界上最长的围栏人行道。休斯敦有 9.7km 长的地下通道。堪萨斯城有 Sub Tropolis——一个 371600m² 的地下商业综合体，拥有 1300 名员工。综合体利用的是以前的矿井，内部有宽阔的铺装街道，完全干燥，照明巧妙（Clark，2005）。许多城市的中心区都有大量的地下人行道网络。在悉尼，这些地下人行道连接着郊区铁路系统的地下车站以及相邻街区的地下购物区。人行道沿线一般也会布满商店，直到主要目的地。使用情况都很好。

首尔的清溪川是一个非同寻常的基础设施元素案例（图 11.8）。首尔市拆除了逐渐破败的高架公路，并在 2003 年和 2005 年间恢复了河道。这一举措使得清溪川周边地区在夏季温度降低了 2.6℃，而且成为 10.9km 长的滨河地区绅士化改造和开发的催化剂。线性公园将自然引入城市中，但是清溪川的改造经常被视为形象工程而非生态友好型的城市设计。清溪川基本上已经干涸，修复工作包括从汉江调水。现在这个公园已成为首尔的主要景点之一。

下面提到的两个案例在性质上有所不同。第一个位于街道层以下，是开放的；第二个位于二层，是封闭的。第一个项目的实施是为了让市中心本身更具吸引力，并作为房地产开发的催化剂。它有点类似于清溪川，但是建造的时间要早得多。第二个设计是为了人车分流，并为明尼苏达在严寒环境中提供舒适的人行通道。

图 11.8　清溪川

案例研究

美国得克萨斯州圣安东尼奥的滨河步道（1939~1941，1962，2010+）

插入式滨水步行道

位于圣安东尼奥市中心的圣安东尼奥河沿岸铺设了人行道。滨河步道的设计和实施是有意识地将步道结合周边建筑进行整体设计的一个开创性案例。这个项目也反映了一个有想法的人能够对城市所产生的巨大影响。

1984年，滨河步道项目获得了美国建筑师学会（AIA）荣誉项目的杰出成就奖。

这条河在市中心处低于街道层。20世纪20年代，圣安东尼奥河的河岸基本稳定下来。1929年，有人提议将河道盖板用以防洪，并将其建成下水道，但这个想法没有进行认真的讨论。当地建筑师罗伯特·休格曼（Robert Hugman）建议沿着河岸修建人行道。提议获得了圣安东尼奥房地产委员会、圣安东尼奥广告俱乐部和美国革命女儿会地方分会等团体的支持，并一起游说商界和民间领袖来开发该项目。沿河的许多业主同意支付沿河岸线每英尺2.5美元的改造工程费用，但市政委员会拒绝继续推进该项目。直到1938年，在工程项目管理局（WPA）的支持下，计划实施资金得到落实。在上游河水流量控制工程完成后，沿河的改善措施便开始实施。

休格曼被任命为项目建筑师，罗伯特·特克（Robert Turk）被任命为施工负责人。有了资金支持，一条长达3km，涵盖21个城市街区的人行步道得以建成。1940年时该项目的预算费用约为30万美元。最终该项目共耗资约43万美元。部分资金来自于7.5万美元城市债券、对当地业主征收的1.5美分/1000美元的评估价值

财产税，以及33.5万美元的工程项目管理局补助金。建成的项目包括步道、从21座桥梁通往步道的31个楼梯以及1.1万棵树。为了使项目在视觉上形成统一，休格曼在整体上使用了当地沙色的石材。如今高大的柏树和茂密的树叶形成了一种热带氛围。

1940年，由于主要成本超支，休格曼被解雇，取而代之的是J. 弗雷德·布恩兹（J. Fred Buenz）。此时工程项目管理局的项目已经完成。第二次世界大战爆发后开发被中止。由于缺乏维护，到20世纪60年代，这条河的水质已经恶化，并且成了流浪者和穷困潦倒者的聚集地。这种状态引发了一系列对圣安东尼奥河进行再开发的想法。圣安东尼奥市的商人大卫·斯特劳斯发起了一项运动，想恢复河流和重新开发其周边环境以改善市中心的经济状况。圣安东尼奥旅游委员会则提出了一项由玛高工程公司起草的再开发计划，但该计划因过于保守而被否决。1962年圣安东尼奥滨河步道委员会成立，负责制定新的总体规划。

新项目由赛勒斯·瓦格纳（Cyrus Wagner）领导的团队进行设计，并由美国建筑师协会赞助。项目设计最终获得了美国进步建筑奖。人行道的改进和重新设计使得沿河增加了许多酒店、商店和餐馆。在圣安东尼奥申请由国际展览局主办的1968年半球博览会时，这个项目成了很好的"卖点"。博览会反过来也促进了与之连接的滨河步道的再开发（Fisher，2015；图11.9）。

图 11.9　傍晚时分的里约公园，圣安东尼奥，2015 年

如预期一样，对河流的修复使得圣安东尼奥中心区重新焕发了活力。一些背向河流的建筑已经被改过来面向着河流，但其他建筑的背面只是简单地清理了一下，还能依稀唤起对河流昔日面貌的回忆（Zunker，1983）。其他建筑物改变了用途（例如一所大学变成了一家旅馆）。插入的元素包括凯悦酒店、会议中心和滨河中心（一个购物综合体）。阿拉莫滨河步道是原滨河步道的延伸，由福特·鲍威尔和卡森（Ford Powell & Carson）设计，布恩·鲍威尔（Boon Powell）担任首席设计师。它将滨河步道和阿拉莫广场连接起来。两者之间 5m 的高差通过多层

次的走廊和一系列下沉广场来弥合。一项用户满意度的研究得到了积极的反馈，从而使得滨河步道的扩建计划得以通过，并委托 SOM 进行相关研究。

之后进行了第三代开发（Fisher，2015）。由特德·弗雷托（Ted Flato）、大卫·雷克（David Lake）、约翰·布拉德(John Blood)和伊丽莎白·丹泽（Elizabeth Danze）等领导的团队赢得了沿步道的国际中心项目设计竞赛。由建筑师里克·阿切尔（Rick Archer）、蒂姆·布隆克威斯特（Tim Blonkvist）和麦迪森·史密斯（Madison Smith）设计的另一个方案，则是将历史建筑阿兹特克

剧院和滨河步道连接起来。SWA 提出的 22km 长滨海廊道规划获得了 2001 年美国景观设计师协会分析和规划荣誉奖。2002 年福特·鲍威尔和卡森再次参与到步道提升改造项目中，并于 2010 年完成。其中一项设计任务是保障残疾人更容易地进入滨河步道。

如今河道上开通了观光邮轮，这里还是圣安东尼奥嘉年华花船游行的必经路线。滨河步道上总是挤满了参加聚会的人群，包括孩子、游客和当地人。事实证明，圣安东尼奥滨河步道已经成为这座城市的一项重要资产。每年有 900 万观光游客，据估计圣安东尼奥每年 30 亿美元的旅游总收入中有 8 亿美元来自滨河步道的贡献。

滨河步道需要不断的维护，因此保持良好状态代价昂贵。圣安东尼奥公园和游憩部门每年花费 425 万美元预算用于步道维护。该部门每年还会为之新增大量的植物。努力终将得到回报。滨河步道设计已经成为其他城市效仿的先例。封闭的河流、废弃的铁轨（如同纽约的高线公园）以及大量的小巷都可以转变为城市中极具吸引力的资产。休格曼的远见卓识和坚持值得肯定，这两样都是城市设计师应该具备的素质。

案例研究
美国明尼苏达州明尼阿波利斯市的人行天桥系统（1959~2020?）
插入式高架步行网络

明尼阿波利斯的人行天桥系统是一个位于建筑二层的人行道，将城市中心的商业与办公等建筑室内空间串联起来（Robertson, 1994; Corbett, 2009）。其中包括商业拱廊、酒店大堂和商业中庭。这是一个全封闭、气候可控的步行联系网络和场所。明尼阿波利斯的人行天桥系统并不特别，但它是美国 16 个此类网络中规模最大的，比休斯敦和蒙特利尔的地下步行网络还要长。

建设人行天桥系统的想法归功于一个人：莱斯利·帕克（Leslie Park）——贝克房地产公司的董事长。他的目的是让市中心区能够与郊区那些拥有巨型可控室内温度的大型购物中心进行有效的竞争。最初帕克并没有获得市政当局太多的支持，但是到了 1959 年，明尼阿波利斯市规划部门开始委托帕克和建筑师埃德·贝克（Ed Baker）制定规划。

帕克和贝克提出了一个人行天桥计划，将位于明尼阿波利斯主街的尼科莱购物中心的建筑物连接起来。它将使人们不用通过室外就能从一栋楼走到另一栋楼。他们建议在每条街的拐角处安装自动扶梯，以方便行人进入高架通道。为了证明该方案的价值，帕克委托贝克设计了一个综合体项目——北极星中心。综合体于 1959 年开放。第一座连廊（1962）将北极星中心与当时的西北国家银行大楼连接起来。

接下来中心区建造了一个又一个人行天桥。到 1990 年，总计有 28 座桥梁连接起 27 个相邻的街区，IDS 水晶宫成为步行网络的枢纽。到 2002 年，中心区已经建有 8km 的人行天桥、隧道以及 62 座桥梁。人行天桥系统联结了 65 个街区、2000 家商店、咖啡店和售货亭、34 家餐馆、1500 套公寓、4000 间酒店客房和 19 万 m² 的办公空间。20 世纪 70 年代末，中心区议会成立了人行天桥咨询服务机构。虽然这只是一个咨询性质的服务机构，但是经过多年发展它已经具有了相当大的政治影响力。这样即使连廊由被连接建筑的私营公司出资并拥有，咨询机构仍然有权力决定连廊的类型。

建造这些连廊并不容易。要建造跨街道的连廊，业主必须首先获得侵占许可，并缴纳 50 万美元的保证金以支付潜在的搬迁费用。连廊的成本从 55 万美元到 630 万美元不等。前者是两栋建筑之间标准连廊的费用，后者是连接明尼阿波利斯市政厅与美国法院、谷物交易所和杰瑞·哈夫纪念坡道的人行天桥与隧道加在一起的成本（图 11.10）。

连廊的设计必须遵守一系列预先规定的导

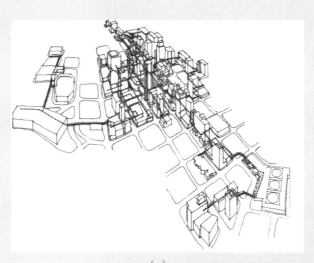

（a）

（b）

图 11.10　明尼阿波利斯天桥系统。(a) 2005 年网络；(b) 尼科莱特购物中心交通方式，2005 年

则。连廊的宽度不能低于 3.6m，但是又不能超过 8.27m。连廊内部的坡道可以是倾斜的，但是外观必须看上去是水平的。街道净空要保持 5.2m，连廊必须采用玻璃围合，以方便行人辨别方向，其代价是升温和降温都非常的迅速。连廊外观的设计导则非常宽松，因此这些天桥的外观差异很大。连廊应该与所连接的建筑"协调"，尽管这些建筑的外观通常也都不一样。廊道本身不能用于商业功能，它们只能起到连接的作用。天桥或连廊确实对街道上的行人景观有遮挡，但是它们为连廊上的行人创造了新的景观。

人行天桥大多属于私企所有，因此开放时间各不相同，但是通常都在工作日的上午 6：30 到晚上 10 点对公众开放，周末则开放时间较短。人行天桥系统非常受欢迎，尤其是在冬季，当温度骤降到零摄氏度甚至零华氏度以下的几个月时。最繁忙的段落位于 IDS 街区和贝克街区之间，每天有 2.3 万行人使用。这些人大多是中产阶级，其中近 60% 是女性。

人行天桥系统成功了吗？多年来连廊数量一直在增长可以看作其成功的标志之一。连廊现在仍在继续建造。未来美国银行体育场将通过中心区东部耗资 4 亿美元的商住综合体与人行天桥网络相连。人行天桥在舒适性、便利性和安全感方面无疑是成功的，它为行人提供了安全感。这个系统的成功更多体现在二层的零售活动。不过，这也使得许多临街商业活动变得衰败。许多关闭的商店可以证明这一点（Roper，2012）。

对投资者而言，中心区提供的服务更加具有吸引力。人行天桥系统使得中心区能够有力地与郊区开发竞争，但是建造桥梁的成本也使一些组织打消了在市中心选址的念头。人行天桥系统为中心区步行活动提供了便利，中心区边缘的停车场客流量因此有所增加，对城市公交系统的使用也加强了。一些观察人士谴责该系统为了便于中产阶级消费而将中产阶级和穷人分隔开来，在中心区形成了二元社会。在本文撰写期间，早期由劳伦斯·哈尔普林（Lawrence Halprin）设计的尼科莱购物中心的公交线路即将进行重大改造。

插入式建筑：作为触媒的战略投资

国家、州和市政府经常把投资特定建筑作为未来发展的触媒（Attoe & Logan，1989）。以法国为例，在许多城市核心区投资建设博物馆，通过吸引游客来激发城市中心活力，这是一种国家政策。美国的洛杉矶和费城也效仿了这个模式。苏格兰的格拉斯哥通过艺术品重新焕发活力。在美国至少有 90 个城市正在建设艺术区，以类似的策略激活城市（Vossman，2002）。加利福尼亚州的格伦代尔通过投资停车场来刺激零售业的发展（Lang，2005c）。许多大学在校园外插入"基础设施磁极"来提振衰败的社区。例如，加州大学河滨分校开发了一座摄影博物馆和一所视觉艺术学院，以吸引市中心的年轻人。而在查塔努加市，则是建设了两所学校。

吸引人的不是建筑物，而是它为其周围地区带来的服务。位于毕尔巴鄂的古根海姆博物馆可能是个例外。不过它也是大规模市政投资战略的组成部分。博物馆的目的是吸引游客前来消费。学校则属于另一种类型，它们是日常生活基础设施的一部分。良好的学校资源对于吸引中等收入者定居至关重要。

注解
美国田纳西州查塔努加的学校（2000~2002+）
内城学校作为片区振兴的触媒

　　世界各地的许多城市管理者和政治家都意识到，建成环境的质量对于吸引私人投资和中产阶级居民入住城市中心具有重要意义。查塔努加是已经意识到这一点的美国城市之一。到2005年，整个市中心的滨水区在1.2亿美元投资下恢复了活力。2013年，市政府分别批准了1亿美元和4000万美元的开发项目。街道以及景观得到了改善，一方面是为了满足旧建筑物更新改造和新建住宅单元开发的需求，另一方面也是作为触媒来刺激片区进行升级。公共设施建设中利用私人财政资源，既是一种慈善的姿态，也是创造更多私人投资机会的触媒。利用学校作为城市升级的触媒或许不寻常，但是并非绝无仅有。

　　建设或者废弃公立学校通常受到一个片区学龄儿童需求的影响。由于美国城市中心区居住人口逐渐减少，单身人士和空巢老人居多，所以很多学校关闭。一些城市逐渐认识到，好的学校能够吸引家庭居住在特定的地区，因此，在市中心修建学校，吸引中产阶级家庭回流到中心区，成为人口多样化政策的组成部分。田纳西州查塔努加的两所小学于2002~2003学年初开学，距上一所学校关闭已经过去了17年。

　　发展学校是积极政策、社区支持、公民领导和慈善事业等因素综合在一起所达成一项社会目标。改善物质环境质量是方案最核心的内容。这个城市设计起始于2000年汉密尔顿（拥有30.8万人口）教育部在中心区创建一所K-5"磁极学校"的决议。其目标是为大约400名学生提供一所地方学校，否则的话他们就只能被送往郊区就学。而公民活动人士则看到了发展一个更加宏伟计划的机会。

　　学校项目由查塔努加-汉密尔顿联合区域规划机构提供资金和工作人员，城市设计由查塔努加规划和设计工作室执行。工作室同时还接受私人慈善组织的资助。该机构认为，建设一所学校只能够为城市中现有的穷人提供服务，而为了吸引更多的家庭进入中心区，至少还需要再增加一所学校。由于教育部没有财政资源来支付第二所学校800万美元的费用，一些民间和慈善组织向教育部伸出援手。一家致力于复兴查塔努加中心区的非营利组织——河城公司——筹集了400万美元。当地的两个基金会，林德赫斯特基金会和田纳西大学查塔努加基金会提供了另外的400万美元。后者的捐赠反映了美国那些位于中心城区的大学对周边环境的关注：如果要吸引优秀的教师和学生，大学周边必须要有舒适的环境和良好的社区设施。除此以外，教育委员会向当地儿童以及中心区工人的子女都开放了学校招生，这个措施立即创造了多样化的生源（Kreyling，2002）。

影响选址最重要的因素是成本。其中赫尔曼·H.巴特教育与学习学校使用的是城市拥有产权的土地。另一所学校使用的是田纳西州立大学专门为城市预留的土地。巴特学校位于城南一个曾经历衰败的工业区，在1997年城市规划中该区被划为城市复兴区。该区的规划目标是增加约200套住宅单元。建设巴特学校是为了吸引更多的居住人口。另一个学校，汤米·F.布朗古典教学学校也是为了这个目的。

相比于郊区学校标准$5hm^2$场地，这两所学校的场地都很小。巴特学校占地$1.3hm^2$，而汤米·F.布朗学校只有$1hm^2$。所以建筑师们不得不将校园建筑设计得高于常规的学校建筑。即便如此，巴特学校的退线还是需要错落排布。不过虽然学校的操场很小，但是在放学后仍然可以当作社区公园开放。布朗学校坐落在一条废弃的铁路线旁边，这条铁路线将被改造成为一个线性公园，并且充当学校的操场。这些学校的长期催化作用仍有待观察，但目前大体判断是乐观的。

评论

在很多方面，本章讨论的大部分内容都涉及城市规划和项目开发实践。我们可以为第6章里所有城市规划案例、第8章的查塔努加学校案例、毕尔巴鄂古根海姆博物馆建筑案例作出个结论。当然学校案例还涉及教育政策。圣安东尼奥滨水步道虽然最初的设计者主要是建筑师，但最终是一个景观设计作品。然而所有这些案例都表明，通过城市设计对城市进行持续开发和维护是城市获得成功的最重要策略。

这组案例研究所包括的项目都有明确的社会和经济目标，但同时也深刻认识到物质环境的重要性。如果不能够充分考虑活动所处环境的性质，那么社会目标也往往难以实现。

基础设施项目的目标是对其周围社会性的和物质性的环境产生催化作用。

> 触媒是由城市塑造的元素，然后反过来又塑造了城市环境。其目的是保持城市肌理渐进式地持续再生。重要的是，触媒不是单一的最终产品，而是推动和引导后续发展的元素。

Attoe & Logan，1989

案例研究再次证实了个人倡议对于抓取改善城市建成环境的机会至关重要，比如圣安东尼奥案例中的罗伯特·休格曼和明尼阿波利斯案例中的莱斯利·帕克。研究还表明，基础设施元素涵盖的产品类型很广泛。设计质量是城市设计成败的关键。而设计质量来源于不同人群和个体在公共事业中的协同行动。

第12章 渐进式城市设计

渐进式城市设计是维持或改善城镇片区质量的一种方法。与组合型城市设计不同，它不是从一个详细的三维愿景式概念规划出发，而是基于对该片区应该是什么样子的总体想法。渐进式城市设计关心的是实现该目标所需的政策、激励和控制。

规划街区和城市设计

街区（district）是指建筑体量和材料等肌理相近、功能活动相似的城市片区。大多数城市都有清晰的中央商务区，很多城市还有商业区、娱乐区和工业区。有些城市还有少数民族聚居区，比如世界上很多的城市都有唐人街。如果从小尺度看，很多城市都有类似的珠宝街。这些元素的混合赋予了城市特色。但是在许多城市中，由于技术或社会变革引发的土地价值变化导致这些本来可以体现城市特色的片区受到了威胁。而渐进式城市设计则能够在政策层面解决此类问题。（Barnett，1974，2003；Punter，2007）。

渐进式城市设计与主流城市规划的最大不同之处在于对片区层面区划条例的使用方式。区划控制通常用于保护人们免受特定的土地和建筑用途的负面影响，但是在渐进式城市设计中，区划则用于鼓励建设特定建筑类型和某些设施，从而提高片区的整体质量。这种片区是区划条例中明确规定的特殊规划区（special planning districts）。在特殊规划区内通过激励的手段，鼓励私人房地产开发商建造那些受欢迎的建筑或设施。区划中不会确定这些建筑物的具体位址，只要位于特殊规划区内即可。除了宽松的区划控制外，激励措施还包括税收增益补偿和开发权转让等机制。因为这种方式既不涉及在特定地段设计特定建筑物，也不涉及公共领域一些特定元素，所以很多人将此类活动当作城市规划的组成部分而不是城市设计。

本章介绍的四个案例研究都属于特殊地区。第一个是国际知名的纽约剧院区，第二个是新加坡的小印度。两个案例的共同点是保持了片区的特色。纽约最初建立特殊规划区是担心某些片区的特色会因为投资的压力而改变，继而损害公共利益。如果不对种变化趋势加以遏制，那么纽约之所以成为"纽约"的特色将会遭受重大的损失（Barnett，1974）。第二个案例是以保护片区的物质性肌理为重点的城市设计。它的设计目标已经达成，并且有意无意地维系了一个少数民族社区的存在。

第三个案例研究是一种特殊类型的规划区，在美国称为商业促进区（BID），相当于英国的中心区管理计划。这样的项目在北美及其他地区有1000多个，它们都是由州和地方政府授权的地产主和企业主发起和运营的。开展这类项目的目的是提高商业区的质量，以维持或提高商业促进区的竞争优势。在政府层面也有法律机制保障区内商户将税收用于：（1）改善商业区的氛围；（2）举办特殊活动来吸引人群；（3）在作出改进后仍能维持商户的状态。许多设计工作涉及景观设计学：改善街道照明、铺装，增加绿植、整合的标识系统（Houstoun，2003）。其目的一方面是通过直接行动渐近式地改善特殊区，另一方面是通过改善物理环境间接吸引商业投资机会。对支持者来说，商业促进区是自治、公私伙伴关系的重要范例。但是对于反对者而言，这是新自由主义经济的肇始，是推动政府责任私有化的表现。本章研究的是费城市中心商业促进区案例。第四个案例也涉及商业中心区。它是澳大利亚墨尔本的巷道项目。相比其他几个案例，墨尔本巷道项目涉及更多的政府直接投资干预。

本章最后一个讨论的是俄勒冈州波特兰市的规划/城市设计，该市在政府权力与公私资本联合的机制上一直走在最前沿，也因为它给当地居民和外来游客所提供的服务而成了美国最好的城市之一。最后，通过评述作为公共政策的城市设计结束本章。

案例研究
美国纽约剧院区（1967~1974，1982~2001，2012）
应对房地产市场的挑战，保持百老汇的特色

1961 年，纽约市对区划条例进行了全面修订，引入了奖励措施来创造特定的城市形态元素和建筑用途。这一举措的目标是鼓励城市新开发项目中增加公共广场。在密集环境中拥有更多开敞空间被认为符合大众利益。城市设计师成为政策制定和实施机制的创造者，而不仅是对某个项目进行概念设计。他们成了"建筑空间许可商"，在开发项目中为达到公共利益而进行容积率交易（Barnett，1974）。城市设计与标准的物质性（以及社会性和经济性）规划之间的区别变得模糊起来。

在 1961 年的区划条例中，如果在商业或住宅建筑项目中增加广场，其获得奖励的建筑面积会多达 20%。但是新法规在房地产开发商中的普及却导致了令人失望的结果。杰罗德·凯登（Jerold Kayden）估计，纽约新建的大量广场中，只有 20% 起到了有益的作用。建筑物变成了孤立的塔楼，周围是相互独立且不知道有什么作用的开放空间，这些开放空间与街道或太阳角度没有任何关系。作为城市生活基础的街道失去了连续性。我们从这一现象中所汲取的教训是：（1）公共空间元素的设计必须要基于片区进行思考；（2）需要充分理解城市中开放空间发挥作用的方式，它们不会自动成为公共物品。

1966~1974 年，美国城市普遍陷入危机，时任纽约市市长约翰·林德赛（John Lindsay）成立了专门的城市设计小组（Urban Design Group），策划一系列项目来抑制城市生活的衰败。

城市设计小组的主要工作成果是为纽约市建立起一系列特殊区，以及 1961 年重新聚焦于奖励区划。这些特殊区包括剧院区、林肯广场特区、第五大道区、下曼哈顿的格林威治街特区以及下曼哈顿的炮台公园城和曼哈顿兰丁区。剧院区成立于 1967 年，是第一个特区（Barnett，1982）。在那个时候对 1961 年奖励分区计划的局限性还不清楚（Marcus，1991）。

剧院区位于曼哈顿中部，围绕百老汇，东西跨越第六大道到第八大道、南北贯穿第 40 街到第 57 街。这个地段主要面临着商业办公空间的需求。如果按照区划建设剧院缺乏对开发商的投资吸引力，而且现有的剧院也不能产生足够的收益回报来维持其存留。但即便如此，如果没有了百老汇及其剧院的吸引力，纽约会变成什么样呢？城市设计小组基于公共利益假设，设计了保持剧院区特色的机制。

城市设计小组研究制定了一个修正版的奖励区划条例。这是一个简单的工具，但是要确立其合法性涉及许多讨论。立法必须由纽约规划署和预算委员会通过。奖励区划条例不是一个覆盖全市的一揽子政策，而是为每个区划分区量身定制。以剧院区为例，其目标是使房地产开发商能够从剧院投资中获得商业回报。根据 1961 年的法律，房地产开发商如果在新建筑物中建造剧院，就可以获得 20% 的容积率奖励。通过这种方式，艺术设施得到了私营部门的间接补贴，行人则将不得不忍受街道上额外增加的阴影。在这个机制下建设的第一个项目是阿斯特酒店，为此林德赛市长直接参与了和房地产开发商山姆·明斯科夫家族企业的谈判。这个项目的成功很大程度上归功于他的个人参与（图 12.1）。

新建的阿斯特广场酒店是一座 227m 高的塔楼，由 Der Scott of Ely J. Kahn & Jacobs 建筑师事务所设计。以建筑物开发商命名的明斯科夫剧院有 1621 个座位，位于建筑物的三楼，入口临街

可以俯瞰时代广场。随后该区又建设了其他带有剧院的新建筑。到 20 世纪 70 年代中期，已经有四座这样的建筑。图 12.1a 中，黑色粗框线表示原有的剧院，黑色填充块表示新建的剧院。图上也能看到因为另一个奖励计划所形成的街区中段十字岔路。街区规划的目标是希望到 2000 年该区能再新建约六个剧院，但最终没有实现。不过今天百老汇仍然是一个剧院聚集的片区。

为提升该片区所作的尝试，还包括 1982 年争取美国国会通过该区成为国家历史遗址的一项法案。一旦法案获得通过，该区的保护便会得到联邦资金的支持。但是由于纽约市长埃德·科赫领导的政府反对而失败了。较为成功的尝试是一次名为"拯救剧院"的公共运动，结果是剧院区划分了次级分区，在次级分区内允许将剧院的上空开发权出售给区内其他建筑。2012 年纽约市区划决议修正案增加了对现有剧院进行修复的激励措施。

城市设计小组在剧院区的工作还产生了其他成效。第五大道区就是其中之一。第五大道区的规划目标是维持其作为世界上最伟大的购物街之一的品质。该区的城市设计目标是创造 24 小时的活力环境，并保证沿第五大道分布的大型百货商店能够营利。由于有了这些百货商场的带动，临街的铺面也有了商业活力。第五大道形成了连续的临街店面，极少受到任何广场的干扰，银行和办公楼的入口形成了良好的购物和逛街环境。与 1961 年区划条例不同，第五大道街区禁止沿街设置广场空间。它也摆脱了传统的单一功能区划，实现了混合功能布局，鼓励将住宅、办公和零售空间等功能组织在同一栋建筑中。第五大道仍然是第五大道，哪怕是有那么一点凌乱，依旧举世闻名。

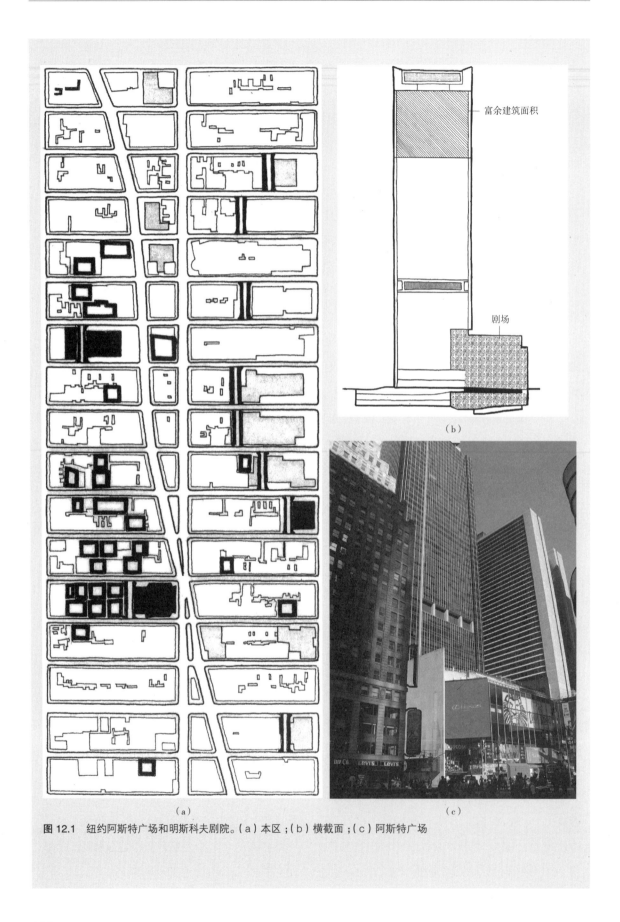

（a）

富余建筑面积

剧场

（b）

（c）

图 12.1 纽约阿斯特广场和明斯科夫剧院。（a）本区；（b）横截面；（c）阿斯特广场

案例研究

新加坡小印度保护区（1991+）

通过保护规划增强片区少数族群特质

现代新加坡创始人斯坦福·莱佛士专门为中国人和穆斯林社区创建了唐人街和甘榜格南。与此不同，实龙岗路周围的区域一开始并未划定给印度定居者。这个片区早期的历史反映在街道的名称上：邓禄普，库，迪克森和克莱夫，这些都是曾在此聚居的欧洲人命名的。毕丽力欧街街以一个牲口贩商命名，戴斯克则是根据一个屠宰场老板和他家的屠宰场起的名字。但是从 19 世纪 80 年代中期开始，这个片区逐渐成为印度人的飞地。

实龙岗路和惹兰勿刹两条主要大道呈南北向穿过片区，其余街道则构成倾斜的网格。贫民窟在 70 年代被清除，取而代之的是泰卡中心，罗威尔社区和布法罗街等现代主义风格的公共住房项目。1989 年，新加坡政府制定了种族融合政策，规定市 / 州的少数族群应根据各族裔人口的比例在公共住房中平均分布。对该政策在增强种族和谐与社会流动的效果方面存在一些质疑，但是这个政策仍然被认为是必要的。

小印度与众不同。虽然在片区的边缘也有一些华裔和欧亚裔商人的店铺，但是这里是印度泰米尔人集中聚居和经商的地方。"活动、气味、声音和颜色都证明这里就是印度人在新加坡的商业中心"（Boey，1998）。来自新加坡各地的人们在这里购物、开展业务、经常来这里就餐。最吸引人的是卖印度香料、食品、纺织品、珠宝和手工艺品的店铺。小印度还是国际游客的目的地（图 12.2）。

小印度的基本建筑类型是店屋。店屋建造于不同的时期，因此呈现出多种风格：早期店屋（1840~1900），晚期店屋（1900~1940），第一过渡时期和装饰派艺术（1930~1960）、第二过渡时期（20 世纪 30 年代后半叶）。大多数店屋都紧贴建筑红线建设，但是有些店屋带有前院。由于街区是在基本相近的时期开发的，所以街道往往呈现出统一的特征。

根据当前的总体规划，除了临街的房产被划为购物区以外，这个片区总体上被划为居住区。开放空间、宗教和服务机构等用地散布在片区中。一些宗教建筑对当地很重要。特别值得一提的是印度勒克什密那罗延寺和安古利亚回教堂，既显示了印度教的影响，又显示了阿拉伯人的影响。国家古迹阿督卡夫回教堂是另一个重要建筑。这些佛教徒和基督教徒的圣地表明了小印度这个地方的信仰多样性。

1988 年，新加坡国家规划和保护机构——城市重建局（URA）为保留小印度片区的环境氛围，制定了规范性的导则和指导手册，以引导建筑物业主和开发商对房屋的改造。对于要保护的建筑物："整栋建筑都应遵照导则进行修复。所有原始的外观以及立面元素均应修复。"缺失的元素必须要修复。导则中特别提到建筑物的底层用途。它们"必须是零售或者饮食场所"。不适宜的用途包括"西式快餐店和超市"，禁止的用途包括陈列展示、银行、疗养院和自动洗衣店等。办公室只能在二层以上。

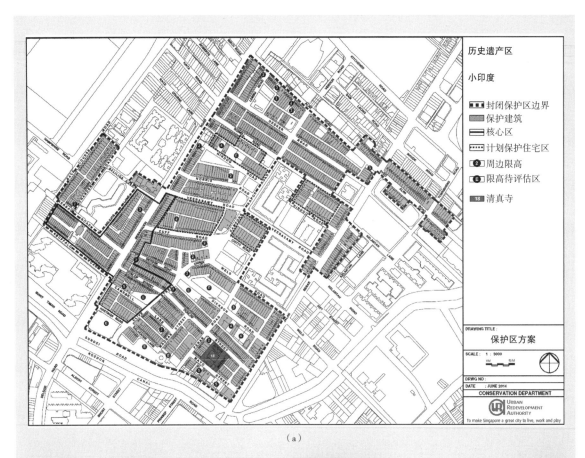

（a）

（b）

（c）

图12.2　新加坡小印度。（a）保护区；（b）东南向鸟瞰；（c）实龙岗路

　　修复导则规定的十分详细：涉及屋顶轮廓和材料、挑檐、屋面、天窗和阁楼（仅在符合特定导则的情况下才允许使用）。带前院的店屋也有精细的导则要求。导则提供了图示来指导街道立面的每一层应该如何处理。一些导则是建议性的，但是大多数导则是规定性的。

　　对行人来讲，小印度的大部分特征都取决于5英尺的人行道如何设计——事实上整个新加坡的特点也是这样。"为了保留5英尺人行道的传统特色，必须保留覆盖人行道挑檐的原始高度以及柱式的原始设计和尺寸。"

　　不同风格店屋所在区域的传统人行道表面

材料也要保留。如果风格不一致，则建议恢复传统材料。例如，早期风格的店屋区域人行道是红色的水泥砂浆面，上面有网格状的绳索凹痕，带有花岗石侧石。与此不一致的人行道铺装要改回传统风格。"不允许"使用瓷砖或石板等非传统材料。

这造成了什么样的影响呢？在 1991~2010 年间，许多店屋都得到了保存，还有一些店屋被改造为"兼容性用途"。马场道"已经成为印度美食的展示地，众多艺术群体入驻在沿加宝路保留下来的传统店屋中"（Boey，1998）。新开设的精品店和纪念品商店与旧店铺融合在一起。背包客旅馆和深夜"食客"使得小印度 24 小时充满活力。2014 年，印度遗产中心开放——展示印度社区对新加坡发展的贡献。

对于城市重建局而言，保护规划成功地实现了维护小印度片区物质肌理的目标。对当地人而言，片区保护被当作所场所民族化的一种手段，增强了印度少数民族文化区域的可识别性（Khun，1998）。

案例研究
美国宾夕法尼亚州，费城中心城区
商业改善区（BID）

费城中心也称为中心城市（Center City），它虽然没有遭受 20 世纪 60 年代美国许多城市中心区严重的经济和物质衰退，但是其经济也曾停滞。与阳光带的城市和费城郊区相比，中心城存在着竞争劣势。市政府的运行严重依赖对企业利润和工资的征税，而这一收益也在下降。许多组织试图阻止这种衰退。

1956 年，费城中心开发公司（CPDC）成立。它的作用是领导私营部门塑造中心城市。如今，费城中心开发公司已经获得 100 多家大型企业和机构的支持。尽管该地区在规划和城市设计方面取得了许多成功，但除了一些受欢迎的场所和街道外，中心城市大部分地区仍然破败不堪，难以吸引游客和商务活动。国内外的大型企业集团并购了大量本地企业，但是并没有对这些企业进行良好的维护（Lehman，2000）。市政府既无法应付这一情况，也无法作出任何改善。那该怎么办呢？

1990 年，由城市官员和企业界合作成立了中心城区（CCD）。为了提升特区，它有权仅对区内的业主征收高于市政府的税。独立于城市议会的地方税收评估在费城历史悠久，甚至可以追溯到 18 世纪初。比如在 1762 年就曾经为了铺装人行道成立过一个改善区（Dilworth，2010）。不过中心城区在某种意义上是一次全新的尝试。根据宾夕法尼亚州法律，如果超过 30％ 的业主提出反对，就不能成立特区，最终反对者的数量没有达到这个比例。

中心城区的成立得到了市议会的支持。市议会以 14∶1 的赞同优势授权其运作，时限到 1995 年。这项授权在 1994 年被延长至 2015 年，又在 2004 年被延长至 2025 年。来自宾夕法尼亚大学的一位学者保尔·利维当选为领导人，并延续至今。他负责一个 23 人的董事会，其成员均来自业主，他们分别代表了商业、工会、公共和医疗保健组织的利益。董事会负责制定发展方向并有权敦促一小部分拖欠税费的业主交税。

中心城区的预算（2004 年征收财产税约 1400 万美元，这个数字到现在约是 2000 万美元）主要用于支付 18 名人行道保洁员和 45 名社区代表的工资。1991 年，董事会公开征求建议，共收到来自个人和团体的 75 份回复，它们希望增加安保和清洁计划，包括清除涂鸦，这些计划将有助于提高区域的质量。计划的目标是"增加街道上的人群数量——包括工人、居民、购物者、游客、会议代表和娱乐休闲人士等，以重现 1948 年的景象"，那时的费城市中心曾经熙熙攘攘（Levy，2001）。早期的成功使得董事会对于计划能增加街道的活力充满的信心。

董事会接下来开始实施街道提升计划。发行了一份为期 20 年、价值 2100 美元的债券，为街道景观的改善提供资金。街道改善的目标是通过"新形象"来提升城市的声誉。新形象主要通过"行人尺度"的照明标准、新的行道树、新的嵌入式地图和统一的标志、重新铺装街道，增加无障碍设施和整治街道等措施实现。对街道绿化进行维护的职责由市政府转移到中心城区。这促进了中心城区内很多濒于衰败的公园和广场的改善（图 12.3）。

关于城市建成环境中建筑方面的要求仅限于制定建议性导则，以指导业主改善建筑物的外立面，或将废弃或未充分利用的建筑物转换为住宅用途。通过导则对业主进行引导，中心区可以实现渐近式的改善。每次由业主自发的改善行动都将成为进一步改进的催化剂。最终的目标是使得业主能够增加收入，城市能够增加税基，费城的居民和游客能够为有这样的中心区而感到自豪。

如今，中心城区和费城中心开发公司努力使费城中心城成为一个 24 小时活力的中心区，一个生活、工作和娱乐的伟大场所。另一个联盟组织：费城中央运输管理协会，负责让中心城内的通行更加高效、可靠、愉悦和安全。他们的努力取得了多大的成功呢？他们无法阻止市场街上朝室内开口的拱廊购物中心的衰落，但这个失败说明，做对城市设计是有多么重要（Saffron，2014）。

根据调查，大多数人意识到客户服务代表和街头保洁员的存在不仅提供了服务，还增强了人们在中心城市的安全感。在 1995~2014 年期间，街道上的行人数量增加了，而严重犯罪率下降了 47%。自 2000 年以来，中心城市的居民数量增加了 16%。零售业的占有率有所提高，商业空间的占有率高达 86.7%。自 1997 年以来，用于公共领域的改善共花费 1.32 亿美元，大型开发项目花费 7 亿美元，还有 70 亿美元正在筹划中（Levy，2015）。同时，商业空间的平均租金仅为每平方英尺 27 美元，而纽约商业的租金接近 75 美元。就业数量仍停滞不前。尽管如此，总体感觉商业改进区的努力非常成功。与 1970 年相比，费城中心城市无疑是一个更加宜人的场所。户外餐厅的数量就能说明这一点。

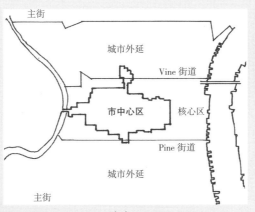

（a）

（b）

图 12.3 费城商业改善区。（a）中心城区；（b）2015 年核桃街

案例研究
澳大利亚维多利亚州墨尔本，巷道计划，（1990~2016+）
重新利用废弃巷道以激发城市 CBD 活力的公共政策

1837 年，测量师罗伯特·哈德勒（Robert Huddle）为墨尔本市中心区设计了长 200m，宽 30m 的主干道构成的正方形路网（图 12.4）。这些大街区又被 10m 宽的街道细分。规划的目的是为了防止贫民窟扩大，但业主们很快插入了

200 多条巷道，街坊又被再次细分。这些巷道用于车马运输，最后变得肮脏不堪，还成了滋生反社会行为的温床。

到了 1970 年代，墨尔本市中心逐渐衰落，巷道也被遗弃了。市政府发布了一系列针对巷

图12.4　经过改造的巷道：德尔格雷夫小巷，墨尔本

道的补救性政策，比如将那些连接主街的巷道变成有富有活力的生活性街道。1992年墨尔本实施了"墨尔本邮政编码3000"计划，鼓励在中央商务区开发住宅楼。该计划可以为开发商提供经济奖励以及基于绩效的许可费退款。1990年墨尔本中部地区的人口不足2000人，但现在已经超过20000人。

这些努力背后的推动力得益于扬·盖尔进行的一项研究。扬·盖尔基于这项研究在1994年出版了《人性场所》一书。2001年，墨尔本市制定了巷道委员会计划。该计划初期的项目包括每年在巷道举行艺术展，同时市政府还开放了空白墙，让资深艺术家指导年轻艺术家共同在墙上绘画创作。此外还有其他的政策推动巷道升级。

作为墨尔本首府计划的组成部分，优选巷道——尤其是那些能够改善主要街道之间的步行连通性的巷道，成为激发私人参与的触媒。这个计划还制定了为年轻人在巷道里开办街头咖啡馆和商店提供小企业补助金的政策。1988年，政府放宽了禁止户外用餐的法律，使得在巷道上开设咖啡馆和餐馆成为可能。这些改善措施还使那些不出售餐食的酒吧也能够得以存活，让小酒吧在财务上能够得以维持。

艺术家被低廉的租金吸引到巷道内落户，政府还促进了诸如音乐节之类的正式聚会。通过将巷道路面与较大街道的路面区分开来，机动车交通在这里受到极大遏制。新建筑必须沿巷道建筑线建造，还要有活跃的临街面，最终的结果令人印象深刻。1994~2015年间，墨尔本中央商务区经过改造的巷道总长度从 300m 增加到 3km 以上（Oberklaid，2015；图 12.4）。

巷道的成功提升依靠许多因素。首先，巷道中存在大量能够吸引人群的餐馆和商店。每天有超过 80 万人进入墨尔本市中心。巷道本身还必须方便从一条街道步行到另一条街道。巷道的总体结构布局要考虑哪些作为商店和咖啡馆的正面，哪些作为背面。巷道本身必须具有视觉上有趣的元素，并且从内往外看的视野也要能吸引人眼球。

如今，墨尔本的巷道以其艺术品展示、美术馆、精品店、小咖啡馆和隐秘难寻的酒吧而闻名。这些地方成了旅游的热门目的地。这些都是通过插入式城市设计完成的：包括对某些巷道进行战略性升级，把一些巷道步行化。但是促进这种转变更主要的原因在于那些鼓励私人部门复兴几近废弃巷道的政策。

一则笔记
俄勒冈州波特兰市的公共政策和公私伙伴关系（1993 年至今）

在过去的 30 年中，波特兰市（人口约 60 万人）在使用公共政策实现城市改进方面一直处于美国城市的前列（Adams，2013）。早在 1904 年，奥姆斯特德兄弟的规划就为波特兰创建邻里、区域公园、林荫大道和人行道奠定了基础。当"城市美化"成为规划师和设计师普遍遵循的范式时，波特兰的规划已经完成了（Abbott，2011）。如今，塑造波特兰的规划和城市设计理念与城市设计中的许多新传统主义准则更加吻合。也许波特兰市的街道模式是新城市主义思想来源之一？

在波特兰，城市规划和城市设计紧密地交织在一起。虽然在欧洲大陆这样的做法十分普遍，但是在美国则不同寻常。波特兰在实现设计目标的过程中充分利用了政府权力、私人权力和非营利组织的参与——这是实现目标的必由之路。最终的目的是"为人们提供多元而富有特色的场所"，使公众可以在紧凑、步行化的场景中参与正式和公共的活动。在市中心，于 1845 年由私人地主委托规划形成的约 61m 网格式街区布局为实现城市目标增添了一份助力。

波特兰总体规划详细规定了许多改善城市公共领域的政策。规划意识到体验城市的最佳方式是步行。人们不仅要点对点地步行，而且在乘坐完汽车、公共交通或骑完自行车之后，还是会步行。所以城市设计的目标就是让步行过程变得舒适且有吸引力。规划政策还包括通过改善通往绿地和水体的通道，创建线性公园以及保护地形的自然特征，来提高人与自然的亲近感。波特兰以公交引导开发和在区划法中对建筑高度进行限制而闻名。最终使得人们的视野可及山脉、河流和公园等景色，让这些元素起到了地标作用。

规划的一个次级目标是加强两条城市特色带间的联系：滨水区、山丘特色带和地方社区特色带。主要是通过两种方式：首先由一条轻轨系统将二者联通起来，从 2006 年起，一条空中缆车又将俄勒冈州健康与科学大学的两个校区连接起来；其次是在两条带之间建立起一系列连接野生生物栖息地的绿色走廊。建立这种联系的目的是将波特兰塑造成为一个充满活力、可持续发展的国际城市。

波特兰的成功归因于该市的经济发展机构——波特兰发展委员会所创造的强大协作环境。城市通过 1.5 亿美元的公共投资就撬动了超过 10 亿美元的私人投资。很多的触媒性项目都源于这种合作，例如为珍珠区提供轻轨服务，但是在这个案例中绝大部分投资（79%）仍然来自公共部门。正在进行中的南部滨水生态区城市更新项目是一个组合型城市设计，它具有强大的设计控制力，可确保项目开发做到节约能源。空中索道的地面站也在生态区的范围内。这条索道如今每天可运载 3300 名乘客。为了实现这些设计目标，财务可行性被不断讨论。

为建设更宜居的城市片区、场所和街道，加强规划控制已经成为一项具体目标。正是因为总体上强化了规划控制以及公共部门规划的重要性，一些保守派批评家对此表示极为愤怒（O'Toole，2007）。他们认为波特兰的规划和城市设计模式是对个人权利的干涉。显然，他们也不喜欢由此带来的结果。

评论

我们可以从如何利用公共政策来满足被视为公共利益的目标中学到很多东西。首先就是渐近式城市设计的确可以实现很多目标。但是，它的前提是具备可执行的控制力，立法必须先于或与开发规定同时制定。回顾世界各地不同城市所取得的成功，我们必须牢记各国的法律背景。那些法律体系以拿破仑法典为基础的国家，如法国，与美国不同，美国的法律程序源于英国的普通法（Lai，1988）。

我们从纽约市奖励分区的经验中可以得出的一个教训是：必须仔细考虑其作为设计工具的后果。比如，1961 年的区划条例试图在城市街道层面创造更多开放空间的目标确实在一定程度上达到了，但是并没有预期的那样好。看上去显而易见的手段并没有达到理想的目标（Kayden，2000）。简·雅各布斯对城市开放空间的观察没有获得更多关注（Jacobs，1961）。当然，纽约的教训绝非仅此一例。

本章介绍的四个案例都是自上而下决策的方式，尽管最终的结果都受到了不同利益集团的压力。这些案例表明了强有力的领导对于达成公共目标的重要性，引用这些案例作为参考需要谨慎。因为如果没有政治和公众的承诺，那么渐近式城市设计最终可能会不知滑向何处。为了能够应对法律方面的挑战，必须在对城市功能运行和社区价值的经验性理解基础上，为地方制定塑造意向和特色的规则（Stamps，1994）。奖励区划的潜在问题是，如果房地产开发商被强制提供公共福利，那他们就会为了获取额外的收益来利用奖励区划，掩盖背后的管理不善和腐败等问题。

　　还有更宏观层面的教训。城市设计活动的作用是通过改善建成环境的质量来创造宜人的生活环境，提升人们的行为机会，增强人们的自我意向（以振奋精神）。区划分区和区划修改可能会为实现这些目标创造机会，但是在许多情况下，法律意义上可行的区划工具对于城市设计师来说可能工具作用还不够强大。商业改进区（BID）以及更具包容性的城市升级手段可能会取得更多的成就。高质量的公共领域有益于商业发展。

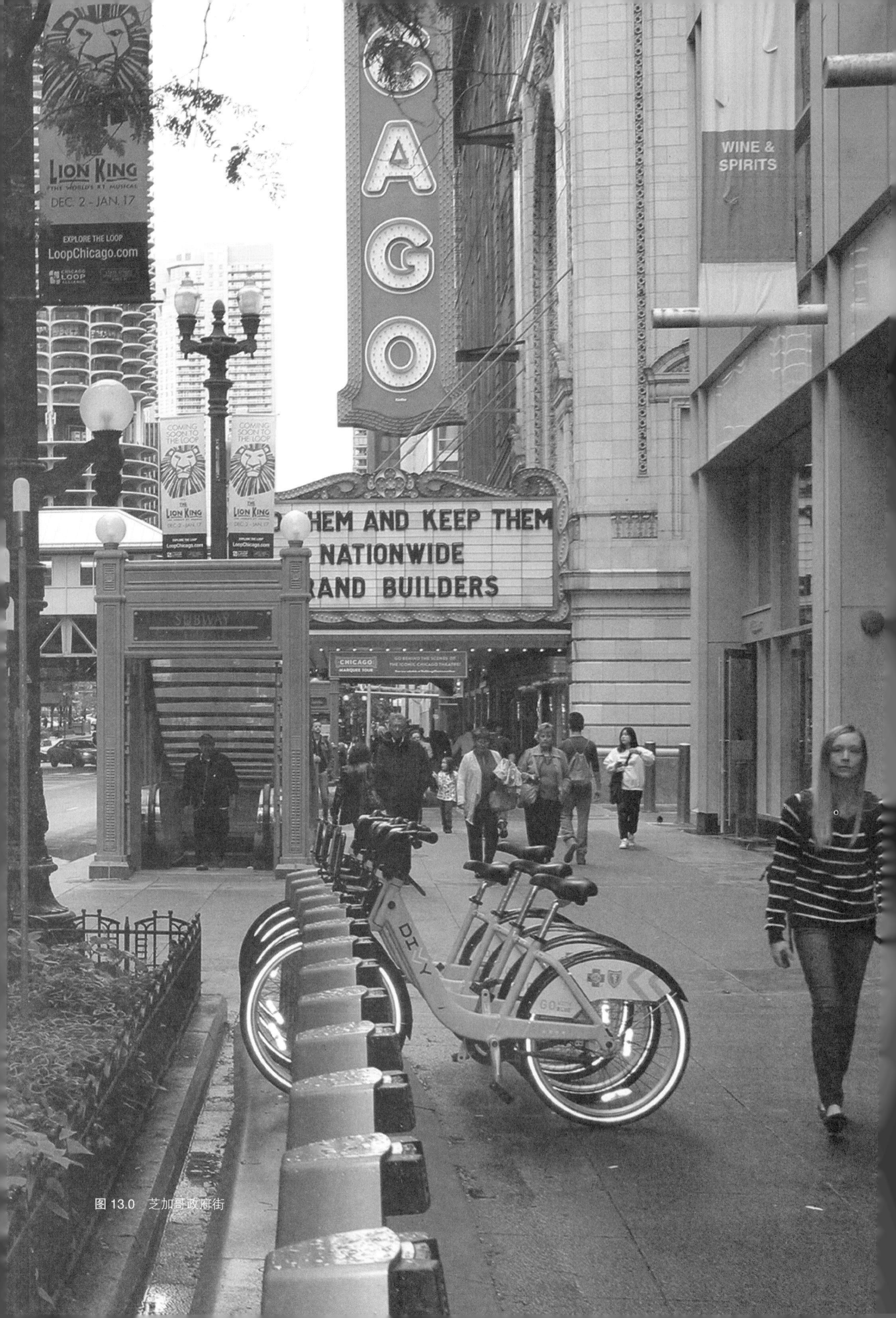
LION KING
DEC. 2 - JAN. 17
EXPLORE THE LOOP
LoopChicago.com
COMING SOON TO THE LOOP
WINE &
SPIRITS
NATIONWIDE
BUILDERS
CHICAGO

图 13.0　芝加哥政府街

结 语

类型学有多大帮助？从案例研究中学习

除了少数案例外，本书中提到的大多数案例研究和项目在经济上（至少从长远来看）以及它们所提供的生活方式上，都取得了显著的成功。少数的例外情况也在书中提到了。那些访问、使用或居住在案例研究所提及的项目中的人们通常也对结果感到满意。这些设计很详尽地回应了客户、房地产开发商的关注点和设计师探查到的问题。没有一个项目是异想天开或高度自负的宣言，尽管许多案例背后都有观点强烈的设计师，并带有设计师的作品标签。当然也没有十全十美的项目。本书所讨论的一些方案也存在误导性，回想起来，很多案例也付出了机会成本——它们本来可以做得更好。无论如何，它们都是在当时所能获得的智力和财力等有限资源条件下，精心构思和实施的作品。

本书的目的并不是对案例的设计或表现提出批评，即便行文中可能无法避免这种评论。我们的目标是试图理解"城市设计"这个术语在过去和现在是如何使用的，并归纳那些被定义为城市设计方案的项目都包括哪些类型。为此我采用比较规范的方式将城市设计定义为项目设计，这样可能更适合描述城市设计这种特定的专业设计活动。以此立场为基础，我提出了一个三维模型来对城市设计项目进行分类。模型中的两个维度——产品类型和范式类型——与设计方案的物质属性及其所提供的内容有关。第三个维度是过程类型——研究项目实施的过程。前两个维度是常见的分类，而我发现第三个维度也很有用。

为了更好地表述类型学，本书描绘了50多个案例研究。大多数案例都广为人知，并在城市设计和建筑学文献中被大量描述，尽管侧重点总是物质形态和作为某些建筑师的代表作品。文献介绍的重点一般都是放在创作者和创作者的想法上，而不是项目以及绩效。本书对案例研究中涉及的项目都进行了分类：有些项目容易分类，也有些项目很难归类。一些项目明确适合上述三个维度类型中的某一个，而另一些项目的边界则更加模糊。比如，很多由某个特定建筑师事务所设计的综合体可以被认为是整体城市设计，而不是单纯的建筑设计方案。

产品类型

类似于《建筑实录》这类的建筑杂志经常包含建筑设计的案例。它们会将建筑划分为住宅、医院（或康复中心）、商业建筑、学校或工厂等。同样，城市设计产品类型也包括住宅区、商业区和工业区。然而城市设计产品类型的分类没有公认的标准。所有的分类方式要么是从实用功能出发——方案所包含的活动类型，或者是行为场景，要么是物质 / 几何形态。后者的例子如超级街区、有机或辐射状规划。

本书通过对全球各地的项目进行分析，提出了两种主要的城市设计类型：新城和街区。这一相对宽泛的划分主要是根据项目的规模，因此肯定不是一个精确的分类。一些观察家们可能觉得这种分类过于宽泛，但是它代表了一个思考城市设计项目的新出发点。新城原则上应该囊括一个功能完好的城市所包含的众多（如果不是全部的话）行为场景。我在书中将新城分为首都新城、企业城以及类别广泛的其他新城。新城本身也有很多类型，包括过去和现在很多政府出于经济或政治考虑，通过公共政策进行人口分配所形成的新城，而像马里兰州的哥伦比亚则是私人企业的产品。巴西利亚的新城，还有英国、苏联和印度等众多国家的新城也都是政府政策的结果。苏联时期的很多新城，与印度古吉拉特州肥料公司的企业城一样，既是产业新城也是政府政策的产品。古吉拉特州肥料公司企业城同时也是瓦尔道拉的郊区。所以这些类型很快就开始重叠了。

郊区的定义相对模糊。它可以是位于某个主要城市边缘的独立辖区，也可以是城市中的一个社区，不同的英语国家对郊区的定义有很大差别。这两种郊区包含有很多不同类型。第一种郊区大多是新城，而其他的郊区多为宿舍住宅区。本书中很多住宅类城市设计项目都属于自由主义经济下由市场驱动的大规模郊区开发项目，基本上都是飞地。弗吕日住宅项目是佩萨克的一块小飞地，罗利公园位于兰德威克市的郊区，同时又是悉尼都市区的组成部分。哈默比湖城是位于斯德哥尔摩市内的一个混合街区。片区就更是有很多不同的形态了。

片区在我的分类中包括拉德芳斯和金丝雀码头等商业区，还有功能综合的“城中新城”，如炮台公园城，以及园区（大学和企业）和郊区。像街道、广场和公园这种行人视角下的城市，是以上这些产品类型下更精细的次级分类，本书中没有特别强调。

片区可以是单一功能主导的区域，也可能容纳多种用途。它们的几何形态可以有巨大的差异。里昂的摩天大楼区以其建筑的形态命名，但它是一个由住宅、零售和市政建筑组成的混合用途开发项目。由于混合用途并没有明确的定义，因此混合用途片区也不是一种明确的片区类型。不同的项目有不同的用途混合方式，但是专门为了多种活动混合进行设计代表着营造场所感的态度。一些评论家认为用途混合必须包含住宅功能，否则就不能被称为是一个混合用途设计方案。本书没有做这样的区分。

一些研究案例完全符合本书中确定的某个类别，而另一些则无法匹配。还有更多案例同时符合几种类别。同时，设计师继续按主要功能来识别产品类型。本书中使用的分类综合了功能和尺度，看上去应该是一种对思考城市设计作品比较有用的方式。

范式类型

理性主义和经验主义设计方案可能看上去很容易区别，但是实际中二者的边界却经常是模糊的。已经实施的巴西利亚新城项目就是一个例子。城市南侧以及巴西利亚首都综合体是纯净的形体，北侧虽然是现代主义的空间布局，但是更具有后现代主义的建筑特色。本书中的许多案例研究很明显都属于现代主义空间布局方案。

在过去的一个世纪中，许多建筑和景观设计范式都曾经寻求领导设计专业领域和学术界。本书中选取的案例研究可以作为城市设计项目的代表性样本，并且对类型学既是表达也是测试。它们也很好地表明了主流城市设计范式在整个 20 世纪和 21 世纪初是如何演化的。当前有许多相互竞争的城市设计范式并存，每种范式都有其主要的代表者，都表达了对某些特定方面问题的关注。

虽然城市美化运动主导了 20 世纪初的城市设计领域，但是本书的案例研究中只有一个项目属于城市美化运动范式。澳大利亚首都堪培拉和一年后的印度新德里首府城市的概念设计，以及许多美国大学校园的设计均以此为基础（Turner，1984）。

巴黎新中央商务区拉德芳斯的规划和设计始于 1960 年代，当时占主导地位的是现代主义思想。现代主义的影响可以扩展到纽约奥尔巴尼的纳尔逊·A.洛克菲勒帝国大厦等项目，其建筑师的设计普遍都是现代主义风格。虽然普鲁伊特－伊戈公寓的拆除标志着现代主义范式的"死亡"，但是今天很多在建的项目依旧是现代主义的空间布局。像正在建设中的上海陆家嘴以及哥本哈根弗雷斯德等开发项目，以及东亚许多在建的项目，都遵循着相同的现代主义空间传统。

现代主义设计通常都将街道当作非愉悦空间，而不是缝合片区生活的缝隙。它们青睐超级街区设计，而不是像里昂的摩天大楼项目那样将传统街道格局整合进城市设计方案中。后者是当代佛罗里达州欢庆城所采取的新传统主义态度。不管自觉或不自觉，欢庆城的设计是建立在城市和社区中街道作用的经验认知基础上的。

如案例研究所示，经验主义城市设计有多种形式。田园城市和新传统主义范式是两种基本类型。马里兰州哥伦比亚案例中，多层级的片区和空间品质可以清晰地看出对花园城市模型的改良，类似的还有印度古吉拉特州肥料公司的企业城。后者的设计主要是超级街区。许多的案例研究既是经验主义也是新传统主义。佛罗里达州欢庆城、纽约炮台公园城和悉尼罗斯山中心就是最好的例子。虽然这三个例子有不同的背景，但是每个项目都是依照之前已经奏效的模式，预计未来也会运行良好。

纽约炮台公园城的整个开发过程很好地展示了二战以来那些受到城市设计师青睐的范式。由 20 世纪 60 年代建筑设计事务所制定的第一批概念设计，体现了纯粹的理性主义和现代主义特点，但是方案最终实施后呈现的却是经验主义和新传统主义。同样的情形我们在构成新加坡城市形态的一系列新城镇中也能观察到。随着时间的推移，问题在发生变化，对好的城市或片区的意向认识也在改变。这种变化会有意无意地反映在区域物质形态和支持活动的行为场景上。

一些当下最新的片区设计越来越多地表现出对能源消费变化和可持续性等长期需求的关

注。斯德哥尔摩的哈默比湖城和弗赖堡的沃邦都是在政治家、城市规划师和建筑师的密切关注下展开的。它们已经成为同类项目在规划阶段的学习对象。这些案例代表了城市设计的一种新态度。这种态度也继承了 20 世纪初期帕特里克·格迪斯等人的倡导（Patrick Geddes，1915）。

不管是从建筑范式还是景观设计范式的角度，并非所有的研究案例都能像上面提到的那些案例那样进行简单地归类。将一些案例归类为某种范式而不是另一种范式取决于关注的焦点。比如有时候一个项目的空间布局可以是一种范式，而单体建筑可能是另一种范式。再比如一个项目为了解决不同的问题，某个局部相比其他部分更遵循某种范式。例如，新鲁汶的设计理念是新传统主义，整体给人一种中世纪小镇的印象，但是大部分的布局则是基于田园城市模型。

城市设计者，无论是城市规划师、建筑师还是景观设计师，并不喜欢自己的作品被归类。因为这会分散他们探索独创性的注意力。然而，城市设计过程在很大程度上是一种模仿，使用通用性解决方案去适应当前的实际情况。本书的分类可能比较粗略，但是如果理解了这些范式，它就能让观察者理解方案设计中想要解决的特定问题。但同时存在的风险就是——如本书前面所指出的那样—— 一些观察者会因为某些突出的特质而将一些项目强行绑定为某种范式。

过程类型

对城市设计的过程进行分类在很多项目的初始开发阶段都能发挥很好的作用，尽管也有模糊的地方。例如纽约奥尔巴尼的纳尔逊·A.洛克菲勒帝国大厦，以及联邦广场，我曾质疑过它们是如大部分建筑师所认为的那样属于整体城市设计，抑或仅是单纯的大型建筑项目。它们很容易会被归类为整体城市设计，或许它们理所应当是这一类。它们整合了建筑、景观设计以及城市规划等元素。但上海中心大厦显然是单体建筑项目，即使有人认为它是垂直的混合用途片区。阿科桑蒂案例就更模糊了。在保罗·索莱里去世前，它都是一个建筑设计作品，但是因为这同时是一个新城的设计，所以也可以认为属于整体城市设计。新设计师接手后，项目的开发过程可以看作是在遵循创始人设计原则基础上进行的组合型城市设计。

本书中所描述的大多数整体城市设计案例在扩建前都保持着初始面貌，但是在建成后都经历过许多变化。例如，里昂的摩天大楼区以及楚德之林的合作住宅基本上都保持着原设计，但是建筑的室内却在发生着变化。此外，随着时间的推移，对建筑的使用方式也带有了居民和 /或其他使用者的痕迹。随着人口、文化和技术背景的变化，由建筑和空间所构成的行为场景也发生了变化。

佩萨克的弗吕日住宅项目是整体城市设计，由其多样化的居民所带来的变化相当显著。到目前为止，本书介绍的一些较新的案例，在布局和设计方面被改变得很少。有一些项目，如伦敦的金丝雀码头和巴黎的拉德芳斯两个新中央商务区，在开始建设之前就对规划或大纲中潜在的不合适功能进行了修改。尽管计划和导则可能在建设过程中一直在修改，但是这两个方案都还算是组合型城市设计。两个 CBD 直到今天还在持续开发。

有许多组合型城市设计项目在建设实施过程中，由于经济形势和资金能力的变化、原设计范式不符合实际情况或者为了采用更时髦的设计范式等原因，会对引导开发的设计导则进行修改。如前文所述的纽约炮台公园城项目就经历了一系列的设计范式变化。实际上，炮台公园城的历史本身就代表了市设计范式演变的过程，在整个 20 世纪下半叶一直吸引着建筑师和政治家的关注。

几乎所有的城市设计项目都会对周围环境的地产价值产生影响。通常具有这类目标的项目会被归类为插入式城市设计，但其实很多整体城市设计和组合型城市设计也在有意识地实现这种目标。因此，即使许多城市设计方案在空间上是不连续的，它们也可以被视为插入式城市设计。纽约的洛克菲勒中心和林肯中心也可以被视为插入式城市设计，因为它们的目标之一是促进周边环境升级。前者的一个目标就是要有意识地提升洛克菲勒大厦周边的邻里环境。而在罗伯特·摩西的规划中，林肯中心的目标是促进整个区域绅士化，同时为纽约的表演艺术家们提供一个聚集地。这两个目标都实现了（Caro，1974）。

本书中提及的插入式城市设计在很大程度上遵循了勒·柯布西耶在安特卫普规划中所表现出来的现代主义思想（Le Corbusier，1960）。不过，它们没有实现勒·柯布西耶设想的土地使用、项目设计和基础设施的协同。新加坡地铁系统的设计可能是最接近勒·柯布西耶设想的城市设计类型。其他的插入式城市设计案例更多是针对特定问题的解决方案。

本书中的许多案例一开始是某一种过程类型，但是随着时间的推移，慢慢地演变为另一种类型。例如巴西利亚的飞机型规划，它的南部是一个整体城市设计。当奥斯卡·尼迈耶在建设实施的过程中离开后，北侧部分成为一个非严格管控的组合型城市设计，而现在则是自由放任的开发模式。这种变化过程非常普遍。一旦城市设计方案的基本框架开始建设实施，开发过程就开始直接面向市场力量的需求。炮台公园城项目中，与南区相比，北区就受到较少的、不太苛刻的控制。

一些案例在组合型城市设计和整体城市设计之间存在一定的模糊性。悉尼的罗斯山市中心项目被当作整体城市设计而不是组合型城市设计，因为它是由多位建筑师组成一个设计团体协作完成的。洛克菲勒中心项目尽管是在同一家建筑事务所的主导之下，但是各个建筑由不同的建筑师设计，它的定位甚至比劳斯山项目还模糊。这表明过程类型还应该划分得更细。

总结

设计专业人士普遍认为对城市设计的定义既不要太狭隘也不要太明确。的确，正如本书开头提到的，许多设计师宁愿不对城市设计这个专业活动的边界和内容做任何定义。"我所做的就是城市设计"，费城一家事务所的建筑师华莱士如是说。他们在本书涵盖的时期内所参与的许多项目都属于组合型城市设计，并在设计中对环境可持续性进行了充分考虑。华莱士对城市设计的定义符合很多建筑师的喜好。然而，如果一个领域要在它所提供的专业服务方面或者作为一门学科在学术方面取得进步，这样的定义是不够的。

　　尽管本书介绍的类型学依旧有局限性，但它提供了一种粗略的方法来理解城市设计的范畴，以及对世界各地已经实施和正在实施的城市设计项目进行分类的方法。这种方法不是一种分类机制，能够像杜威十进法图书分类系统那样对城市设计项目进行精确的分类。本书对城市设计项目进行的类型划分经常被其他学者和专业人士引用，可能是因为没有其他更好的分类方式。基本的三个分类维度即使有局限性，也足够涵盖现有的城市设计类型。对于那些冠以城市设计名称的项目，应用城市设计类型学有利于更深入地理解项目的本质。

参考文献

序

Balfour, Alan (1978) *Rockefeller Center: Architecture as Theater*, New York: McGraw-Hill.

Carmona, Matthew (2014) The place-making continuum: a theory of urban design process, *Journal of Urban Design* 19 (1), 2–36.

Crane, David (1960) The city symbolic, *Journal of the American Institute of Planners* 26 (November), 280–92.

Cuthbert, Alexander (2011) *Understanding Cities: Method in Urban Design*, Abingdon: Routledge.

Gordon, David L. A. (1997) *Battery Park City: Politics and Planning on the New York Waterfront*, Amsterdam: Gordon & Breach.

Lai, Richard Tseng-yu (1988) *Law in Urban Design and Planning: The Invisible Web*, New York: Van Nostrand Reinhold.

Llewelyn-Davies (2000) *Urban Design Compendium*, London: English Partnership and Housing Cooperation.

Mills, C. Wright (1956) *The Power Elite*, Oxford: Oxford University Press.

Millspaugh, Martin (1964) *Baltimore's Charles Center: A Case Study in Downtown Development*, Washington, DC: The Urban Land Institute.

Nichols, Russell (2016) Placemaking, person, place or thing, *Comstock's* (March 4), www.comstocksmag.com/article/placemaking-person-place-or-thing accessed March 25, 2016.

Orwell, George (1961) Politics and the English language, in *Collected Essays*, London: Secker and Warburg, 353–67.

Rowe, Colin and Fred Koetter (1976) *Collage City*, Cambridge, MA: MIT Press.

Ruchelman, Leonard (1977) *The World Trade Center: Politics and Policies of Skyscraper Development*, Syracuse, NY: Syracuse University Press.

Sherwood, Roger (1978) *Modern Housing Prototypes*, Cambridge, MA: Harvard University Press.

Stein, Clarence (1955) Notes on urban design, unpublished paper, University of Pennsylvania (mimeographed).

Symes, Martin (1994) Typological thinking in architectural practice, in Karen A. Franck and Lynda H. Schneekloth (eds) *Ordering Space: Types in Architecture and Design*, New York: Van Nostrand Reinhold, 15–38.

Yin, Robert K. (2013) *Case Study Research; Design and Methods* (Fifth edition), Los Angeles, CA: Sage.

第 1 章

Barker, Roger (1968) *Ecological Psychology: Concepts and Methods for Studying Human Behavior*, Stanford: University of Stanford Press.

DoE [Department of the Environment] (1997) *General Policy and Principles*, London: The authors.

Fosler, R. Scott and Renee A. Berger (eds) (1982) *Public-Private Partnerships in American Cities: Seven Case Studies*, Lexington: Lexington Books.

Frieden, Bernard J. and Lynne B. Sagalyn (1991) *Downtown Inc.: How America Rebuilds Cities*, Cambridge, MA: MIT Press.

Gibson, James J. (1979) *The Ecological Approach to Visual Perception*, Boston: Houghton Mifflin.

Harvey, David (2003) Social justice, postmodernism and the city, in Alexander Cuthbert (ed.) *Critical Readings on Urban Design*, Oxford: Blackwell, 59–63.

Istrate, Emilia and Robert Puentes (2011) Moving forward on public private partnerships: US and international experiences with PPP units, *Brookings-Rockefeller Project on State and Metropolitan Innovation* (December), www.brookings.edu/~/media/research/files/papers/2011/12/08%20transportation

%20istrate%20puentes/1208_transportation_istrate_puentes.pdf, accessed March 2, 2015.

Izumi, Kiyo (1968) Some psycho-social considerations of environmental design, mimeographed.

Kohane, Peter and Michael Hill (2001) The eclipse of the commonplace idea: decorum in architectural theory, *Architectural Research Quarterly* 5 (10), 63–77.

Lang, Jon (1994) *Urban Design: The American Experience*, New York: Van Nostrand Reinhold.

Lang, Jon and Nancy Marshall (2016) Public, quasi-public and semi-public squares, in *Urban Squares as Places, Links and Displays: Successes and Failures*, New York: Routledge, 51–60.

Lang, Jon and Walter Moleski (2010) Functionalism updated, in *Functionalism Revisited: Architectural Theory and Practice and the Behavioral Sciences*, Aldershot: Ashgate, 63–72.

Le Corbusier (1960) *My Work*, translated from the French by James Palmer, London: Architectural Press.

Lewis, Nigel C. (1977) A procedural framework attempting to express the relationship of human factors to the physical design process, unpublished student paper, Urban Design Program, University of Pennsylvania, Philadelphia.

Low, Setha and Neil Smith (eds) (2006) *The Politics of Public Space*, New York: Routledge.

Madanipour, Ali (1996) *Design of Urban Space: An Inquiry into a Socio-spatial Process*, Chichester: John Wiley.

Maslow, Abraham (1987) *Motivation and Personality* (3rd edn) revised by Robert Fraeger, James Fadiman, Cynthia McReynolds, and Ruth Cox, New York: Harper & Row.

Rapoport, Amos (1997) Social organization and the built environment, in Tim Ingold (ed.) *Companion Encyclopaedia of Anthropology: Humanity, Culture and Social Life*, Abingdon: Routledge, 460–502.

Schurch, Thomas W. (1999) Reconsidering urban design: thoughts about its definition and status as a field or profession, *Journal of Urban Design* 4 (1), 5–28.

Stamps, Arthur E. (1994) Validating contextual urban design principles, in S. J. Neary, M. S. Symes, and F. E. Brown (eds) *The Urban Experience: A People-Environment Perspective*, London: E & F N Spon, 141–53.

第 2 章

Garreau, Joel (1991) *Edge City: Life on the New Frontier*, New York: John Wiley.

Johnson, Nuala (1995) Cast in stone: monuments, geography and nationalism, *Environment and Planning D. Society and Space* 13, 51–65, http://citeseerx.ist.psu.edu/viewdoc/download?doi=10.1.1.457.1212&rep=rep1&type=pdf, accessed November 20, 2015.

Lang, Jon (2005) *Urban Design: A Typology of Procedures and Products Illustrated with over 50 Case Studies*, Oxford: Architectural Press.

Lang, Jon and Walter Moleski (2010) Identity and community, in *Functionalism Revisited: Architecture and the Behavioral Sciences*, Farnham: Ashgate, 170–204.

Vanden-Eynden, David (2014) Signgeist 7: signature urban objects, *Metropolis* (March 31), www.metropolismag.com/Point-of-View/March-2014/Signature-Urban-Objects-The-Un-Signs/, accessed April 1, 2015.

第 3 章

Broadbent, Geoffrey (1990) *Emerging Concepts of Urban Space Design*, London: Van Nostrand Reinhold (International).

Brown, Lance J., David Dixon, and Oliver Gilman (2014) *Urban Design for an Urban Century; Shaping more Liveable, Equitable and Resilient Cities*, Hoboken, NJ: John Wiley.

Coyle, Stephen J. (2011) *Sustainable and Resilient Communities: A Comprehensive Action Plan for Towns, Cities and Regions*, Hoboken, NJ: John Wiley.

Darley, Gillian (1978) *Villages of Vision*, London: Palladin.

Ellin, Nan (1999) *Postmodern Urbanism* (revised edn), New York: Princeton University Press.

Ellin, Nan (2012) *Good Urbanism: Six Steps to Creating Prosperous Places*, Washington, DC: Island.

Fracker, Harrison (2007) Where is the urban discourse? *Places* 19 (3), 61–3.

Green, Jared (2016) Which way to Baltimore's future, *The Dirt, ASLA* (March 31), https://dirt.asla.org/2016/03/31/which-way-to-a-better-future-for-baltimore/, accessed April 12, 2016.

King, Kenneth and Kellogg Wong (2015) *Vertical City: A Solution for Sustainable Living*, Beijing: China

Social Science.

Lang, Jon (1994). Basic attitudes in urban design, in *Urban Design the American Experience*, New York: Van Nostrand Reinhold, 105–23.

Lang, Jon and Walter Moleski (2010) The inheritance: architectural practice and architectural theory today, in *Functionalism Revisited: Architecture and the Behavioral Sciences*, Farnham: Ashgate, 3–26.

Marmot, Alexi (1982) The legacy of Le Corbusier and high rise housing, *Built Environment* 7 (2), 82–95.

McHarg, Ian (1969) *Design with Nature*, Garden City, NY: Natural History.

Montgomery, Charles (2013) *Happy City: Transforming our Lives through Urban Design*, New York: Farrar, Strauss, Giroux.

Schurch, Thomas W. (1991) Mission Bay: Questions about a work in progress, *Planning*, 57 (10), 22–34.

Steiner, Fritz R. (2011) Landscape ecological urbanism: origins and trajectories, *Landscape and Urban Planning* 100, 333–7.

Tallen, Emily (ed.) (2013) *Charter of the New Urbanism*, Ithaca NY: Congress for New Urbanism.

Thompson, Ian (2012) Ten tenets and six questions for landscape urbanism, *Landscape Research* 37 (1), 7–26,

Wilson, William H. (1989) *The City Beautiful Movement*, Baltimore: Johns Hopkins University.

第 4 章

Attoe, Wayne and Donn Logan (1989) *American Urban Architecture: Catalysts in the Design of Cities*, Berkeley and Los Angeles: University of California Press.

Hirt, Sonia A. (2014) *Zoned in the USA: The Origins and Implications of American Land-Use Regulations*, Ithaca, NY: Cornell University Press.

Lane, Barbara M. (1986) Architecture and power: politics and ideology in the work of Ernst May and Albert Speer, *Journal of Interdisciplinary History* 17 (1), 283–310.

Lang, Jon (2005) *Urban Design: A Typology of Procedures and Products illustrated with over 50 Case Studies*, Oxford: Architectural.

Lasar, Terry Jill (1989) *Carrots and Sticks. New Zoning Downtown*, Washington, DC: Urban Land Institute.

Litchfield, Nathaniel and Associates (2015) *Carrots and Sticks: A Targets and Incentives Approach to Getting More Homes Built in London*, London: The authors.

Lucero, Laura and Jeffrey Soule (2002) The Supreme Court validates moratoriums in a path breaking decision, *Planning* 68 (6), 4–7.

Parolak, Daniel G., Karen Parolak, and Paul C. Crawford (2008) *Form Based Codes: A Guide for Planners, Urban Designers, Municipalities and Developers*, Hoboken, NJ: John Wiley.

Shepard, Wade (2015) *Ghost Cities of China*, London: Zed.

Stamps, Arthur E. (1994) Validating contextual urban design principles, in S. J. Neary, M. S. Symes, and F. E. Brown (eds) *The Urban Experience: A People-Environment Perspective*, London: E & F N Spon, 141–53.

Tallen, Emily (ed.) (2013). *Charter of the New Urbanism*, Ithaca NY: Congress for New Urbanism.

第 5 章

Banham, Reyner (1976) *Megastructure: Urban Structures of the Recent Past*, New York: Harper and Row.

Bullivant, Lucy (2012) *Masterplanning Futures*, Abingdon: Routledge.

Calthorpe, Peter and Doug Kelbaugh et al. (eds) (1989) *The Pedestrian Pocket Book: A New Suburban Design Strategy*, Princeton: Princeton Architectural.

Campbell, Scott (2003) *Case Studies in Planning: Comparative Advantages and Problems of Generalization*, Ann Arbor: University of Michigan Urban and Regional Research Collaborative.

Jacob, Elin K. (2004) Classification and categorization: a difference that makes a difference, *Library Trends* 52 (3), 515–40.

Lang, Jon (2005) Neighbourhoods, in *Urban Design: A Typology of Procedures and Products illustrated with over 50 Case Studies*, Oxford: Architectural Press, 130–3.

Lang, Jon and Nancy Marshall (2016) *Urban Squares as Places, Links and Displays: Successes and Failures*, New York: Routledge.

Le Corbusier (1953) *L'Unité d'Habitation de Marseilles [The Marseilles Block]*, translated from the French by Geoffrey Sainsbury, London: Harvill.

Pevsner, Nikolaus (1976) *A History of Building Types*, London: Thames and Hudson.

Schneekloth, Lynda and Karen A. Franck (1994) Type: prison or promise?, in Karen A. Franck and Lynda Schneekloth (eds) *Ordering Space: Types in Architecture and Design*, New York: Van Nostrand Reinhold, 15–38.

Simmonds, Roger and Gary Hack (eds) (2000) *Global City Regions: Their Emerging Power*, London and New York: Phaidon.

Tallen, Emily (2005) *New Urbanism and American Policy: The Conflict of Cultures*. London and New York: Routledge.

Tallen, Emily (ed.) (2013) *Charter of the New Urbanism*, Ithaca, NY: Congress for New Urbanism.

第 6 章

Appleyard, Donald with Sue Gerson and Mark Lintell (1981) *Livable Streets*, Berkeley and Los Angeles: University of California Press.

Atlas, Randall (ed.) (2008) *21st Century Security and CPTED: Designing for Critical Infrastructure Protection and Crime Prevention*, Boca Raton: CRC Press.

Bacon, Edmund (1969) Urban process: planning with and for the community, *Architectural Record* 145 (5), 113–28.

Bacon, Edmund (1974) *Design of Cities* (Revised edition), New York: Viking.

Engwicht, David (1999) *Street Reclaiming: Creating Livable Streets and Vibrant Communities*, Gabriel Island, BC: New Society.

Forsyth, Ann (2005) *The Planned Communities of Irvine, Columbia and The Woodlands*, Berkeley and Los Angeles: University of California Press.

Hester, Randolph T. Jr (1975) *Neighborhood Space*, Stroudsburg, PA: Dowden, Hutchinson and Ross.

Lang, Jon (2005) Seaside, Florida, in *Urban Design: A Typology of Procedures and Products illustrated with over 50 Case Studies*, Oxford: Architectural, 210–14

Lewyn, Michael (2003) Zoning without zoning, www.planetizen.com/oped/item.php?id=112, accessed March 23, 2010.

Mehta, Vikas (2013) *The Street: A Quintessential Social Public Space*, Abingdon: Routledge.

Mitchell, Joseph R. and David L. Stebenne (2008) *New City upon the Hill: A History of Columbia Maryland*, Stroud: The History Press.

Moughtin, Cliff (2003) *Urban Design: Street and Square* (3rd edn), London: Butterworth Architecture.

Newman, Oscar (1974) *Defensible Space: Crime Prevention through Urban Design*, New York: MacMillan.

Perry, Martin, Lily Kong, and Brenda Yoh (1997) *Singapore: A Development City State*, New York: John Wiley.

Punter, John and Matthew Carmona (1997) *The Design Dimension of City Planning: Theory, Content, and Best Practice for Design Policies*, London: E & FN Spon.

Southworth, Michael and Eran Ben-Joseph (1997) *Streets and the Shaping of Towns and Cities*, New York: McGraw-Hill.

Tannenbaum, Robert (1996) *Creating a New Town: Columbia, Maryland*, Chicago: Partners in Community Building and Perry.

第 7 章

Advisory Service, Urban Land Institute (2008) *16th Street Mall, Denver Colorado: Building on Success*, Washington, DC: The Urban Land Institute, *http://uli.org/wp-content/uploads/ULI-Documents/2008DenverReport.pdf* accessed March 23, 2015.

Almy, Dean (2007) *Center 14: On Landscape Urbanism*, The Center for American Architecture and Design, University of Texas at Austin Press.

Appleyard, Donald and Mark Lintell (1972) The environmental quality of streets, *Journal of the American Institute of Planners* 38 (2), 84–101.

Appleyard, Donald with Sue Gerson and Mark Lintell (1981) *Livable Streets*, Berkeley and Los Angeles: University of California Press.

Aspuche, Albert G. (*ca* 2012) Cours d'Estienne d'Orves, Marseille, www.publicspace.org/en/works/z012-

cours-d-estienne-d-orves, accessed June 15, 2014.

Benjamin, Andrew (1988) Deconstruction and art/the art of deconstruction, in Christopher Norris and Andrew Benjamin (eds) *What is Deconstruction?* New York: St Martin's Press, 33–56.

Berner, Robert (2008) With the pedestrian mall gone, the crowds are coming back, *The Wall Street Journal*, www.wsj.com/articles/SB905302835123163000, accessed March 22, 2015.

Billingham, John and Richard Cole (2002) *The Good Place Guide: Urban Design in Britain and Ireland*, London: T. Batsford.

David, Joshua and Robert Hammond (2011) *High Line: The Inside Story of New York City's Park in the Sky*, New York: Farrar, Straus and Giroux.

Department of Public Works and Services and the Council of the City of Sydney (1993) *A Statement of Environmental Effects of George Street Urban Design and Transportation Study*, Sydney: the authors.

Douglas-James, David (2015) AD classics: Pershing Square/Ricardo Legoretta + Laurie Olin, *ArchDaily* (November 30), www.archdaily.com/776828/ad-classics-pershing-square-ricardo-legorreta-plus-laurie-olin, accessed March 20, 2016.

Downtown Denver Partnership, Inc. (2014) *16th Street Plan*, www.downtowndenver.com/initiatives-planning/16th-street-plan, accessed March 24, 2015.

Evans, Donna (2014) Two playgrounds, other improvements coming to Pershing Square, www.ladown townnews.com/news/two-playgrounds-other-improvements-coming-to-pershing-square/article_2c68d9f2-3eca-11e4-aeb4-bb3b8c2dd0dc.html, accessed July 23, 2014.

Gastil, Ray (2013) Prospect parks: walking the Promenade Plantée and the High Line, *Studies in the History of Gardens and Designed Landscapes* 33 (4), 280–9.

Gehl, Jan (2010) *Cities for People*, Washington, DC: Island Press.

Gopnik, Adam (2001) A walk on the High Line, *The New Yorker* (May 21), 44–7.

Gopnik, Adam (2015) Naked cities: the death and life of urban America, *The New Yorker* (October 5), 80–5.

Hinkle, Ricardo (1999) Planning Pershing (the flaws and shortcomings of Pershing Square), *Landscape Architecture* 89 (6), 9.

Houston, Lawrence O. (1990) From street to mall and back again, *Planning* 56 (6), 4–10.

Jacobs, Allan B. (1993) *Great Streets*, Cambridge, MA: MIT Press.

Jacobs, Jane (1961) *The Death and Life of Great American Cities*, New York: Random House.

LaFarge, Annik (2014) *On the High Line: Exploring America's Most Original Park* (Revised edition), New York: Thames and Hudson.

Lang, Jon and Nancy Marshall (2016a) Pershing Square, in *Urban Squares as Places, Links and Displays: Successes and Failures*, New York: Routledge, 195–8.

Lang, Jon and Nancy Marshall (2016b) Cours d'Estienne d'Orves, Marseille, in *Urban Squares as Places, Links and Displays: Successes and Failures*, New York: Routledge, 165–8.

Lang, Jon and Nancy Marshall (2016c) *Urban Squares as Places, Links and Displays: Successes and Failures*, New York: Routledge.

Loukaitou-Sideris, Anastasia and Tridib Banerjee (1998) *Urban Design Downtown: Poetics and Politics of Form*, Berkeley and Los Angeles: University of California Press.

Malooley, Jake (2014) Push for car-free spaces still haunted by failed State Street pedestrian mall, *Chicago TimeOut* (February 11), www.timeout.com/chicago/things-to-do/push-for-car-free-spa ces-still-haunted-by-failed-state-street-pedestrian-mall, accessed March 22, 2015.

McKenny, Leesha (2013) Driven out: how much of George Street should be closed to cars? *The Sydney Morning Herald* (April 4), www.smh.com.au/nsw/driven-out-how-much-of-george-street-should-be-closed-to-cars-20130404-2h8j9.html, accessed 23rd March, 2015.

McNeill, David (2011) Fine grain, global city: Jan Gehl, public space and commercial culture in central Sydney, *Journal of Urban Design* 16 (2), 161–78.

Mehta, Vikas (2009) Look closely and you will see, listen carefully and you will hear: urban design and social interaction on streets, *Journal of Urban Design* 4 (1), 29–64.

Mehta, Vikas (2013) *The Street: A Quintessential Social Public Space*, Abingdon: Routledge.

Souza, Eduardo (2011) AD Classics: Parc de la Villette/Bernard Tschumi, *ArchDaily* (January 9), www.archdaily.com/92321/ad-classics-parc-de-la-villette-bernard-tschumi/, accessed March 26, 2015.

Steiner, Fritz. R. (2011) Landscape ecological urbanism: origins and trajectories, *Landscape and Urban Planning* 100, 333–7.

Sternfeld, Joel (2012) *Walking the High Line*, Göttingen: Steidl.

Tschumi, Bernard (1987) *Cinégramme Folie: le Parc de la Villette*, Princeton, NY: Princeton Architectural.

Vacecatrelli, Joe (2014) Denver working on plans to improve alleys near 16th Street Mall, *Denver Post*, www.denverpost.com/denver/ci_26762614/denver-working-plan-improve-alleys-near-16th-street, accessed March 23, 2015.

van der Wheele, J. (2008) State Street Renovation Project, *Congress for the New Urbanism Salons*, www.cnu.org/resources/projects/state-street-renovation-project-2008, accessed March 22, 2015.

Yen, Brigham (2013) Friends of Pershing Park reimagine downtown LA's faded historic park, *DTLA Rising*, http://brighamyen.com/2013/02/04/friends-of-pershing-square-reimagines-downtown-la-greatest-faded-public-space/, accessed May 15, 2014.

第 8 章

Abandoibarra (2015) *Bilbao International*, www.bilbaointernational.com/en/abandoibarra/, accessed March 28, 2015.

Alter, Lloyd (2014) Is the Vertical City a viable solution for sustainable living? *UrbanDesign*, www.treehugger.com/urban-design/vertical-city-viable-solution-sustainable-living.html, accessed March 15, 2015.

Anderson, Dennis and Glenn Lowry (2002) *The Governor Nelson A. Rockefeller Empire State Plaza Art Collection and Plaza Memorials*, New York: Rizzoli.

Attoe, Wayne and Donn Logan (1989) *American Urban Architecture: Catalysts in the Design of Cities*, Berkeley and Los Angeles: University of California Press.

Banham, Reyner (1976) *Megastructure: Urban Structures of the Recent Past*, New York: Harper and Row.

Bay, Joo Hwa and Boon Lay Ong (eds) (2006) *Tropical Sustainable Architecture: Social and Environmental Dimensions*, London: Elsevier.

Bilbao Ría 2000 (2003), whole issues (December).

Brown-May, Andrew and Norman Day (2003) *Federation Square*, South Yarra: Hardie Grant.

Caro, Robert (1974) *The Power Broker: Robert Moses and the Fall of New York*, New York: Knopf.

Churchill, Chris (2009) Empire State Plaza price tag $2 Billion, *Times Union* (November 17), http://blog.timesunion.com/realestate/empire-state-plaza-price-tag-2-billion/565/, accessed April 25, 2015.

Culverwell, Wendy (2012) Changes afoot for Pioneer Place, *Portland Business Journal* (January 19), www.bizjournals.com/portland/news/2012/01/19/changes-afoot-for-pioneer-place.html, accessed September 25, 2012.

Dahinden, Justus (1972) *Urban Structure for the Future*, translated from the German by Gerald Onn, New York: Praeger.

Harms, Hans (1980) Comments, in *VIA: Culture and the Social Vision*, Cambridge: MIT, 167–8.

Jencks, Charles A. (1993) *Unité d'Habitation*, London: Phaidon.

King, Kenneth and Kellogg Wong (2015) *Vertical City: A Solution for Sustainable Living*, Beijing: China Social Science.

Lang, Jon (2005a) Central Glendale, in *Urban Design: A Typology of Procedures and Products illustrated with over 50 Case Studies*, Oxford: Architectural, 276–82.

Lang, Jon (2005b) Pioneer Place, in *Urban Design: A Typology of Procedures and Products illustrated with over 50 Case Studies*, Oxford: Architectural, 117–9.

Lang, Jon (2005c) *Urban Design: A Typology of Procedures and Products illustrated with over 50 Case Studies*, Oxford: Architectural.

Lang, Jon and Nancy Marshall (2016a) The Guggenheim Museum forecourt, Bilbao, in *Urban Squares as Places, Links and Displays: Successes and Failures*, New York: Routledge, 202–5.

Lang, Jon and Nancy Marshall (2016b) Federation Square, in *Urban Squares as Places, Links and Displays, Successes and Failures*, New York: Routledge, 171–4.

Lang, Jon and Walter Moleski (2010) Identity and community, in *Functionalism Revisited: Architectural Theory and the Behavioral Sciences*, Farnham: Ashgate, 173–204.

Le Corbusier (1953) *L'Unité d'Habitation de Marseilles (The Marseilles Block)* translated from the French by Geoffrey Sainsbury, London: Harvill.

Lee, Denny (2007) Bilbao 10 Years later, *The New York Times* (September 23), www.nytimes.com/2007/09/23/travel/23bilbao.html, accessed March 28, 2015.

Madanipour, Ali (2001) How relevant is "planning by neighbourhoods" today? *Town Planning Review* 72 (2), 171–91.

Marmot, Alexi (1982) The Legacy of Le Corbusier and high-rise housing, *Built Environment* 7 (2), 82–95.

Mas, Elías (2002) The Ensanche of Bilbao, in *Euskal Hiria*, Victoria-Gasteiz: Central Publishing Services of the Basque Government, 134–41.

O'Hanlon, Seamus (2012) *Federation Square, Melbourne: The First Ten Years*, Melbourne: Monash University.

Pearson, Clifford A. (2015) Shanghai Tower, *Architectural Record*, http://archrecord.construction.com. features/2015-shanmghai-tower-gersler.asp, accessed October 15, 2015.

Perry, Clarence (1929) *The Neighborhood Unit, in The Regional Survey of New York and Its Environs, Monograph One, Vol 7*, New York: The New York Regional Plan.

Richards, James M. (1962) *An Introduction to Modern Architecture*, Harmondsworth: Penguin.

Roseberry, Cecil R. (2014) The Empire State Plaza, in *Capitol Story* (Third edition), Albany, NY: Albany Institute of History and Art, 125–41.

Rutherford, Jennifer (2005) Writing the square. Paul Carter's Nearamnew, *Portal* 2 (2), http://epress. lib.uts.edu.au/journals/index.php/portal/article/view/94/61, accessed May 3, 2014.

Selldorf, Anabelle (2015) On the Empire State Plaza, Albany, in Alexandra Large, Seven architects defend the world's most hated buildings, *The New York Times Magazine* (June 5), www.nytimes.com/ interactive/2015/06/05/t-magazine/10000000374193.app.html//?_r=0, accessed June 7, 2015.

Soleri, Paolo (1969) *The City in the Image of Man*, Cambridge, MA: MIT Press.

Stamps, Arthur E. (1994) Validating contextual urban design principles, in S. J. Neary, M. S. Symes, and F. E. Brown (eds) *The Urban Experience: A People-Environment Perspective*, London: E & F N Spon, 141–53.

Tortello, Michael (2012) An early eco-city faces the future, *The New York Times* (February 15), www. nytimes.com/2012/02/16/garden/an-early-eco-city-faces-the-future.html?, accessed November 20, 2015.

Trott, Gerhard (1985) *Universität Bielefeld*, Bielefeld: Kramer-Druck.

Universität Bielefeld (2015) www.uni-bielefeld.de, accessed March 23, 2015.

Vidarte, Juan Ignacio (2002) The Bilbao Guggenheim Museum, in *Euskal Hiria*. Victoria-Gasteiz: Central Publishing Services of the Basque Government, 153–8.

Waldmeir, Patti (2013) Is China's Shanghai Tower the world's greenest skyscraper? *House and Home* (November 22), www.ft.com/cms/s/2/2b681036–4d17–11e3-bf32–00144feabdc0.html, accessed March 30, 2015.

Zhang, Qilin, Bin Yang, Tao Liu, Han Li and Jia Lu (2015) Structural health monitoring of Shanghai Tower considering time-dependent effects, *International Journal of High Rise Buildings* 4 (1), 39–46.

第 9 章

Baqueen, Samir and Ola Uduku (2012) *Gated Communities: Social Sustainability in Contemporary and Historical Gated Communities*, London: Taylor and Francis.

Borges, Marcelo J. and Susana Torres (2012) *Company Towns: Labor, Space, and Power Relations across Time and Continents*, Basingstoke: Palgrave MacMillan.

Boudon, Philippe (1972) *Lived-In Architecture: Le Corbusier's Pessac Revisited*, translated from the French by G. Onn, Cambridge, MA: MIT Press.

Buchanan, Peter (2006) Nottingham Hopkins, in *Ten Shades of Green*, New York: The Architectural League of New York, www.architectureweek.com/2006/1018/environment_1–1.html, accessed April 22, 2015.

Capital Cities (1989) *Ekistics* 50 (299), special issue.

Cavalcanti, Maria de Betânia Uchôa (1997) Urban reconstruction and autocratic regimes: Ceausescu's Bucharest in its historic context, *Planning Perspectives* 12, 71–109.

Coulson, Jonathan, Paul Roberts, and Isabelle Taylor (2014) *University Trends: Contemporary Campus Design*, Abingdon: Routledge.

Crawford, Margaret (1995) *Building the Workingman's Paradise: The Design of American Company Towns*, New York: Verso.

Curtis, William J. R. (1988) *Balkrishna Doshi: An Architect for India*, New York: Rizzoli International.

Darley, Gillian (1978) *Villages of Vision*, London: Paladin.

Dinius, Oliver J. and Angela Vergara (2011) *Company Towns in the Americas: Landscape, Power, and Working-Class Communities*, Athens, GA: University of Georgia Press.

Dober, Richard P. (1992) *Campus Planning*, New York: John Wiley.

Doshi, Balkrishna V. (1982) *Housing*, Ahmedabad: Stein, Doshi, Bhalla.

Epstein, David (1973) *Brasília, Plan and Reality: A Study of Planned and Spontaneous Urban Development*, Berkeley and Los Angeles: University of California Press.

Evenson, Norma (1973) *Two Brazilian Capitals: Architecture and Urbanism in Rio de Janeiro and Brasília*, Berkeley and Los Angeles: University of California Press.

Foster + Partners (undated) *Quartermile Master Plan*, www.fosterandpartners.com/projects/quartermile-masterplan/, accessed April 20, 2015.

Franck, Karen (1989) Overview of collective and shared housing, in Karen Franck and Sherry Ahrentzen (eds) *New Households, New Housing*, New York: Van Nostrand Reinhold, 3–19.

Franck, Karen and Sherry Ahrentzen (1989) *New Households, New Housing*, New York: Van Nostrand Reinhold.

Gallo, Emmanuelle (undated) Reception and the high-rise district, Villeurbanne Centre, or why skyscrapers in 1932, www.emmanuellegallo.net/pdf/EG149–52.pdf, accessed April 19, 2015.

Gautherot, Marcel and Kenneth Frampton (2010) *Building Brasília*, London: Thames and Hudson.

Hilbersheimer, Ludwig (1940) *The New City*, Chicago: Paul Theobold.

Holston, James (1989) *The Modernist City: An Anthropological Critique of Brasília*, Chicago: University of Chicago Press.

Hsu Chia-Chang and Shih Chih-Ming (2006) A typological housing design: the case study of Quartier Frugès in Pessac by Le Corbusier, *Journal of Asian Architecture and Building Engineering* 82 (May), 75–82.

Huxtable, Ada Louise (1981) Architecture view: Le Corbusier's housing project—flexible enough to endure, *The New York Times* (March 15), www.nytimes.com/1981/03/15/arts/architecture-view-le-corbusier-s-housing-project-flexible-enough-endure-ada.html 15, accessed March 18, 2015.

Invisible Bordeaux (2013) Le Corbusier's Cité Frugès: timelessly modern and back in fashion, http://invisiblebordeaux.blogspot.com.au/2013/08/le-corbusiers-cite-fruges-timelessly.html, accessed April 20, 2015.

Jacobs, Allan (1993) *Great Streets*, Cambridge, MA: MIT Press.

Jarvis, Helen (2015) Towards a deeper understanding of the social architecture of co-housing: evidence from the UK, USA and Australia, *Journal of Urban Research and Practice* 8 (1), 93–105.

Lang, Jon (2005) Pruitt-Igoe, in *Urban Design: A Typology of Procedures and Products illustrated with over 50 Case Studies*, Oxford: Architectural, 181–3.

Low, Setha M. (2003) *Behind the Gates: Life, Security and the Pursuit of Happiness in Fortress America*, London: Routledge.

Maka, Emily G. and Tanja D. Conley (2015) *Capital Cities in the Aftermath of Empires: Planning Central and Southeastern Europe*, London: Routledge.

McCamant, Kathryn and Charles Durett (2011) Trudeslund: the definition of cohousing, in *Creating Cohousing: Building Sustainable Housing*, Gabriola Island BC: New Society, 51–8.

Meade, Martin (1997) Lyon's renewal + planning and development agencies have embarked on a series of townscape and architectural improvements that seek to restore the character of the city, *Architectural Review* 202 (1207), 73–7.

Mehta, Vikas (2013) *The Street: A Quintessential Public Space*, Abingdon: Routledge.

Mirvac/Westfield (1997). *Raleigh Park. A report prepared for the Urban Development Institute of Australia*, Sydney: The authors.

Moudon, Anne Vernez (ed.) (1987) *Public Streets for Public Use*, New York: Van Nostrand Reinhold.

Mulazzani, Marco (2012) I "gratte-ciel" di Villeurbanne. Nascita di una città, *Casabella* 820, 74–87.

Newman, Oscar (1974) *Defensible Space: Crime Prevention through Urban Design*, New York: MacMillan.

Otoiu, Damiana (2007) National(ist) ideology and urban planning: building the *Victory of Socialism* in Bucharest, Romania, in Dr Linara Dovydaityt (ed.) *Art and Politics: Case Studies from Eastern Europe*, Kaunas: Vytautas Magnus University, 119.

Petcu, Constantin (1999) Totalitarian City: Bucharest, 1980–9, semio-clinical files, in Nigel Leach (ed.) *Architecture and Revolution: Contemporary Perspectives on Central and Eastern Europe*, London and New York: Routledge, 177–84.

Rapoport, Amos (1993) On the nature of capital cities and their physical expression, in J. J. Taylor and C. Andrew (eds) *Capital Cities: International Perspectives*, Ottawa: Carleton University, 31–64.

Sherwood, Roger (1978) *Modern Housing Prototypes*, Cambridge, MA: MIT Press.

Steele, James (1998) *The Complete Architecture of Balkrishna Doshi: Rethinking Modernism for the Developing*

World, London: Thames and Hudson.

Stein, Clarence (1957) *Toward New Towns for America*, New York: Reinhold.

The Scottish Government (2009) Appendix 5: Case Study profiles. Project 1: Quartermile Edinburgh, in *Barriers to Mixed-use Development: Final Report*, www.gov.scot/Publications/2009/09/03094938/14, accessed April 21, 2015.

Turner, Paul V. (1984) *Campus: An American Planning Tradition*, Cambridge, MA: MIT Press.

第 10 章

Alexander Cooper Associates (1979) *Battery Park City. Draft Summary Report and 1979 Master Plan*, New York: The authors, www.batteryparkcity.org/guidelines.htm, accessed May 20, 2010.

Barnett, Jonathan (1987) In the public interest: design guidelines, *Architectural Record* 175 (8), 114–25.

Breen, Ann and Dick Rigby (1996) *The New Water Fronts: A World Wide Success Story*, London: Thames and Hudson.

Broadbent, Geoffrey (1990) *Emerging Concepts in Urban Space Design*, London: Van Nostrand Reinhold (International), 303–5.

Bullivant, Lucy (2012a) Hafen City, in *Masterplanning Futures*, Abingdon: Routledge, 45–56.

Bullivant, Lucy (2012b) Ørestad, Carlsburg, Loop City, Nordhavnen, in *Master Planning Futures*, Abingdon: Routledge, 27–44.

Buttenweiser, Ann L., Paul Willen, James S. Rossant, and Carol Willis (2002) *The Lower Manhattan Plan for Downtown New York*, New York: Princeton Architectural.

Chammas, Camille (2010) La Défense Seine Arche: an emblematic CBD in the Paris Area, www.fccihk.com/files/dpt_image/5_committees/Infrastructure/Infra_seminar/Presentation%20cc8.pdf, accessed July 10, 2015.

Collectif (2007) *Paris-La Défense: Métropole Européenne des Affaires*, Paris: La Moniteur.

Cowan, Robert (2003) *Urban Design Guidance: Urban Design Frameworks, Development Briefs and Master Plans*, London: Thomas Telford.

D'Arcy, Kevin (2012) *2nd City: Creating Canary Wharf*, London: Rajah.

Delleske, Andreas (undated) An introduction to Vauban district, www.vauban.de/en/topics/history/276-an-introduction-to-vauban-district, accessed July 24, 2015.

Denver Technological Center (undated), https://denvertechcenter.wordpress.com/, accessed July 20, 2015.

Duany, Andres (2004) The Celebration controversies, www.webenet.com/celebration-duany.htm, accessed April 27, 2015.

Edwards, Brian (1992) *London Docklands: Urban Design in an Era of Deregulation*, Oxford: Butterworth Architecture.

Eriksen, Richard (2001) Some sights to make eyes weep, *Paris Kiosque* 8 (4), 605, www.paris.org/Kiosque/apr01/605slum.html, accessed July 15, 2004.

Farrelly, Elizabeth (2015) One Central Park: Atelier Jean-Nouvel, *Architectural Record*, http://archrecord.construction.com/projects/lighting/2015/1502-One-Central-Park-Ateliers-Jean-Nouvel, accessed March 25, 2015.

Foletta, Nicole (2011) Hammarby Sjöstad, Stockholm, Sweden, in Nicole Foletta and Simon Field (eds) *Europe's Vibrant Low Car(bon) Communities*, New York: Institute for Transportation and Development Policy, 30–46.

Frantz, Douglas and Catherine Collins (2000) *Celebration, USA: Living in Disney's Brave New Town*, New York: Henry Holt.

Garvin, Alexander (1995) *The American City: What Works. What Doesn't*, New York: McGraw Hill.

Geddes, Patrick (1915) *Cities in Evolution: An Introduction to the Town Planning Movement and to the Study of Civics*, London: Williams and Norton.

Goldberger, Paul (2005) *Up from Zero: Politics, Architecture and the Rebuilding of New York*, New York: Random House.

Gordon, David L. A. (1997) *Battery Park City: Politics and Planning on the New York Waterfront*, London: Routledge and Gordon and Breach.

Gordon, David L. A. (2010) The resurrection of Canary Wharf, *Planning Theory and Practice* 2 (2), 149–68.

Grabar, Henry (2012) Why has Scandinavia's biggest development project abandoned its master plan?

The Atlantic CITYLAB (August 30), www.citylab.com/design/2012/08/why-has-scandinavias-biggest-development-project-abandoned-its-master-plan/3120/, accessed July 15, 2015.

Greenspan, Elizabeth (2013) *Battle for Ground Zero: Inside the Political Struggle to Rebuild the World Trade Center*, New York: Palgrave Macmillan.

Greenspan, Elizabeth (2014) Daniel Libeskind's World Trade Center change of heart, *The New Yorker* (August 28), www.newyorker.com/business/currency/daniel-libeskinds-world-trade-center-change-of-heart, accessed July 20, 2015.

Grennan, Harvey (2010) Rouse Hill Town Centre one of the world's best, *Sydney Morning Herald* (October 19), www.smh.com.au/environment/rouse-hill-town-centre-one-of-worlds-best-2010 1018-16qxv.html, accessed July 15, 2015.

Harding, Laura (2008) Rouse Hill Town Centre, *Architecture AU* (July 1), http://architectureau.com/articles/rouse-hill-town-centre-1/, accessed July 15, 2015.

Horn, Christian (2014) La Défense: a unique business district, *Urbanplanet.info*, http://urbanplanet.info/urbanism/la-defense-unique-business-district, accessed January 5, 2015.

Huang, L., Y. Liu, and F. Xu (2005) Research on the planning of Anting New Town of the Shanghai international automobile city, *Ideal Space* 6, 84–92.

Ignalieva, Maria B. and Per Berg (2014) Hammerby Sjöstad: a new generation of sustainable urban eco-districts, www.thenatureofcities.com/2014/02/12/hammarby-sjostad-a-new-generation-of-sustainable-urban-eco-districts/, accessed July 16, 2015.

Iverot, Sofie and Nils Brandt (2011) The development of a sustainable urban district in Hammerby Sjöstad, Stockholm, Sweden? *Environment, Development and Sustainability* 13 (6), 1043–64.

Kleihues, Josef Paul (1987) Stadtvillen an der Rauchstrasse, in *Internationale Bauausstellung Berlin 1987: Projektübersicht*, Berlin: IBA, 30–3.

Krier, Rob (1988) *Architectural Composition*, translated from the German by Romana Schneider and Gabrielle Vorreites, New York: Rizzoli.

Laconte, Pierre (2009) *La Recherche de la Qualité Environnementale et Urbaine, Le Cas de Louvain-la-Neuve (Belgique)*, Lyon: Éditions du Certu.

Lampugnani, Vittorio M. and Romana Schneider (1997) *An Urban Experiment in Central Berlin: Planning Potsdamer Platz*, Frankfurt am Main: Deutsches Architektur-Museum.

Lang, Jon (2005a) Paternoster Square, in *Urban Design: A Typology of Procedures and Products illustrated with over 50 Case Studies*, Oxford: Architectural, 248–52.

Lang, Jon (2005b) Potsdamer Platz, in *Urban Design: A Typology of Procedures and Products illustrated with over 50 Case Studies*, Oxford: Architectural, 259–64.

Lang, Jon (2005c) Kuching Waterfront, in *Urban Design: A Typology of Procedures and Products illustrated with over 50 Case Studies*, Oxford: Architectural, 102–5.

Lang, Jon (2005d) The Citizen Centre, Shenzhen, in *Urban Design: A Typology of Procedures and Products illustrated with over 50 Case Studies*, Oxford: Architectural, 216–17.

Lendlease Pty Ltd (2013) *Sydney International Convention, Exhibition Precinct Built Form and Public Realm Report for SSDA 1*, Sydney: The authors.

Loerakker, Lea Olsson Jan (2013) The story behind failure: Copenhagen's business district Ørestad, www.failedarchitecture.com/the-story-behind-the-failure-copenhagens-business-district-orestad/, accessed July 12, 2015.

Lubell, Sam (2004), Liebeskind's World Trade Center guidelines raise doubts, *Architectural Record* 192 (6), 47.

McHarg, Ian (1969) *Design with Nature*, Garden City, NY: Natural History.

Mitchell, William (2003) *Constructing complexity · nano scale · architectural scale · urban scale*, Sydney: Faculty of Architecture, Sydney University Press.

Modi'in Maccabim-Re'ut (undated), www.modiin.muni.il/ModiinWebSite/GlobalFiles/010020100 104120733.pdf, accessed 1 May 2015.

Olds, Kris (1997) Globalizing Shanghai: the "Global Intelligence Corps" and the building of Pudong, *Cities* 14 (2), 109–23.

Postrel, Virginia (2003) *The Substance of Style: How the Rise of Aesthetic Style is Remaking Commerce, Culture and Consciousness*, New York: HarperCollins.

Punter, John (1999) *Design Guidelines in American Cities: A Review of Design Policies and Guidance in Five West Coast Cities*, Liverpool: Liverpool University Press.

Punter, John (2003) From design advice to peer review: the role of the Urban Design Panel in Vancouver, *Journal of Urban Design* 8 (2): 113–35.

Punter, John (2007) Developing urban design as public policy: best practice principles for design review and development management, *Journal of Urban Design* 12 (2), 167–202.

Punter, John and Matthew Carmona (1997) *The Design Dimension of Planning: Theory, Content, and Best Practice for Design Policies*, London: E & FN Spon.

Richards, Brian (2001) *Future Transport in Cities*, London: Spon Press.

Ross, Andrew (1999) *The Celebration Chronicles: Life, Liberty and the Pursuit of Property Values in Disney's New Town*, New York: Ballantine.

Russell, Francis P. (1994) Battery Park City: An American Dream of Urbanism, in Brenda Case Scheer and Wolfgang Preiser (eds) *Design Review: Challenging Urban Aesthetic Control*, New York: Chapman and Hall, 197–209.

Rybczynski, Witold (2010) *Makeshift Metropolis: Ideas about Cities*, New York: Scribner, 190–8.

Salomon, Dieter (2010) A model sustainable urban development project: The Quartier Vauban in Freiburg, in Federal Ministry of Transport, Building and Urban Affairs, Lütke Daldrup, and Peter Zlonicky (eds) *Large Scale Projects in Germany 1990–2010*, Berlin: Jovis, 154–9.

Segal, Arlene (2010) Modi'in new town, Israel, *Urban Design Group Journal* 113, 9–11.

Shepard, Wade (2015) *Ghost Cities of China*, London: Zed.

Shirvani, Hamid (1985) *The Urban Design Process*, New York: Van Nostrand Reinhold.

Soemardi, Ahmad Riad (2005) *Urban design, power relations and the public interest*, uncompleted doctoral dissertation, University of New South Wales, Sydney.

Stephens, Suzanne, Ian Luna, and Ron Broadhurst (2004) *Imaging Ground Zero: the Official and Unofficial Proposals for the World Trade Center Site*, New York: Architectural Record.

Sydney, City of (2014) Central Park, www.cityofsydney.nsw.gov.au/vision/major-developments/central-park, accessed July 18, 2015.

Timmons, Heather (2003) Canary Wharf head plans bid, *International Herald Tribune* (November 24), 14.

Urban Design Associates (1997) *The Celebration Pattern Book*, Los Angeles: The Disney Company, http://codesproject.asu.edu/sites/default/files/code_pdfs/Celebration_Pattern_Book2.pdf, accessed May 1, 2015.

Urstadt, Charles J. with Gene Brown (2008) *Battery Park City: The Early Years*, New York: The author.

Walter, Jörn (2010) Paths to a central urban quarter, in Federal Ministry of Transport, Building and Urban Affairs, Lütke Daldrup, and Peter Zlonicky (eds) *Large Scale Projects in Germany 1990–2010*, Berlin: Jovis, 42–7.

Wang, An-de (ed.) (2000) *Shanghai Lujiazui Central Area Urban Design*, Shanghai: Architecture and Engineering.

Watson, Ilene (2001) An introduction to design guidelines, *Planning Commissioners Journal* 41 (Winter), www.plannersweb.com/wfiles/w157.html, accessed April 25, 2015.

Whithers, Iain (2014) Green light for Allies and Morrison's Wood Wharf master plan, *Building Design Online* (July 24), www.bdonline.co.uk/green-light-for-allies-and-morrisons-wood-wharf-masterplan/5069899.article, accessed July 15, 2015.

Wiblin, Sue, Corinne Mulley, and Stephen Ison (2012) Precinct wide travel plans—learning from Rouse Hill Town Centre, *Australasian Transport Research Forum 2012 Proceedings*, https://en.wikipedia.org/wiki/Rouse_Hill_Town_Centre#cite_ref-1, accessed March 23, 2016.

World Architectural News (2007) Gregotti selected for extension of Pudong financial district, October 2, www.worldarchitecturenews.com/project/2007/1465/gregotti-associati-international-spa/extension-of-financial-district-in-shanghai-pudong.html, accessed July 14, 2015.

Worthington, Carl A. (1984) The Denver Technological Center: evolution of a pedestrian oriented community, *Ekistics* 51 (306), 260–6.

Xifan Yang (2015) Management disaster: a German ghost town in the heart of China, *Spiegel on line International*, www.spiegel.de/international/world/management-disaster-a-german-ghost-town-in-the-heart-of-china-a-791392.html, accessed May 2, 2015.

Xue, Charlie Q. L., Hailin Zhai, and Brian Mitchenere (2011) Shaping Lujiazui: the formation and building of the CBD in Pudong, Shanghai, *Journal of Urban Design* 16 (2), 209–32.

Young, Barry (1988) Darling Harbour: a new city precinct, in G. Peter Webber (ed.) *The Design of Sydney: Three Decades of Change in the City Centre*, Sydney: Law Book, 190–213.

第 11 章

Ambasz, Emilio (ed.) (1998) *Emilio Ambasz: The Poetics of the Pragmatic, Architecture, Exhibit, Industrial and Graphic Design*, New York: Rizzoli.

Attoe, Wayne and Donn Logan (1989) *American Urban Architecture: Catalysts in the Design of Cities*, Berkeley and Los Angeles: University of California Press.

Barker, A. and B. Hyman (2002) Assessing residential health in low income sites and services housing schemes, Madras, India, in Rais Akhtar (ed.), *Urban Health in the Third World*, New Delhi: S. B. Nangia and A. P. H., 27–64.

Benninger, Christopher (2011) Channels of access to shelter, in *Letters to a Young Architect*, New Delhi: India House, 85–9.

Black, Sinclair (1979) San Antonio's linear paradise, *American Institute of Architects Journal* 68 (9), 30–9.

Cerdá, Magdalena, Jeffrey D. Morenoff, Ben B. Hansen, Kimberly J. Tessari Hicks, Luis F. Duque, Alexandra Restrepo, and Ana V. Diez-Roux (2012) Reducing violence by transforming neighborhoods: a natural experiment in Medellín, Colombia, *American Journal of Epidemiology*, http://aje.oxfordjournals.org/content/early/2012/04/01/aje.kwr428.full, accessed August 1, 2015.

Chen, Katherine (2009) *Enabling Creative Chaos: The Organization behind Burning Man Event*, Chicago: University of Chicago Press.

Chew, Tai Chong and Chua Chong Keng (1998) Development of Singapore's Rapid Transit System, *Japan Railway and Transport Review* 18 (December), www.jrtr.net/jrtr18/pdf/f26_singapore.pdf, accessed July 31, 2015.

Ciu, Jianqiang, Andrew Allan, and Dong Lin (2011) Influencing factors for developing underground pedestrian systems in cities, *Australasian Transport Research Forum 2011 Proceedings*, http://atrf.info/papers/2011/2011_Cui_Allan_Lin.pdf, accessed March 18, 2015.

Clark, Patrick (2005) Massive business complex buried under Kansas City, www.bloomberg.com/news/features/2015-02-04/welcome-to-subtropolis-the-business-complex-buried-under-kansas-city, accessed November 12, 2015.

Cook, Peter, Warren Chalk, Dennis Crompton, David Green, Ron Herron, and Mike Webb (1991) *Archigram*, Boston: Birkhäuser.

Corbett, Michael J., Feng Xi, and David Levinson (2009) Evolution of the second story city: The Minneapolis skyway system, *Environment and Planning B: Planning and Design* 36, 711–24.

Crompton, Dennis assisted by Pamela Johnston (1994) *A Guide to Archigram 1961–74*, London: Academy.

Crooks, Michel, Peacock, Stewart, Pty Ltd (1971) Report. The urban renewal and development project, Singapore. Prepared for the United Nations Development Program Special Fund, Sydney: The authors.

Department for Business Innovation & Skills (2013) *Smart Cities: Background Paper*, London: The authors, www.gov.uk/government/uploads/system/uploads/attachment_data/file/246019/bis-13-1209-smart-cities-background-paper-digital.pdf, accessed July 31, 2015.

Ecola, Liisa (2004) Tales of a transit junkie, *Planning* 70 (9), 34–6.

Fisher, Lewis (2015) *American Venice: The Epic Story of San Antonio's River*, San Antonio: Maverick Press.

Guy, Simon, Simon Marvin, and Timothy Moss (eds) (2001) *Urban Infrastructure in Transition: Networks, Buildings, Plans*, London: Earthscan.

Habrakan, N. John (1999) *Supports: An Alternative to Mass Housing* (Second edition), Gateshead: Urban International Press.

Hidalgo, Dario and Juan Miguel Velásquez (2015) Mobility solutions for marginalized cities, *The City Fix* (January 27), http://thecityfix.com/blog/aerial-cable-cars-mobility-solutions-marginalized-communities-equity-dario-hidalgo-juan-miguel-velasquez/ accessed August 1, 2015.

Imam, Sahar (2012) *Buildings as Catalysts in Community Development: Monitoring, Evaluating and Enhancing the Interrelationship between Building Settings of Value and Urban Communities*, Saarbrücken: Lambert Academic.

Kreyling, Christine (2002) New Schools for downtown Chattanooga, *Planning* 68 (7), 32–3.

Lang, Jon (2005a) Expo '92 Seville, in *Urban Design: A Typology of Procedures and Products Illustrated with Over 50 Case Studies*, Oxford: Architectural, 341–4.

Lang, Jon (2005b) Charles Center, Baltimore, in *Urban Design: A Typology of Procedures and Products Illustrated with over 50 Case Studies*, Oxford: Architectural, 271–6.

Lang, Jon (2005c) Central Glendale, in *Urban Design: A Typology of Procedures and Products Illustrated with over 50 Case Studies*, Oxford: Architectural, 271–82.

Lang, Jon (2005d) Curitiba, in *Urban Design: A Typology of Procedures and Products Illustrated with over 50 Case Studies*, Oxford: Architectural, 325–9.

Le Corbusier (1960) *My Work*, translated from the French by James Palmer, London: Architectural.

Mololeh, Harvey and Loren Nolen (2011) *Toilet: Public Restrooms and the Politics of Sharing*, New York: New York University Press.

Pachini, Luca (2000) The Jubilee Line extension project, *Casabella* 64 (678), 64–83.

Powell, Kenneth (2000) *The Jubilee Line Extension*, London: Laurence King.

Richmond, Jonathan E. D. (2008) Transporting Singapore: the air-conditioned nation, *Transport Reviews* 28 (3), 357–90, http://the-tech.mit.edu/~richmond/publications/aircon.pdf, accessed July 31, 2015.

Riley, Don (2001) *Taken for a Ride*, London: Centre for Land Policy.

Robertson, Kent A. (1994) *Pedestrian Malls and Skywalks: Traffic Segregation Strategies in American Downtowns*, Aldershot: Avebury.

Roper, Eric (2012) Maze of skyways: a dead end? *Star Tribune* (January 22), www.startribune.com/maze-of-minneapolis-skyways-a-dead-end/137828733/, accessed October 16, 2015.

Russell, James S. (2000) Engineering civility: transit stations, *Architectural Record* 188 (3), 129–33.

Saint, Andrew (2013) Roland Paoletti obituary, *The Guardian* (December 16), www.theguardian.com/artanddesign/2013/dec/15/roland-paoletti, accessed April 26, 2016.

Southworth, Michael and Eran Ben-Joseph (1997) *Streets and the Shaping of Towns and Cities*, New York: McGraw-Hill.

Taplin, Michael (2012) A world of trams and urban transit, www.lrta.org/world/worldind.html, accessed April 12, 2016.

Turner, John F. C. (1976) *Housing by People: Towards Autonomy in Building Environments*, London: Marion Boyars.

Urban Land Institute (2009) *Infrastructure: A Global Perspective*, Washington, DC: The authors.

Vossman, Laura (2002) How many artists does it take to make a downtown? *Planning* 68 (6), 20–3.

Wordsearch and the Royal Academy of Arts (2001) *New Connections, New Architecture, New Urban Environments and the London Jubilee Line Extension*, London: Royal Academy of Arts.

Zunker, Vernon G. (1983) *A Dream Come True: Robert Hugman and San Antonio's River Walk*, Seguin, TX: The author.

第 12 章

Abbott, Carl (2011) *Portland in Three Centuries: The Place and its People*, Corvallis: Oregon State University Press.

Adams, Bill (2013) 7 ways Portland is better than other cities—an outsider's perspective, *San Diego UrbDeZine* (July 27), http://sandiego.urbdezine.com/2013/07/27/7-ways-portland-is-better-than-other-cities-an-outsiders-perspective/, accessed June 25, 2015.

Barnett, Jonathan (1974) *Urban Design as Pubic Policy: Practical Methods for Improving Cities*, New York: McGraw Hill.

Barnett, Jonathan (1982) The evolution of New York's special zoning districts, in *An Introduction to Urban Design*, New York: Harper and Row, 77–93.

Barnett, Jonathan (2003) *Redesigning Cities: Principles, Practice, Implementation*, Chicago: American Planning Association.

Boey Yut Mei (1998) Urban conservation in Singapore, in Belinda Yuen (ed.) *Planning Singapore: From Plan to Implementation*, Singapore: Singapore Institute of Planners, 133–68.

Central Philadelphia Development Corporation (undated), www.centercityphila.org/about/CPDC.php, accessed July 26, 2015.

Dilworth, Richardson (2010) Business improvement districts and the evolution of urban governance, *Drexel Law Review* 3 (1), 1–9.

Ferreter, Sarah, Mike Leis, and Mike Pickford (2008) Melbourne's Revitalised Laneways, https://courses.washington.edu/gehlstud/gehl-studio/wp-content/themes/gehl-studio/downloads/Autumn 2008/Melbourne_Lanes.pdf, accessed March 20, 2015.

Houstoun, Lawrence O. Jr (2003) *Business Improvement Districts*, Washington, DC: The Urban Land Institute.

Jacobs, Jane (1961) *The Death and Life of Great American Cities*, New York: Random House.

Kayden, Jerold S. (2000) *Privately Owned Public Space: The New York City Experience*, New York: John Wiley.

Khun Eng Kuah (1998) State, conservation and ethnicization of Little India in Singapore, *Urban*

Anthropology and Studies of Cultural Systems and World Economic Development 27 (1), 1–48.

Lai, Richard Tseng-yu (1988) *Law in Urban Design and Planning: The Invisible Web*, New York: Van Nostrand Reinhold.

Lehman, Nicholas (2000) No man's town: the good times are killing off America's local elites, *The New Yorker* (June 5), 42–9.

Levy, Paul R. (2001) Downtown: competitive for a new century, in Jonathan Barnett (ed.) *Planning for a New Century: The Regional Agenda*, Washington, DC: Island, 177–95.

Levy, Paul R. (2015) State *of Center City Philadelphia 2015*, Philadelphia: Center City District & Central Philadelphia Development Corporation, www.centercityphila.org/docs/SOCC2015.pdf, accessed July 26, 2015.

Marcus, Norman (1991) New York City zoning—1961–1991: turning back the clock with an up-to-the-moment social agenda, *Fordham Urban Law Journal* 19 (3), 706–26, http://ir.lawnet.fordham.edu/cgi/viewcontent.cgi?article=1559&context=ulj, accessed July 27, 2015.

Melbourne, City of in collaboration with GEHL architects (1994) *Places for People*, https://issuu.com/alabarga/docs/jan-gehl—-places-for-people, accessed March 23, 2015.

Melbourne, City of (undated) *Melbourne Planning Scheme, Local Planning Policies—Clause 22.20*, http://planningschemes.dpcd.vic.gov.au/schemes/melbourne/ordinance/22_lpp20_melb.pdf, accessed March 31, 2015.

Morçöl, Göktuğ, Lorlene Hoyt, Jack W. Meek, and Ulf Zimmerman (eds) (2008) *Business Improvement Districts: Research, Theories and Controversies*, New York: CRC.

Oberklaid, Sarah (2015) Melbour˘ne: a case study in the revitalization of a city's laneways, Part 2, www.theurbanist.org/2015/09/17/melbourne-a-case-study-in-the-revitalization-of-city-laneways-part-2/, accessed January 30, 2016.

O'Toole, Randall (2007) Debunking Portland: the city that does not work, *Policy Analysis* 596 (July 9), www.cato.org/publications/policy-analysis/debunking-portland-city-doesnt-work, accessed March 20, 2015.

Portland, City of (2014) *Urban Design Framework*, Portland: The author.

Punter, John (2007) Developing urban design as public policy: best practice principles for design review and development management, *Journal of Urban Design* 12 (2), 167–202.

Saffron, Inga (2014) The changing skyline: the anti-Gallery, http://articles.philly.com/2014-12-27/entertainment/57423911_1_east-market-street-new-development-gallery, accessed May 21, 2015.

Stamps, Arthur E. (1994) Validating contextual urban design principles, in S. J. Neary, M. S. Symes, and F. E. Brown (eds) *The Urban Experience: A People-Environment Perspective*, London: E. & F N Spon, 141–53.

Urban Redevelopment Authority (1991) *Conservation Guidelines for Little India*, Singapore: The author.

Urban Redevelopment Authority (1995) *Little India Historic District*, Singapore: The author.

结语

Caro, Robert (1974) *The Power Broker: Robert Moses and the Fall of New York*, New York: Knopf.

Geddes, Patrick (1915) *Cities in Evolution: An Introduction to the Town Planning Movement and to the Study of Civics*, London: Williams and Norton.

Jencks, Charles (1984) *The Language of Post-Modern Architecture*, New York: Rizzoli.

Le Corbusier (1960) *My Work*, translated from the French by James Palmer, London: Architectural.

Turner, Paul V. (1984) *Campus: An American Planning Tradition*, Cambridge, MA: MIT Press.

索 引

Note: Page numbers in **bold** type refer to illustrations.